GÜNTER SPANNER

Das Geheimnis der Gravitationswellen

Das Geheimnis der Gravitations —wellen

GÜNTER SPANNER

EINSTEINS VISION
WIRD WIRKLICHKEIT

KOSMOS

Impressum

Umschlaggestaltung von Büro Jorge Schmidt unter Verwendung einer Abbildung von S. Ossokine, A. Buonanno (Max-Planck-Institut für Gravitationsphysik), Simulating eXtreme Spacetime Projekt, D. Steinhauser (Airborne Hydro Mapping GmbH); siehe dazu auch Seite 118.

Mit 31 Zeichnungen und fünf Fotos. Bildnachweis Seite 286.

Unser gesamtes Programm finden Sie unter **kosmos.de**.
Über Neuigkeiten informieren Sie regelmäßig unsere Newsletter, einfach anmelden unter **kosmos.de/newsletter**.

Gedruckt auf chlorfrei gebleichtem Papier

© 2016, Franckh-Kosmos Verlags-GmbH & Co. KG, Stuttgart
Alle Rechte vorbehalten
ISBN 978-3-440-15413-7
Redaktion: Sven Melchert, Susanne Richter
Gestaltung und Satz: Martina Heitzmann-Schulz, Fußgönheim
Produktion: Ralf Paucke
Druck und Bindung: GGP Media GmbH, Pößneck
Printed in Germany/Imprimé en Allemagne

Inhalt

Vorwort... 9

Die Jahrhundert-Entdeckung......................... 11

1. Die Allgemeine Relativitätstheorie und ihre Folgen 13

Periheldrehung des Planeten Merkur......................... 23

Lichtablenkung durch die Sonne............................. 24

Gravitationslinsen 26

Einsteinringe und Einsteinkreuze............................ 26

Gravitative Rotverschiebung des Lichts...................... 28

Der Shapiro-Effekt verzögert Radarsignale................... 29

Kein GPS ohne Relativitätstheorie?.......................... 30

Die Raumzeit als zäher Leim: der Lense-Thirring-Effekt 31

Starke Gravitationsfelder verformen die Raumzeit............ 32

Die Kosmologische Konstante als »größte Eselei«?........... 36

Schwarze Löcher und andere relativistische Objekte.......... 38

2. Albert Einsteins geniale Vorhersage 42

Geisterhafte Wellen im Kosmos 44
Wie entstehen Gravitationswellen? 45
Quadrupolstrahlung 49
Auch ein Genie kann sich irren: Einsteins zweitgrößte Eselei? . 51
Was erzeugt Gravitationswellen? 52
Neutronensternsysteme und Doppelpulsare 56
Zusammenstürzende Schwarze Löcher 57
Kosmische Katastrophen 60
Kontinuierlich strahlende Quellen 63
Der Urknall als Gravitationswellensender? 64
Klassifizierung der Quellen 66

3. Versuch und Irrtum: der lange Weg zum Erfolg 70

Zahlenspiele: Wie klein ist 10^{-21}? 71
Joseph Weber zaubert Kaninchen aus seinem Zylinder 73
Die letzte Falschmeldung: alles nur Staub 80
Erste laseroptische Techniken 83

4. Rieseninterferometer 85

Immer am Limit: ultrapräzise Messtechnik 93
Mit allen Finessen 94
Einhundert Kilowatt Lichtleistung 95
Doppeltes Recycling 97
Vier Kilometer lange Vakuumsysteme
und seismische Isolation 98
Der letzte Schliff: Advanced LIGO 100
Bis an die Grenzen der Quantenphysik 107

5. Schwarze Löcher im Supercomputer 116

Supercluster und eindrucksvolle Farbgrafiken 118

Schwarze Löcher als exakte Lösungen der Allgemeinen
Feldgleichungen 120

Numeriker, Simulanten und das Lazarus-Projekt 124

Simulieren geht über studieren 130

Die Suche im kosmischen Heuhaufen 132

Mögliche Ergebnisse und deren Interpretation 135

6. Was lange währt, wird endlich gut: der direkte Nachweis 137

Chronik eines historischen Ereignisses 138

Was wurde wirklich bewiesen? 143

Stimmt es diesmal? – Statistik und Datenanalyse 145

Das Milliarden-Dollar-Signal 147

Astrophysikalische Detektivarbeit 152

»Heller« als 70 Trilliarden Sterne 156

Ein kosmischer Tango der Superlative 159

Signale aus den Tiefen des Universums 162

Simulation und Realität 167

Wann kommt die nächste Welle? 172

7. Gravitationswellenastronomie: Einsteins neues Fenster zum Kosmos 175

Neue Entdeckungen durch Gravitationswellenobservatorien? 177

VIRGO in Europa 183

Indien und Japan: LIGO-India und KAGRA 184

Neues Spiel, neues Glück, neue Messbereiche 189

Das erste Weltrauminterferometer: LISA 190

LISA Pathfinder und der ruhigste Ort im Sonnensystem 197

Detektoren, so groß wie das Universum selbst:
Pulsar Timing Arrays 202

8. Gravitationswellen und Kosmologie 210

Die großen Unbekannten im Kosmos:
  Dunkle Materie und Dunkle Energie 212
Die beschleunigte Expansion des Universums 218
Wurde Dunkle Materie entdeckt? 229
Bringen Gravitationswellen Licht ins Dunkel? 235
Vereinheitlichte Feldtheorien und Superstrings 237
Könnte die Raumzeit »Kosmische Strings« enthalten? 242
Steht Albert Einsteins Allgemeine Relativitätstheorie kurz
  vor ihrem Ende? 246
Die Stringtheorie als Weltformel? 249
Inflation, MOND und andere Alternativen 256
Kosmologen benötigen nicht einmal einen Papierkorb 262

Welche Bedeutung könnten
Gravitationswellen in der Zukunft haben? 265

Glossar 270
Literatur 276
Dank 277
Register 278
Bildnachweis 286

Vorwort

Am 14. September 2015 um genau 11:51 Uhr erschienen in den Rohdaten eines Signals plötzlich charakteristische Wellenzüge. Im Institut für Gravitationsphysik in Hannover wurden damals routinemäßig die Messdaten von zwei riesigen Laserinterferometern in den USA überprüft. Etwa vier Monate später sollten diese Signale unter der schlichten Bezeichnung »GW150914« Weltruhm erlangen.

Es war schon ein glücklicher Zufall. Denn eigentlich waren die zum Nachweis erforderlichen Detektoren nach einem größeren Umbau noch in der Testphase. Die Signale wurden gleich am ersten Tag empfangen, an dem es überhaupt möglich war, ein solches Ereignis zu messen. Anschließend hat es ja dann auch vier Monate gedauert, bis wir ausreichend zuversichtlich waren, um die Daten zu veröffentlichen. Die spezielle Form dieser Welle, die dann für internationale Aufmerksamkeit gesorgt hat, entsprach perfekt dem, was man erwarten würde, wenn in den Tiefen des Kosmos zwei Schwarze Löcher verschmelzen.

Die Signalqualität war sogar so hervorragend, dass man zunächst denken konnte, es handle sich um eine Simulation. Dennoch zeigte die sorgfältige Analyse aller Messdaten schließlich eindeutig, dass es sich tatsächlich um das erste, jemals direkt auf der Erde nachgewiesene Gravitationswellensignal handelte. Das Jahr 2015 war damit zu einem »Jahr der Gravitation« geworden. Denn am 3. Dezember 2015, fast auf den Tag genau hundert Jahre nach der Veröffentlichung von Albert Einsteins Allgemeiner Relativitätstheorie, wurde auch unsere Satellitenmission »LISA Pathfinder« gestartet.

Voraussichtlich im Jahr 2034 soll mit »LISA« sogar ein vollständiges Weltraumteleskop für Gravitationswellen ins All starten. Drei Satelliten werden dann über eine Strecke von einigen Millionen Kilometer hinweg winzigste Verwerfungen der Raumzeit erfassen. Genau wie beim Ereignis vom 14. September 2015 werden dazu Laserstrahlen verwendet, die dann einen gewaltigen Riesensensor im All bilden. Dieser wird die Aufgabe haben, nach langwelligen Signalen zu suchen, die vor Milliarden von Jahren erzeugt wurden und seitdem durch den Kosmos laufen.

Man kann sich heute noch gar nicht ausmalen, was wir alles aus diesen Gravitationswellensignalen lernen werden. Bereits das allererste Signal war ein äußerst informativer Hinweis darauf, was uns erwartet. GW150914 ist mit Abstand das gewaltigste Ereignis, das man bislang im Universum beobachtet hat. Innerhalb von Sekundenbruchteilen wurden drei Sonnenmassen vernichtet und in reine Energie umgesetzt. Trotzdem war das Ereignis für alle möglichen konventionellen Teleskope nicht sichtbar. Man kann nun also erstmals Signale aus einer dunklen Schattenwelt erfassen, die bisher völlig unbekannt war. Erst wenn wir in ein paar Jahren über eine blühende Gravitationswellenastronomie verfügen, wird man erahnen können, was uns noch alles auf der dunklen Seite des Kosmos erwartet. Zweifellos halten Dunkle Energie und Dunkle Materie noch viele Überraschungen bereit. Eines Tages werden wir dann mit Gravitationswellendetektoren vielleicht sogar den Urknall, das heißt die Entstehung des Universums selbst, erlauschen können.

Es freut mich sehr, dass einer meiner ehemaligen Mitarbeiter aus den Anfangsjahren der Laserinterferometerentwicklung die Zeit gefunden hat, dieses spannende Stück Wissenschaftsgeschichte einer breiten Öffentlichkeit vorzustellen.

Ich bin zuversichtlich, dass das vorliegende Buch dazu beitragen wird, die neuen und hochinteressanten Erkenntnisse aus der Astrophysik sowohl jugendlichen »Nachwuchsforschern« als auch der interessierten Allgemeinheit zugänglich zu machen.

Prof. Dr. Karsten Danzmann

Direktor, Albert-Einstein-Institut, AEI Hannover:
Max-Planck-Institut für Gravitationsphysik und
Institut für Gravitationsphysik der Leibniz Universität Hannover

Die Jahrhundert-Entdeckung

»Wenn du die Wahrheit suchst, sei offen für das Unerwartete, denn es ist schwer zu finden und verwirrend, wenn du es findest.«

Heraklit von Ephesos, oft auch zu
»Erwarte das Unerwartete« verkürzt

Der große Paukenschlag kam am 11. Februar 2016. In Pressekonferenzen rund um die Welt wurde der direkte Nachweis von Gravitationswellen bekannt gegeben. Das Echo in den Medien war gewaltig.

Ein an der US-amerikanischen Forschungseinrichtung LIGO (Laser Interferometer Gravitational Wave Observatory) erfasstes Gravitationswellenereignis wurde zum Meilenstein der Wissenschaft.

Das Signal, das aus einem Raumbereich zwischen der Kleinen und Großen Magellanschen Wolke empfangen wurde, hatte seinen Ursprung in den Tiefen des Universums und erreichte die Erde aus einer Entfernung von 1,3 Milliarden Lichtjahren. Gravitationswellen gehören zu den spektakulärsten Vorhersagen von Albert Einsteins Allgemeiner Relativitätstheorie aus dem Jahre 1915. Erst ein halbes Jahrhundert nach ihrer theoretischen Entdeckung versuchten unerschrockene Physiker sie aufzuspüren. Seit Anfang der 1970er-Jahre stiegen verschiedene Forschergruppen weltweit in das Rennen um die Detektion der geisterhaften Wellen ein. Auch Dank der Vorarbeiten dieser Pioniere der Wissenschaft konnten die Raumzeit-Wellen schließlich nachgewiesen werden. Im September 2015 erzeugten sie jenes Signal, das vier Monate später die Welt der Gravitationswellenforschung revolutionierten sollte.

Selbst Albert Einstein hatte seine Zweifel. Er vermutete, dass man Gravitationswellen niemals wird nachweisen können. Einstein ging davon aus, dass die Vibrationen der Raumzeit, die sich aus seiner Theorie ergaben, für eine Messung zu schwach seien. Bald nach der Vollendung seiner Allgemeinen Relativitätstheorie veröffentlichte Einstein in den Jahren 1916 und 1918 jeweils eine Abhandlung zum Phänomen der geheimnisvollen Wellen. Nach fast genau 100 Jahren konnten sie nun endlich mittels aufwändiger Messmethoden direkt nachgewiesen werden.

Mitte Juni 2016 wurde dann bereits die Entdeckung eines zweiten Signals offiziell bekannt gegeben. Damit sollten auch die letzten Zweifel am tatsächlichen Erfolg des LIGO-Projektes ausgeräumt sein. Die Identifizierung weiterer Ereignisse in vorhandenen oder neuen Messdaten dürfte damit nur noch eine Frage der Zeit sein. Messungen der von der Allgemeinen Relativitätstheorie vorhergesagten Raumzeitverwerfungen werden also bald zu den Standardmethoden der Experimentalphysik zählen.

Albert Einsteins Allgemeine Relativitätstheorie erfährt damit eine weitere Renaissance, ihre inzwischen über 100 Jahre alten Vorhersagen bleiben hochaktuell.

KAPITEL 1

Die Allgemeine Relativitätstheorie und ihre Folgen

»Seit die Mathematiker über die Relativitätstheorie hergefallen sind, verstehe ich sie selbst nicht mehr.«

Albert Einstein

Die Allgemeine Relativitätstheorie beschreibt insbesondere das Verhältnis zwischen massebehafteter Materie und Gravitationsfeldern. Sie interpretiert die Schwerkraft als rein geometrische Eigenschaft einer gekrümmten vierdimensionalen Raumzeit. Die Theorie wurde von Albert Einstein entwickelt, der sein Werk im November 1915 in den *Sitzungsberichten* der Preußischen Akademie der Wissenschaften zu Berlin veröffentlichte. Sie gilt bis heute als einer der wichtigsten Meilensteine der Physik.

Die eigentliche Geschichte der Relativitätstheorie hat ihren Ursprung jedoch bereits am Ende des 19. Jahrhunderts. Schon damals versuchte man, Natur und Wesen des Lichtes zu erforschen. Insbesondere wollten die Entdecker jener Zeit herausfinden, ob das Licht ähnlich wie Schall ein Medium für seine Ausbreitung benötigt. Bei den entsprechenden experimentellen Arbeiten entdeckte man einen Effekt, der später als Zeitdilatation bezeichnet wurde. Allerdings erkannte zunächst niemand die tiefgreifenden Veränderungen, die diese Entdeckung für das physikalische Verständnis der Zeit bedeutete. Erst der große Albert Einstein war in der Lage, die volle Tragweite der historischen Versuchsergebnisse zu erkennen. Im Rahmen seiner Relativitätstheorie folgerte er, dass die Lichtgeschwindigkeit in allen sogenannten Inertialsystemen dieselbe sein müsse.

In einem Inertialsystem bewegt sich ein Körper geradlinig und gleichförmig. Solange keine Kräfte auf ein Objekt einwirken, ändern sich weder der Betrag noch die Richtung der Geschwindigkeit. Inertialsysteme bewegen sich gegeneinander ebenfalls geradlinig und gleichförmig. Durch das Postulat einer konstanten Lichtgeschwindigkeit in allen Inertialsystemen konnten sämtliche experimentellen Resultate erklärt werden. Ein Trägermedium für Lichtwellen wurde somit nicht mehr benötigt.

Einsteins neue Erkenntnisse stehen im Einklang mit den Maxwellschen Gleichungen der Elektrodynamik. Seine sogenannte Spezielle Relativitätstheorie wurde zu einem der wichtigsten Fundamente der modernen Physik. Die Theorie sagt voraus, dass der Verlauf der Zeit davon abhängt, wie schnell sich ein Beobachter relativ zu einem anderen bewegt. Je schneller sich also beispielsweise eine Uhr bewegt, desto langsamer sollte sie laufen.

Später entdeckte Einstein, dass diese bewegungsbedingte Zeitdilatation nicht die einzige Form der Zeitdehnung darstellt. Die Weiterentwicklung der Speziellen zur Allgemeinen Relativitätstheorie umfasst auch gegeneinander beschleunigte Bezugssysteme. In die-

Abbildung 1: Dem Nachweis von Gravitationswellen hätte Einstein bestimmt ein Ständchen gewidmet, wie hier zusammen mit Adolf Hurwitz und dessen Tochter L. Hurwitz im August 1913.

sem Fall tritt ebenfalls eine Zeitdehnung auf. Die allgemeinrelativistische Zeitdilatation entsteht durch Beschleunigungen, beispielsweise wenn sich Objekte im freien Fall oder im Schwerkraftfeld einer anziehenden Masse befinden. Die Zeitdehnung der Allgemeinen Relativitätstheorie führt so auch auf einen Einfluss der Gravitation: Eines der wichtigsten Ergebnisse ist die Erkenntnis, dass auch ein Gravitationsfeld den Gang einer Uhr beeinflusst.

Erst mit seiner Allgemeinen Relativitätstheorie gelang es Einstein, die Spezielle Relativitätstheorie mit der Gravitation zusammenzuführen. Allerdings musste dafür eine seit Isaac Newton allgemein akzeptierte physikalische Vorstellung aufgegeben werden: die Annahme, dass Raum und Zeit durch Vorgänge und Ereignisse in der realen Welt nicht im Geringsten beeinflusst würden. Raum und Zeit waren nicht mehr länger passive und voneinander unabhängige Größen. Vielmehr sollte nach Einstein eine vierdimensionale »Raumzeit« existieren. »Von Stund' an sollen Raum für sich und Zeit für sich völlig zu Schatten herabsinken und nur noch eine Art Union der beiden soll Selbständigkeit bewahren«, so fasste Hermann Minkowski Einsteins Erkenntnis bereits im Jahre 1908 zusammen.

Die Raumzeit kann durch Materie verzerrt, d. h. gedehnt, gestaucht oder auch gekrümmt werden. Diese Verzerrungen wiederum legen fest, wie sich Materie in der Raumzeit zu bewegen hat. Die gegenseitige Beeinflussung von Raumzeitstruktur und massereichen Körpern liefert eine geometrische und relativistisch korrekte Gravitationstheorie. Neben der präzisen Beschreibung der klassischen Schwerkraftphänomene führt diese Theorie aber auch zu anderen wichtigen und teilweise sehr überraschenden Effekten. So wurde durch die neue Theorie beispielsweise vorhergesagt, dass auch Licht durch Schwerkraftfelder abgelenkt wird. Aber auch die Existenz von exotischen Objekten wie Schwarzen Löchern oder neuartige Effekte wie Gravitationswellen ergeben sich direkt aus der Theorie.

Die grundlegende Idee der Allgemeinen Relativitätstheorie besteht also darin, Gravitation nicht als Kraftfeld zu betrachten, sondern als eine rein geometrische Eigenschaft der neu eingeführten vierdimensionalen Raumzeit. Da sich vier Dimensionen hartnäckig der menschlichen Vorstellungskraft entziehen, wird oft eine Analogie zur Veranschaulichung herangezogen. Reduziert man den Raum um eine Dimension, dann lassen sich einige Aspekte der

Abbildung 2: In einer Ebene laufen Körper ohne Krafteinfluss auf parallelen Bahnen (oben). Erst durch die Wirkung einer Kraft können sich ihre Wege kreuzen (Mitte). Auf der gekrümmten Oberfläche einer Kugel werden sich die Wege der Körper auch ohne äußeren Krafteinfluss treffen (unten).

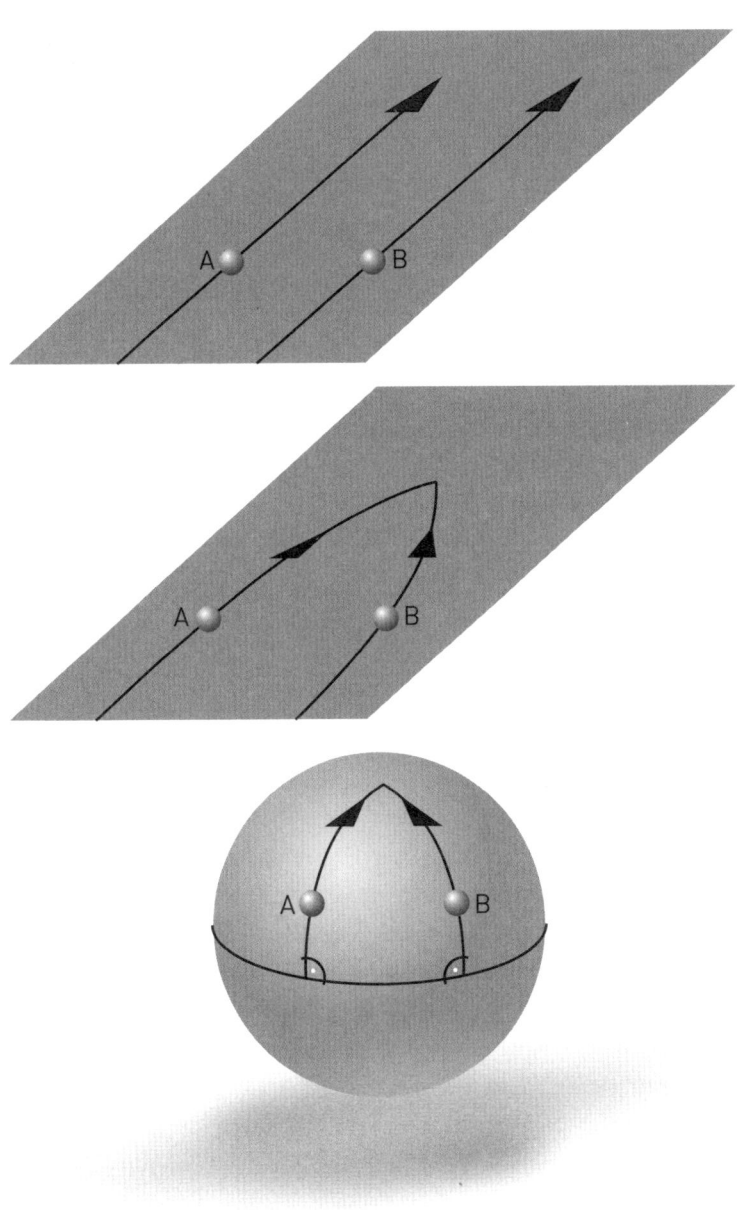

Abbildung 3: Die Gravitation wird nach der Allgemeinen Relativitätstheorie als eine Krümmung der Raumzeit aufgefasst.

Raumzeitkrümmung anschaulich darstellen. Man muss sich dabei natürlich stets im Klaren darüber sein, dass es sich bei entsprechenden Illustrationen nur um vereinfachende Modelle handelt.

Aus dem dreidimensionalen Raum wird in der Analogie eine zweidimensionale Ebene. In dieser »Raumebene« sollen sich nun zwei Körper befinden, zwischen denen keinerlei Kräfte wirken. Ohne äußere Kräfte bewegen sich die beiden Körper mit konstanter Geschwindigkeit auf geradlinigen Bahnen. Objekte, deren Bahnen parallel verlaufen, werden somit niemals aufeinander treffen, der Abstand zwischen ihnen bleibt für alle Zeiten der gleiche.

Beobachtet man allerdings, dass Körper von diesem Verhalten abweichen, so spricht man in der klassischen Physik davon, dass eine Kraft wirken muss.

Gemäß den Newtonschen Gesetzen bewirken Kräfte, dass Teilchen aus ihren geradlinigen Bahnen abgelenkt werden. Wenn sich die Teilchen jedoch nicht in einer Ebene bewegen, sondern auf einer gekrümmten Fläche, dann würden sie ebenfalls zusammenlaufen,

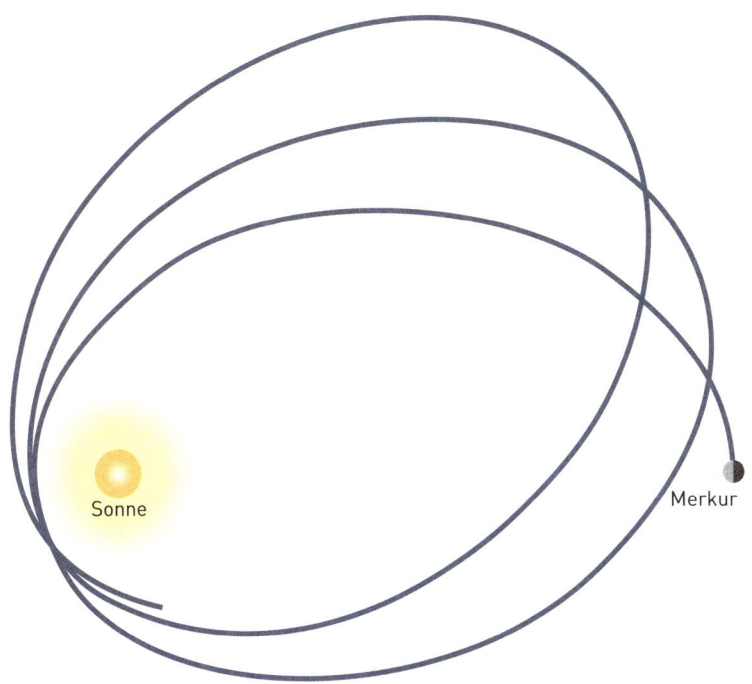

Abbildung 4: Die langfristige Verschiebung des Perihels von Merkur.

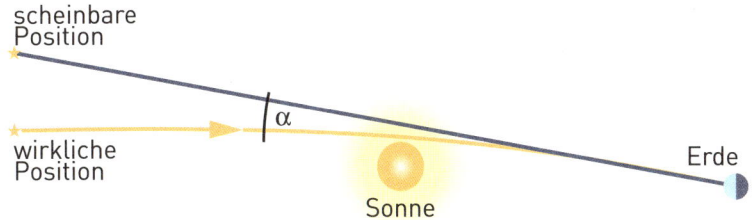

Abbildung 5: Lichtablenkung im Gravitationsfeld der Sonne.

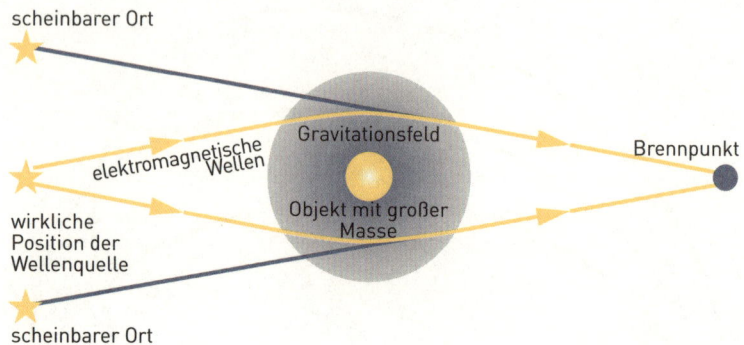

Abbildung 6: Schematische Darstellung des Gravitationslinseneffekts.

Abbildung 7: Ein besonders prominentes Beispiel für einen Einstein-Ring ist in dieser Aufnahme des Hubble-Weltraumteleskops zu sehen. Es wurde aufgrund seiner Form als »Kosmisches Hufeisen« bezeichnet.

obwohl sie ursprünglich auf parallelen Bahnen gestartet waren. In diesem Fall muss man keine Kraft einführen, um zu erklären, warum die Bahnen aufeinander zu laufen.

In der Allgemeinen Relativitätstheorie liefert die gekrümmte Raumzeit eine elegante Erklärung für die nicht mehr geradlinige Bewegung von Masseobjekten. Nach Einsteins Theorie ist Gravitation lediglich eine Verzerrung der Raumzeit. Planeten folgen genau wie Tennisbälle oder Satelliten bestimmten Bahnen in dieser Raumzeit. Aufgrund der Krümmung der Raumzeit werden sie relativ zueinander beschleunigt. Für Schwerkraftfelder geringer Stärke ergeben sich aus der neuen Theorie allerdings Bahnkurven, die denen der Newtonschen Mechanik sehr ähnlich sind.

Für »zweidimensionale« Beobachter, die sich lediglich auf einer Kugeloberfläche (siehe Abb. 2 auf Seite 17) bewegen können, erscheinen die eingezeichneten Bahnen im Übrigen tatsächlich »gerade«. Ein Beobachter, der etwa ein Raumschiff auf einem entsprechenden Kurs anpeilt, würde keinerlei Abweichungen nach links oder rechts feststellen. Lediglich das Verschwinden des Objektes hinter einem »Horizont« wäre ein für ihn unerklärliches Phänomen.

Auch die beiden eingezeichneten Winkel weisen bei lokaler Messung mit einem Präzisionswinkelmaß exakt 90 Grad auf. Da der Schnittwinkel der beiden Linien ebenfalls zur Winkelsumme im dargestellten Dreieck beiträgt, ergibt sich ein Wert von über 180 Grad. Hier wird also bereits klar, dass auf einer Kugeloberfläche die Gesetze der Euklidschen Geometrie nicht mehr gelten.

Einsteins Feldgleichungen beschreiben jedoch nicht nur die Bahnen von Masseteilchen durch die gekrümmte Raumzeit. Die Allgemeine Relativitätstheorie erklärt auch, wie diese Verzerrungen durch im Raum vorhandene Massen erst verursacht werden. Gemäß den Allgemeinen Feldgleichungen ergibt sich so ein permanentes Wechselspiel, bei dem sich Materie und Raumzeit gegenseitig beeinflussen:

› Eine bestimmte Materieanordnung verformt die vierdimensionale Raumzeit in einer durch die Formeln exakt festgelegten Art und Weise.

› Die Geometrie der Raumzeit legt wiederum fest, wie die Bahnen massiver Objekte aussehen müssen.

Die Feldgleichungen drücken letztendlich genau diese Wechselwirkung in Form von gekoppelten Differenzialgleichungen aus. Darüber hinaus sagen die Formeln aber auch aus, dass nicht nur Massen den Raum krümmen, sondern auch Energie oder beispielsweise Druck. Hier spiegelt sich die bereits in der Speziellen Relativitätstheorie eingeführte Identität von Masse und Energie wieder. Diese Beziehung wird durch die wohl berühmteste Formel der Physik ausgedrückt: $E = mc^2$.

Häufig wird die gekrümmte Raumzeit auch mit einem Gummimembran-Modell dargestellt. Dabei wird auf eine mehr oder weniger gespannte, elastische Membran eine massive Kugel gelegt. Diese Kugel verursacht eine Delle in der Membran. Dieses Modell ist aber als Anschauungsobjekt für eine gekrümmte Raumzeit nur bedingt geeignet.

Die Krümmung des Raums allein zu betrachten ist nicht ausreichend, um die Bewegung von Massen zu erklären. Weder massive Objekte noch Lichtstrahlen laufen dort auf Bahnen, die im gekrümmten Raum kürzest möglichen Strecken entsprechen (es werden Bahnen durchlaufen, bei denen das vierdimensionale, raumzeitliche Wegelement minimal wird). Die Zeitdehnung bleibt bei diesem Modell vollkommen außen vor. Aus den Allgemeinen Feldgleichungen folgt allerdings, dass sowohl der Raum als auch die Zeit von einem Gravitationsfeld beeinflusst werden.

Die Konsequenz aus Einsteins Überlegungen war, dass sich die Krümmung der Raumzeit unter dem Einfluss einer Masse auch auf die Lichtausbreitung auswirkt. Durchquert beispielsweise ein

Lichtstrahl die Raumzeitdelle eines massereichen Körpers wie etwa der Sonne, dann sollte er dem kürzesten Weg, den die gekrümmte Raumzeit zulässt, folgen. Dies führt zu einer Ablenkung des Lichtstrahls von seiner geradlinigen Bahn.

Einsteins Theorie liefert allerdings nur unter bestimmten Bedingungen Vorhersagen, die sich von denen der Newtonschen Mechanik deutlich unterscheiden. Erst bei extrem starken Gravitationsfeldern ergeben sich erhebliche Abweichungen. Dennoch wurde die Allgemeine Relativitätstheorie in zahlreichen Tests experimentell bestätigt, sodass sie als Theorie der Gravitation unumstritten ist. Einige dieser experimentellen Bestätigungen werden in den folgenden Kapiteln zusammengefasst.

Periheldrehung des Planeten Merkur

In der klassischen Newtonschen Mechanik beschreibt ein Körper, der ein Zentralgestirn umkreist, eine elliptische Bahn. Das Zentralgestirn liegt dabei in einem Brennpunkt dieser Ellipse. Der Punkt der größten Annäherung, das sogenannte Perihel, ist nach der Newtonschen Theorie fest auf einen Punkt im Raum fixiert.

Im realen Fall des Sonnensystems kommt es dennoch auch nach der klassischen Mechanik zu einer Verschiebung des Perihels des Planeten Merkur. Ursache dafür sind Störeinflüsse anderer Planeten. Astronomen wie Urbain Le Verrier erkannten jedoch frühzeitig, dass die Periheldrehung des Merkur nicht vollständig durch diese Effekte erklärt wird. Die Allgemeine Relativitätstheorie hingegen kann die verbliebene Abweichung durch die entstehende Raumkrümmung mit höchster Präzision korrekt beschreiben.

Diese erste Überprüfung der Allgemeinen Relativitätstheorie durch astronomische Beobachtungen betraf jedoch eine Situation, in der sich Newtonsche und Einsteinsche Vorhersagen nur vergleichsweise wenig unterscheiden. Die Einsteinsche Theorie sagt unter diesen Bedingungen eine Art Rosette für die Merkurbahn voraus. Sowohl der sonnennächste als auch der sonnenfernste Bahnpunkt, also das Perihel bzw. das Aphel, sollten bei jedem Umlauf nur sehr geringfügig weiterwandern (siehe Abb. 4 auf Seite 19).

Berechnungen im Rahmen der Allgemeinen Relativitätstheorie führen auf genau den beobachteten zusätzlichen Verschiebungseffekt. Da die Rosettenverschiebung anhand des sonnennächsten Punkts definiert wird, ist dieser Effekt auch als relativistische Periheldrehung bekannt geworden. Als sonnennächster Planet durchläuft Merkur das stärkste Schwerkraftfeld, die relativistische Korrektur ist hier also am größten. Deshalb wurde sie beim Merkur als erstes entdeckt. In neuerer Zeit konnte sie jedoch auch für die Planeten Venus, Erde und sogar für den Mars nachgewiesen werden.

Einstein wird nachgesagt, dass er die exakte Vorhersage der Periheldrehung durch die Allgemeine Relativitätsheorie als einen der glücklichsten Momente seines Lebens bezeichnet haben soll.

Lichtablenkung durch die Sonne

Bereits vor der Entwicklung der Allgemeinen Relativitätstheorie war bekannt, dass auch aus der Newtonschen Gravitationstheorie eine Ablenkung von Sternenlicht durch einen massiven Himmelskörper abgeleitet werden kann. Einstein berechnete jedoch, dass dieser Wert doppelt so groß sein sollte als die Vorhersage der klassischen Mechanik. Vereinfacht ausgedrückt trägt die Krümmung der Raumzeit noch einmal denselben Ablenkungswinkel bei wie die klassische Rechnung (siehe Abb. 5 auf Seite 19).

Der Einsteinsche Wert der Lichtablenkung wurde am 29. Mai 1919 durch Beobachtungen während einer totalen Sonnenfinsternis durch Sir Arthur Stanley Eddington bestätigt. Dieses Ergebnis machte Einstein und seine Allgemeine Relativitätstheorie mit einem Schlag weltberühmt.

Hier hatte Einstein allerdings großes Glück. Bereits früher waren zwei Expeditionen organisiert worden, welche die Aufgabe hatten, den genauen Wert der Lichtablenkung im Schwerefeld der Sonne zu bestimmen. Im Jahr 1912 verhinderte jedoch schlechtes Wetter brauchbare Aufnahmen. Zwei Jahre später wurden die entsandten Wissenschaftler auf der Halbinsel Krim festgenommen, noch bevor sie die geplanten Messungen ausführen konnten. Denn im Jahr 1914 war gerade der erste Weltkrieg ausgebrochen, und da die Mitglieder der Expedition höchst geheimnisvolle und verdächtige Beobachtungsinstrumente mitführten, wurden sie für feindliche Spione gehalten und verhaftet. Einstein hatte bereits im Jahr 1911 Berechnungen veröffentlicht, die aber einen falschen Wert für die Lichtablenkung ergaben. Erst 1915, nachdem die Allgemeine Relativitätstheorie vollendet war, konnte er den korrekten Wert berechnen. Ob die ursprünglich falschen Berechnungen Einsteins Ruhm geschadet hätten, kann man natürlich im Nachhinein nicht mehr beurteilen.

Die Messgenauigkeit im Jahr 1919 war noch nicht besonders hoch, sie reichte jedoch aus, um zu zeigen, dass die Lichtablenkung im Gravitationsfeld der Sonne deutlich näher an Einsteins Werten lag als an denen der Newtonschen Mechanik. Moderne Analysen der Daten zeigten darüber hinaus, dass Eddingtons Werte im Wesentlichen korrekt waren. Die Beobachtungen wurden in späteren Jahren von verschiedenen Observatorien wiederholt und bestätigten immer wieder die Messungen von 1919. Eine weitere Steigerung der Präzision brachte schließlich die Radioastronomie. Mittels präziser Laufzeitmessungen konnten die letzten Zweifel an der Gültigkeit der Allgemeinen Relativitätstheorie ausgeräumt werden.

Eine besonders beeindruckende Spielart des Lichtablenkungseffekts sind sogenannte Gravitationslinsen, bei denen die Lichtablenkung durch eine Masse dazu führt, dass Astronomen am Himmel zwei oder mehr Bilder von ein und demselben astronomischen Objekt beobachten können.

Gravitationslinsen

Die Gravitationslinsen sind eine direkte Folge der Raumkrümmung durch sehr massereiche Objekte. Das Licht von Körpern, die sich hinter einer Masseansammlung befinden, wird dabei abgelenkt und unter gewissen Bedingungen sogar verstärkt. Der Effekt ist vergleichbar mit dem einer optischen Sammellinse, deshalb wurde er auch unter der Bezeichnung »Gravitationslinse« bekannt (siehe Abb. 6 auf Seite 20).

Anhand dieses Linseneffekts können extrem weit entfernte astronomische Objekte, wie Galaxien oder Quasare, beobachtet werden. Oftmals wären diese ohne die verstärkende »Sammellinse« gar nicht mehr mit astronomischen Instrumenten erfassbar. Inzwischen wurden kosmische Objekte entdeckt, deren Licht um mehr als das zehnfache durch Galaxienhaufen im Vordergrund verstärkt wurde.

Häufig tritt auch das Phänomen auf, dass Objekte aufgrund einer vorgelagerten Gravitationslinse am Himmel mehrfach erscheinen. Hierbei wird das Licht eines Objektes im Hintergrund um eine Gravitationslinse herum auf verschiedenen Wegen abgelenkt, wodurch es sogar mehr als zweimal erscheinen kann. In speziellen Fällen entstehen auf diese Weise vollständige Lichtringe um massive Objekte wie etwa Galaxien.

Einsteinringe und Einsteinkreuze

Besonders eindrucksvolle Beispiele der Lichtablenkung in starken Gravitationsfeldern sind als »Einsteinringe« bekannt geworden.

Hierbei handelt es sich um den Lichtring eines weit entfernten Objekts, der durch die Wirkung der Gravitation einer im Vordergrund liegenden Galaxie entsteht.

Die Galaxie wirkt wieder wie ein Linse, die Verhältnisse sind hier jedoch so, dass das betreffende Objekt nicht nur ein- oder zweimal abgebildet, sondern zu Ringsegmenten verformt wird. Im Idealfall entsteht sogar ein vollständiger Ring. Auch diese Erscheinung wurde bereits von Albert Einstein in seiner Allgemeinen Relativitätstheorie vorausgesagt (siehe Abb. 7 auf Seite 20).

Für einen geschlossenen Ring muss die entfernte Lichtquelle exakt hinter der Gravitationslinse liegen; deshalb kann man von der Erde aus nur wenige Einstein-Ringe beobachten. Dennoch wurden bislang knapp 100 dieser seltenen Konstellationen entdeckt. Viele wurden bei allgemeinen Himmelsdurchmusterungen gefunden, einige davon später auch mit dem Hubble-Weltraumteleskop näher untersucht.

Bei den bisher beobachteten Einstein-Ringen liegen die Vordergrundgalaxien häufig in Entfernungen von einigen Milliarden Lichtjahren. Eine der am weitesten entfernten Linsen haben Astronomen in den tiefsten Tiefen des Weltalls ausgemacht. Sie konnten ein Objekt beobachten, das über neun Milliarden Lichtjahre von der Erde entfernt ist.

Neben den Ringen existieren auch sogenannte Einsteinkreuze. Wenn sich beispielsweise ein Quasar hinter dem Kern einer weit entfernten Galaxie befindet, kann diese wieder eine Gravitationslinse bilden. Unter bestimmten Bedingungen entstehen durch diese Linse vier ähnlich helle Bilder in Form eines Kreuzes mit dem Galaxienkern im Zentrum. Quasare sind die extrem hellen Zentren sehr weit entfernter Galaxien und erscheinen von der Erde aus gesehen punktförmig.

Gravitative Rotverschiebung des Lichts

Dass die Zeit in der Nähe großer Massen langsamer läuft, wie es die Relativitätstheorie vorhersagt, wirkt sich auch auf Lichtteilchen, sogenannte Photonen, aus. Wenn diese ein Schwerkraftfeld durchlaufen, werden ihre Wellenlängen in den Rotbereich verschoben. Vereinfacht ausgedrückt verlieren Photonen beim Aufstieg in einem Gravitationsfeld Energie. Da die Lichtgeschwindigkeit im Vakuum aber immer konstant ist, bedeutet dieser Energieverlust keine Abbremsung, sondern eine Dehnung der Lichtwellenlänge.

Im Jahr 1925 lieferte ein Doppelsternsystem die erste Bestätigung für die gravitative Rotverschiebung. Der Effekt konnte durch die Messung der Spektralverschiebung des Weißen Zwergsterns Sirius B erstmals nachgewiesen werden. Obwohl sowohl diese als auch spätere Messungen mit den Vorhersagen der Allgemeinen Relativitätstheorie sehr gut übereinstimmten, wurde argumentiert, dass die Rotverschiebung möglicherweise auch andere Ursachen haben könnte. Aus diesem Grund suchten Forscher nach einer direkteren experimentellen Bestätigung in Laboratorien auf der Erde.

Ein unmittelbarer Nachweis des Effekts gelang aber erst 1959 durch das Experiment von Robert Pound und Glen Rebka, heute kurz Pound-Rebka-Experiment genannt. Dort wurde die relative Rotverschiebung von zwei Quellen, die sich an der Spitze und am Boden des Jefferson-Turms der Harvard University befanden, durch Ausnutzung des Mößbauer-Effekts vermessen.

Schon im Rahmen seiner Doktorarbeit konnte Rudolf Mößbauer im Jahre 1956 den später nach ihm benannten Effekt erstmals nachweisen. Die rückstoßfreie Absorption oder Emission von kurzwelligen Gamma-Quanten durch Atomkerne in einem Kristall führt zu extrem scharfen Resonanzlinien. Damit lassen sich minimale Energiedifferenzen, wie sie etwa durch die Dopplerverschiebung hervorgerufen werden, nachweisen. Bereits fünf Jahre später erhielt Rudolf Mößbauer für diese Entdeckung den Nobelpreis für Physik.

Die Frequenzverschiebung von Gammastrahlung im Gravitationsfeld der Erde konnte mit Hilfe der Mößbauerspektroskopie mit einer Genauigkeit von 1 % vermessen werden. Das Resultat war eine der ersten Präzisionsmessungen, welche die Allgemeine Relativitätstheorie unter Laborbedingungen exakt bestätigten.

Ein weiteres sehr genaues Rotverschiebungsexperiment wurde 1976 durchgeführt. Dazu wurde eine Wasserstoff-Maser-Uhr im Satelliten »Gravity Probe A« mit einer Rakete auf eine Höhe von circa 10.000 Kilometern gebracht. Die Zeitsignale des Masers wurden mit einer identischen Uhr auf der Erdoberfläche verglichen. Der Effekt der gravitativen Rotverschiebung konnte so bis auf 0,007 % genau bestätigt werden.

Der Shapiro-Effekt verzögert Radarsignale

Von Irwin Shapiro stammt die Idee, einen weiteren Test der Allgemeinen Relativitätstheorie innerhalb des Sonnensystems durchzuführen. Seine Messungen wurden zu einer der genauesten Bestätigungen für die Allgemeine Relativitätstheorie in den 1960er Jahren. Shapiro berechnete die relativistische Zeitverzögerung von Radarsignalen, die von sonnennahen Planeten reflektiert werden. Die Relativitätstheorie liefert eine Signalverzögerung, die umso größer wird, je näher die Radarwellen an der Sonne vorbei laufen.

Die Beobachtung der Radarreflexionen von Merkur und Venus unmittelbar vor und nach der Bedeckung durch die Sonne zeigte eine ausgezeichnete Übereinstimmung mit der Allgemeinen Relativitätstheorie. Bereits die ersten Messdaten bestätigten die Einsteinschen Gleichungen mit einer maximalen Abweichung von 5 %. Spätere Messungen mit Hilfe von Raumsonden wie Mariner oder Viking verbesserten die Messgenauigkeit auf 0,1 %. Schließlich konnten mit der Cassini-Sonde die Voraussagen der Allgemeinen Relativitätstheorie sogar bis auf 0,001 % genau bestätigt werden.

Kein GPS ohne Relativitätstheorie?

Oft wird behauptet, satellitengestützte Navigationssysteme wie das Globale Positionierungssystem (GPS) oder Galileo würden ohne Berücksichtigung allgemeinrelativistischer Effekte nicht funktionieren. Die Satelliten, die zur Ortung eines Fahrzeuges auf der Erde notwendig sind, befinden sich in einer Höhe von mehr als 20.000 Kilometern über der Erde. Aufgrund der Effekte der Allgemeinen Relativitätstheorie ist der Zeitablauf dort beschleunigt. Andererseits weisen die Satelliten relativ zur Erde eine hohe Eigengeschwindigkeit auf. Dadurch wird Zeit in den Borduhren gemäß der Speziellen Relativitätstheorie wiederum verlangsamt. Die beiden Effekte zeigen also eine entgegengesetzte Wirkung, kompensieren sich jedoch nicht vollständig. Würde man die Zeitdifferenzen im Vergleich zur Zeit auf der Erde nicht beachten, hätte dies messbare Fehler in der Positionsbestimmung zur Folge.

Obwohl das GPS-System natürlich nicht als Testplattform für grundlegende physikalische Effekte konstruiert wurde, können damit Aussagen der Relativitätstheorie getestet werden. Die Uhren in den Satelliten zeigen stets die nach Einstein zu erwartende Zeitabweichung von mehreren Mikrosekunden pro Tag. Der Einfluss der Zeitdilatation wäre ausreichend groß, um die Funktionen des GPS nachweisbar zu beeinflussen.

Durch die Benutzung von laseroptischen Uhren konnte die Messpräzision inzwischen so weit verbessert werden, dass die gravitative Zeitdilatation selbst bei Abständen von unter einem Meter gemessen werden kann. Unter anderem wurden dabei Aluminiumatome als Uhren eingesetzt. Während ein Atom in Ruhe war, wurde das andere um 33 cm angehoben. Die ermittelten Rotverschiebungswerte waren in sehr guter Übereinstimmung mit den Ergebnissen der Allgemeinen Relativitätstheorie.

Für das GPS-System werden die relativistischen Effekte natürlich berücksichtigt. Dazu wird die Frequenz der eingesetzten Atomuhren entsprechend korrigiert. Würde diese Korrektur nicht durchgeführt, ergäbe sich eine Zeitabweichung von fast 30 Mikrosekunden pro Tag. Da die Entfernungen zu den Satelliten über Lichtlaufzeiten bestimmt werden, hätte sich daraus prinzipiell ein Messfehler von mehreren Kilometern ergeben können, selbst wenn die Satellitenuhren täglich nachgestellt würden.

In kommerziellen GPS-Empfängern ist natürlich keine eigene Atomuhr eingebaut. Zeit und Ort werden vielmehr aus direktem Vergleich von mindestens vier Satellitensignalen bestimmt. Da aber alle Satelliten im Orbit in ähnlicher Weise von den Effekten der Allgemeinen Relativitätstheorie beeinflusst werden, bliebe der tatsächliche Positionsfehler deutlich geringer.

Allgemeinrelativistische Effekte sind im GPS-System also eindeutig nachzuweisen. Allerdings würde das System auch ohne detaillierte Kenntnis der Allgemeinen Relativitätstheorie funktionieren. Die Betreiber der Satelliten würden sich dann lediglich wundern, dass deren hochpräzise Uhren aus unerfindlichen Gründen in sehr charakteristischer Weise falsch laufen.

Die Raumzeit als zäher Leim: der Lense-Thirring-Effekt

Beim Lense-Thirring-Effekt handelt es sich ebenfalls um ein Phänomen, das sich direkt aus der Allgemeinen Relativitätstheorie ableiten lässt. Vergleicht man die Raumzeit mit einem zähen Medium wie beispielsweise Honig oder Leim, so müsste ein Körper wie die Erde durch ihre Drehung die Raumzeit in ihrer Umgebung geringfügig mit sich ziehen und dabei verwirbeln.

Gemäß dem Lense-Thirring-Effekt sollen sich kleine Änderungen des Drehimpulses einer Testmasse ergeben, die sich um die rotierende Erde bewegt. Der 2004 gestartete Satellit Gravity Probe B konnte diesen Effekt erstmals zweifelsfrei nachweisen. Für diesen Test wurden vier mit einem Supraleiter beschichtete Quarzkugeln von knapp vier Zentimetern Durchmesser als Präzisionskreisel benutzt.

Die wissenschaftlichen Analysen nahmen aufgrund verschiedener Störeinflüsse und durch Probleme mit der korrekten Dateninterpretation einen vergleichsweise langen Zeitraum in Anspruch. Im Mai 2011 wurde der Effekt schließlich aber doch bis auf 0,2 % genau nachgewiesen.

Ähnlich wie die Kreiselachsen im Satelliten werden auch die Rotationsachsen von Sternen beeinflusst, die sehr nahe um supermassive kosmische Objekte kreisen. Dieser Effekt wird auch als Präzession bezeichnet. Durch Vermessung dieses Phänomens können verschiedene Effekte der Allgemeinen Relativitätstheorie im Zusammenhang mit sehr starken Gravitationsfeldern getestet werden.

Wie in späteren Kapiteln deutlich wird, spielt dieser Effekt auch bei der Erzeugung von Gravitationswellen eine wichtige Rolle.

Starke Gravitationsfelder verformen die Raumzeit

Vom kosmischen Standpunkt aus betrachtet sind alle Gravitationsfelder innerhalb des Sonnensystems sehr schwach. Selbst direkt an der Oberfläche der Sonne kann man nicht von einem wirklich starken Feld sprechen. Zwar ist die Fallbeschleunigung dort etwa 28-mal so groß wie auf der Erdoberfläche, verglichen mit anderen starken Feldern im Universum ist das jedoch geradezu lächerlich wenig. So herrschen an der Oberfläche eines Neutronensterns bis zu mehrere Milliarden Mal stärkere Gravitationsfelder. Neutronensterne sind extrem dichte Himmelskörper, bei denen die Masse eines gesamten Sterns auf die Größe einer Kugel von etwa zehn bis 20 Kilometer Durchmesser komprimiert ist. Derartige Objekte entstehen, wenn massereiche Sterne am Ende ihrer Lebensdauer kollabieren. Aufgrund der extrem hohen Massenkonzentration ergeben sich an der Oberfläche von Neutronensternen entsprechend intensive Gravitationsfelder.

Die klassischen Experimente innerhalb des Sonnensystems liefern also keinerlei Hinweise darauf, ob die Allgemeine Relativitätstheorie auch in sehr starken Schwerkraftfeldern ihre Gültigkeit behält. Prinzipiell ist es natürlich möglich, dass die Einsteinsche Theorie für sehr starke Gravitationsfelder nicht mehr anwendbar ist. So gibt es alternative Gravitationstheorien, die sich in schwachen Feldern praktisch wie die Allgemeine Relativitätstheorie verhalten, in starken Gravitationsfeldern jedoch zu deutlichen Abweichungen führen.

Um die Grenzen der Allgemeinen Relativitätstheorie auszuloten, muss man also auch Experimente mit Systemen durchführen, deren Komponenten aus Objekten bestehen, die sehr starke Gravitationsfelder erzeugen. Eine Möglichkeit dazu ergibt sich aus der Beobachtung von Neutronensternen. Tatsächlich wurden die bislang besten Tests in starken Gravitationsfeldern mithilfe von Pulsaren durchgeführt.

Pulsare sind schnell rotierende Neutronensterne, die intensive Radiosignale emittieren. Die Aussendung der Radiowellen erfolgt jedoch stark gebündelt. Dies ist eine Folge des starken Magnetfelds der Neutronensterne. Durch die Rotation des Objektes streift dieser gebündelte Radiostrahl durch das All, ähnlich wie der fokussierte Lichtstrahl eines Leuchtturms über das Meer. Liegt die Erde zufällig innerhalb des vom Radiostrahl überstrichenen Gebietes, dann empfängt man dort extrem regelmäßige Radioimpulse. Aufgrund des hochgenauen Zeitabstandes der Impulse können Pulsare als äußerst präzise kosmische Uhren verwendet werden. Die Pulse erlauben so auch eine sehr genaue Überprüfung der Bewegungsdaten des Pulsars.

Durch Beobachtung von Pulsaren, die sich im Orbit um Sterne oder andere Pulsare befinden, wurden ausnahmslos Bahndrehungen nachgewiesen, die nicht auf klassischem Weg erklärt werden können. Alle Messergebnisse stimmten jedoch stets präzise mit den Berechnungen auf Basis der Allgemeinen Relativitätstheorie überein.

Ein besonders prominentes Beispiel in diesem Zusammenhang ist der sogenannte Hulse-Taylor-Binärpulsar PSR 1913+16. Die Bezeichnung PSR steht dabei für **Pulsar**, die Zahlen geben die Himmelskoordinaten an. Dieser war der erste Radiopulsar, der als Mitglied eines Doppelsystems identifiziert werden konnte; sein Partner ist ein unsichtbarer Neutronenstern. Der Pulsar wurde im Jahre 1974 von Russel Hulse und Joseph Taylor entdeckt. Beide Komponenten haben die typische Masse eines Neutronensterns von etwa 1,4 Sonnenmassen und umlaufen den gemeinsamen Schwerpunkt in 7,75 Stunden. Die Bahn des Systems verschiebt sich um 4,2 Grad pro Jahr. Das ist ein Vielfaches der vergleichbaren Periheldrehung bei Merkur.

Schnell wurde damit klar, dass es sich hierbei um ein einzigartiges Testsystem für die Allgemeine Relativitätstheorie handelt. Die Radiopulse aus diesem Objekt werden mit einer Periode von 59 Millisekunden empfangen. Sie erlauben eine sehr genaue Vermessung der Bahnparameter des Binärsystems. Das System PSR 1913+16 spielte auch beim Nachweis von Gravitationswellen eine herausragende Rolle. Seine besonderen Eigenschaften werden daher in späteren Kapiteln noch sehr eingehend diskutiert.

Nahezu 30 Jahre lang war der Hulse-Taylor-Pulsar das Standardtestobjekt der Allgemeinen Relativitätstheorie in Bezug auf starke Gravitationsfelder. Erst im Jahr 2003 wurde mit dem Doppelpulsar PSR J0737-3039 in etwa 4000 Lichtjahren Entfernung von der Erde ein System entdeckt, das PSR 1913+16 in Hinblick auf relativistische Messungen deutlich übertrifft. Der erste allgemeinrelativistische Effekt in diesem Doppelpulsarsystem, die Bahndrehung von 16,9 Grad pro Jahr, wurde innerhalb kürzester Zeit nachgewiesen. Dieser Wert bedeutet, dass die Bahnachse des Systems in nur 21,3 Jahren einen vollen Kreis durchläuft. Die Perihelwanderung der Merkurbahn benötigt dazu drei Millionen Jahre. Dieser Vergleich zeigt sehr deutlich, wie stark sich allgemeinrelativistische Effekte in einem Doppelneutronensternsystem bereits auswirken.

Anders als beim Hulse-Taylor-System sind bei PSR J0737-3039 beide Komponenten Pulsare. Ihr Abstand beträgt lediglich 900.000 Kilometer. Die Eigenrotationsperioden liegen bei 23 Millisekunden für den ersten Pulsar und bei 2,8 Sekunden für den zweiten. Die Umlaufzeit des Systems beträgt knapp 2½ Stunden.

Da beide Komponenten Pulsare sind, kann man an diesem Objekt noch weit präzisere Messungen durchführen als mit dem Hulse-Taylor-System. Aus dem Blickwinkel eines irdischen Betrachters liegt die Bahnebene des Systems zudem nahezu direkt in der Beobachtungsrichtung. Das Doppelpulsarsystem ist also so orientiert, dass sein Orbit fast von der Kante her sichtbar ist. Dies führt dazu, dass die Pulsare bei jedem Umlauf einmal fast exakt hintereinander stehen. Dadurch laufen die Radiosignale eines Pulsars in einem Minimalabstand von nur 20.000 Kilometern am Begleiter vorbei. Hier ist die Raumzeit bereits extrem stark gekrümmt. Gemäß der Shapiro-Verzögerung verlängern sich dadurch die Laufzeiten der Pulsar-Radiosignale deutlich. So konnte der Effekt bis auf 0,03 % genau gemessen werden. Das ist eine der besten Bestätigungen der Allgemeinen Relativitätstheorie in starken Gravitationsfeldern.

PSR J0737−3039 wurde so zum besten kosmischen Testlabor für Messungen zur Allgemeinen Relativitätstheorie. In keinem anderen System konnten bislang mehr Effekte der Allgemeinen Relativitätstheorie beobachtet und exakt vermessen werden.

Neben Doppelneutronensternen sind auch Schwarze Löcher geeignete Kandidaten für Tests in extremen Gravitationsfeldern. Messungen an Schwarzen Löchern sind jedoch eher von indirekter Natur. Sie betreffen die Wirkungen ihrer außerordentlich starken Gravitationsfelder auf in der Nähe befindliche Sterne. Auch die Entstehung von sogenannten Akkretionsscheiben, die Ablenkung von Lichtstrahlen und die gravitative Zeitdilatation und Rotverschiebung kann bei Schwarzen Löchern untersucht werden. Akkretionsscheiben spielen in der Astrophysik eine große Rolle. Man versteht darunter eine um ein zentrales Objekt rotierende Scheibe, die Materie in Richtung des Zentrums transportiert. Die Scheibe kann aus atomarem Gas oder interstellarem Staub oder aus verschieden stark ionisiertem Gas, sogenanntem Plasma bestehen. Beobachtungen der Scheiben führen zu interessanten Schlussfolgerungen in Bezug auf relativistische Effekte. Im Kapitel »Zusammenstürzende Schwarze Löcher« finden sich weitere Informationen zu den Begleitern Schwarzer Löcher und deren Bedeutung für den Nachweis von Gravitationswellen.

Die Kosmologische Konstante als »größte Eselei«?

Prüfungen der Allgemeinen Relativitätstheorie im kosmischen Maßstab sind bei weitem nicht so aussagekräftig wie Messungen, die innerhalb des Sonnensystems durchgeführt wurden. Eine dieser kosmologischen Bestätigungen ist die Voraussage und Entdeckung der Expansion des Universums. Alexander Friedmann bemerkte im Jahre 1922, dass die Gleichungen der Allgemeinen Relativitätstheorie auf ein nicht-stationäres Universum hindeuten. Zwei Jahre später zeigte Georges Lemaître, dass das Universum nach den Gleichungen der Allgemeinen Relativitätstheorie entweder expandieren oder wieder in sich zusammenstürzen muss.

Aus diesem Grund führte Albert Einstein die »Kosmologische Konstante« in die Gleichungen der Allgemeinen Relativitätstheorie ein. Diese Modifikation der Feldgleichungen sollte ein statisches Universum ermöglichen. Als Edwin Hubble 1929 nachweisen konnte, dass sich das Universum tatsächlich ausdehnt, verwarf Einstein die Kosmologische Konstante wieder. Angeblich bezeichnete er sie später »als größte Eselei meines Lebens«. Die Vorhersage eines expandierenden Universums gilt seitdem als eine der großen Bestätigungen der Allgemeinen Relativitätstheorie in kosmischen Dimensionen.

Neue Erkenntnisse aus der Astrophysik zeigen sogar, dass das Universum nicht nur expandiert, sondern dass sich seine Ausdehnung weiter beschleunigt. Diese Zunahme der Expansionsgeschwindigkeit könnte schon seit mehreren Milliarden Jahren andauern. Seit einiger Zeit stehen die Kosmologen und Astrophysiker daher vor ernsthaften Erklärungsschwierigkeiten. Im Allgemeinen wird für die mysteriöse Expansionsbeschleunigung eine sogenannte »Dunkle Energie« verantwortlich gemacht. Diese soll bis zu 68 % der Gesamtenergie bzw. Gesamtmasse des Universums ausmachen.

Entsprechend der Theorie soll die Dunkle Energie der Gravitationskraft der Materie entgegen wirken. Ein schwerkraftbedingtes Zusammenstürzen des Universums wird so unmöglich. Bislang konnten allerdings keine konkreten oder direkten Nachweise für die Dunkle Energie gefunden werden. Alternative Theorien stellen die Existenz der Dunklen Energie in Frage. Vielmehr wird spekuliert, dass ominöse Raumzeitwellen oder ein »Inflaton«-Feld die beschleunigte Expansion des Universums verursachen.

Mittlerweile ziehen einige Wissenschaftler die Kosmologische Konstante als Erklärung für die Dunkle Energie in Betracht. Denn einzelne Beobachtungen lassen den Schluss zu, dass sich die Dunkle Energie exakt so verhält, wie es die Allgemeinen Feldgleichungen einschließlich der Kosmologischen Konstante fordern. Allerdings sind noch viele weitere Untersuchungen notwendig, um zu klären, ob die Dunkle Energie tatsächlich mit Einsteins Kosmologischer Konstante zusammenhängt. Bislang hat es durchaus den Anschein, dass die meisten astrophysikalischen Beobachtungsergebnisse mit Einsteins »größter Eselei« vereinbar sind.

Eventuell verbirgt sich hinter der Kosmologischen Konstante auch die sogenannte Vakuumenergie des Universums. Allerdings gibt es bei dieser Interpretation noch erhebliche Probleme. Erste Abschätzungen zu dieser Hypothese führten zu den größten Unstimmigkeiten in der Physik überhaupt. Weitere Details dazu finden sich im Kapitel »Die großen Unbekannten im Kosmos: Dunkle Materie und Dunkle Energie« ab Seite 212.

Schwarze Löcher und andere relativistische Objekte

Eine weitere Vorhersage der Allgemeinen Relativitätstheorie ist die Existenz sogenannter Schwarzer Löcher. Diese Objekte haben ein so starkes Gravitationsfeld, dass sie sogar Licht einfangen können: Kommt Licht dem Schwarzen Loch zu nahe, kann es dessen Schwerkraftfeld nicht wieder verlassen. Obwohl solche Schwarzen Löcher auch in der klassischen Physik denkbar sind, können sie erst im Rahmen der Allgemeinen Relativitätstheorie wirklich verstanden werden. Gemäß den Allgemeinen Feldgleichungen verformt eine ausreichend kompakte Masse die Raumzeit so stark, dass ein Schwarzes Loch entstehen kann.

Die Bezeichnung »Schwarzes Loch« wurde im Jahre 1967 etabliert. Der Ausdruck verweist auf die Tatsache, dass sich im Außenraum von hinreichend dichten Massen oder Energieanhäufungen ein Raumgebiet mit ganz speziellen Eigenschaften ausbildet. In diesen Raumbereich kann Materie nur hinein, nicht aber wieder heraus gelangen und bleibt deshalb dort gefangen. Dies gilt auch für elektromagnetische

Wellen wie das sichtbare Licht; daher erscheint das Objekt absolut schwarz. Erst quantenmechanische Überlegungen zeigten, dass diese Beschreibung nicht völlig korrekt ist. Sogar Schwarze Löcher können über die sogenannte Hawking-Strahlung Energie abgeben.

Einstein selbst konnte dem Gedanken an diese exotisch anmutenden Gebilde nichts abgewinnen. Seiner Ansicht nach würde die Natur die Entstehung dieser monströsen Objekte in der Realität verhindern.

Aktuelle Beobachtungen belegen aber zweifelsfrei, dass Schwarze Löcher im Universum tatsächlich existieren. Sie sind das Endstadium in der Entwicklung sehr massereicher Sterne. Aber auch in den Zentren von Galaxien werden supermassive Schwarze Löcher vermutet, deren Ursprung bislang nicht geklärt ist.

Rein formell ergibt sich ein Schwarzes Loch aus einer speziellen Lösung der Allgemeinen Feldgleichungen. Diese ist als Schwarzschild-Metrik bekannt und wurde vom deutschen Physiker Karl Schwarzschild gefunden. Neben dieser Lösung für nicht rotierende Schwarze Löcher existieren weitere Lösungen der Feldgleichungen, die ebenfalls zu Schwarzen Löchern führen; man bezeichnet sie als Kerr-Newman-Lösungen. Durch sie werden auch rotierende und elektrisch geladene Schwarze Löcher beschrieben.

Alle diese Lösungen beziehen sich nur auf jenen Teil der Raumzeit, in dem sich keine Materie befindet. Im Zentrum des Schwarzen Lochs führen die Allgemeinen Feldgleichungen dagegen zu einer sogenannten Singularität. Die Krümmung der Raumzeit wird an dieser Stelle unendlich groß und die Gleichungen der Relativitätstheorie liefern für diesen Punkt keine sinnvollen Aussagen mehr.

Von einem rein mathematischen Standpunkt aus betrachtet ist die gesamte Masse eines nicht-rotierenden Schwarzen Lochs in einem Punkt ohne jede Ausdehnung konzentriert. Bei rotierenden Schwarzen Löchern führen die Gleichungen dagegen auf einen eindimensionalen Ring ohne jedes Volumen. Man spricht dann von einer »Masse ohne Maße«. Nach dem aktuellen Kenntnisstand der Physik ist dies eine Folge der Tatsache, dass die Gravitation in einem Schwarzen Loch stärker ist als die anderen drei bekannten physikalischen Grundkräfte, die der immer weiter fortschreitenden Komprimierung nicht standhalten können. Die gesamte Masse eines Schwarzen Lochs stürzt deshalb vollständig auf einen theoretischen Punkt zusammen. Dort entsteht die Singularität und die Materiedichte wird unendlich groß.

Die Grenzfläche, ab der keine Information mehr zu einem außenstehenden Beobachter gelangt, wird als Ereignishorizont bezeichnet. Der Radius dieses Horizonts trägt den Namen Schwarzschildradius. Nicht-rotierende Schwarze Löcher sind von außen gesehen kugelsymmetrisch. Damit muss auch der Ereignishorizont die Form einer Kugeloberfläche aufweisen. Allerdings kann man diese nicht mit der Oberfläche eines Sterns oder eines Planeten vergleichen. Der Ereignishorizont stellt keine materiebehaftete Grenze dar. Er markiert lediglich ein Raumvolumen, innerhalb dem es nicht mehr möglich ist, dem Schwarzen Loch zu entkommen.

Die mathematische Beschreibung zeigt, dass bei gegebener Masse sowohl die elektrische Ladung als auch der Drehimpuls eines Schwarzen Lochs eine Obergrenze aufweist. Werden diese Grenzwerte überschritten, dann ergibt sich statt eines klassischen Schwarzen Lochs ein Objekt, das man als nackte Singularität bezeichnen könnte: eine zentrale Singularität, die nicht durch einen Ereignishorizont begrenzt ist. In diesem Fall werden durch die rasche Drehung der Raumzeit Zentrifugalkräfte erzeugt, die in der Lage sind, die Gravitationswirkung zu kompensieren. Damit kommt es nicht zur Ausbildung eines Ereignishorizonts, da eingefangene Materie und auch Licht wieder entkommen könnten. Bei genauer Betrachtung zeigt sich aber, dass eine nackte Singularität nicht aus einem klassischen Schwarzen Loch entstehen kann. Die Erhöhung des Drehimpulses würde die Rotationsenergie und damit nach $E = mc^2$ die Masse des Objektes so vergrößern, dass das Verhältnis aus Masse und Drehimpuls stets unterhalb des erlaubten Maximalwertes bliebe und keine nackte Singularität entstehen könnte. Man spricht hier auch von einer »kosmischen Zensur«, da die »nackten Tatsachen« so stets hinter einem Ereignishorizont verborgen bleiben.

Man geht davon aus, dass die meisten Schwarzen Löcher bei ihrer Entstehung einen gewissen Drehimpuls mitbekommen haben. Andererseits ist es eher unwahrscheinlich, dass sie eine nennenswerte Ladung tragen, da sich diese mit umgebender Materie ausgleichen würde. Bei der überwiegenden Anzahl Schwarzer Löcher im Universum dürfte es sich daher um rotierende, elektrisch neutrale Objekte handeln. Wie bereits erläutert, nimmt die Singularität in einem derartigen Schwarzen Loch eine Kreis- oder Ringform an, die die Raumzeit mit sich ziehen kann. Dadurch entsteht außerhalb des Ereignishorizonts eine sogenannte Ergosphäre. Dieses auch als Frame-Dragging bekannte Phänomen ist ein Extremfall des Lense-Thirring-Effekts. Ultraschnelle Materiestrahlen, sogenannte Jets, setzen das Vorhandensein einer Ergosphäre voraus. Da entsprechende Jets bereits beobachtet wurden, können sie als Beleg für die Existenz eines solchen Raumbereichs gewertet werden.

Außer bei Schwarzen Löchern ist Materie auch bei vielen weiteren Objekten der Astrophysik auf kleinstem Raum komprimiert. Beispiele hierfür sind Weiße Zwerge, Neutronensterne, Magnetare und Bosonen- oder Fermionensterne. In der Umgebung dieser astrophysikalischen Gebilde ist die Krümmung der Raumzeit ebenfalls stark ausgeprägt. Deshalb sind solche kosmischen Erscheinungen auch nur im Rahmen der Allgemeinen Relativitätstheorie exakt beschreibbar. In näherer Zukunft werden diese Objekte sicherlich genauso als Quellen beobachtbarer Gravitationswellen in Frage kommen wie Schwarze Löcher. Allerdings sind die zu erwartenden Raumzeitverzerrungen hier deutlich kleiner. Schwarze Löcher werden daher die Paradeobjekte schlechthin bleiben, wenn es um allgemeinrelativistische Effekte, wie beispielsweise die Gravitationswellenerzeugung, geht.

KAPITEL 2

Albert Einsteins
geniale Vorhersage

*»Ich habe zusammen mit einem meiner Mitarbeiter
das interessante Ergebnis gefunden, dass es keine
Gravitationswellen gibt.«*

Albert Einstein, 1936

Einer der grundlegendsten Unterschiede zwischen der klassischen
Mechanik und der Relativitätstheorie ist die maximale Geschwindigkeit, mit der sich ein Signal im Raum ausbreiten kann. Entsprechend der Speziellen Relativitätstheorie kann es keine verzögerungs-
freien Wechselwirkungen geben. Jedes Signal kann nur mit einer
bestimmten Geschwindigkeit Informationen übermitteln. Diese Geschwindigkeit stimmt mit der Lichtgeschwindigkeit im Vakuum von
etwa 300.000 km/s überein. Das ist ein sehr hoher, aber eben doch
endlicher Wert.

In der Newtonschen Mechanik dagegen existiert keine Obergrenze für die Geschwindigkeit. Die Wirkung eines Gravitationsfeldes könnte sich ohne jede Zeitverzögerung im gesamten Universum ausbreiten. In einer derartigen Welt sind Gravitationswellen unbekannt. Wird eine bestimmte Masse, beispielsweise eine Bleikugel, bewegt, dann verändert sich das Gravitationsfeld dieser Kugel im gesamten Universum instantan, also ohne jede Zeitverzögerung. Die sich aus einer unendlich schnellen Signalausbreitung ergebenden Widersprüche führten schließlich zur Entwicklung der Speziellen Relativitätstheorie.

Bei einer vorgegebenen maximalen Signalgeschwindigkeit kann sich nun auch die Information über die Bewegung einer Bleikugel nur mit endlicher Geschwindigkeit im Kosmos ausbreiten. Dafür kommt nur eine wellenförmige Fortpflanzung in Frage. Die Existenz von Gravitationswellen ergibt sich somit bereits aus der endlichen Ausbreitungsgeschwindigkeit aller Signale und Informationen. Einsteins große Leistung lag darin, diese wellenförmigen Gravitationssignale aus seinen Allgemeinen Feldgleichungen abzuleiten.

Bereits kurze Zeit nach der Formulierung der Allgemeinen Relativitätstheorie gelang ihm eine näherungsweise Lösung seiner Feldgleichungen, die als Beschreibung von Gravitationswellen interpretiert werden kann. Einsteins Resultate entsprachen neuartigen Wellen, die sich als minimale Verwerfungen der vierdimensionalen Raumzeit ausbreiten sollten.

Von Anfang an war die theoretische Behandlung dieses Phänomens das Thema wissenschaftlicher Diskussionen. Immer wieder kamen Zweifel an der Existenz von Gravitationsstrahlung und der von Einstein abgeleiteten Quadrupolformel auf. Erst neuartige mathematische Modelle gestatteten es, die ungewohnte Geometrie der Raumzeit weitgehend zu beherrschen. Diese Fortschritte führten schließlich dazu, dass auch die wellenartigen Lösungen der Feldgleichungen in Fachkreisen allgemein akzeptiert wurden.

Geisterhafte Wellen im Kosmos

Gravitationswellen sind vollkommen anders als alle anderen bekannten Wellen. Sie unterscheiden sich grundlegend beispielsweise von Licht- oder Schallwellen. So können sie sich im Vakuum ausbreiten. Anders als etwa Schallwellen benötigen sie kein Trägermedium wie zum Beispiel Luft. Im Gegensatz zu Lichtwellen dagegen können sie auch feste Materie praktisch ungehindert durchdringen. Planeten, Sterne oder sogar ganze Galaxien stellen für sie nicht das geringste Hindernis dar. Die Wellen sind eine Verformung der Raum-Zeit-Geometrie und werden als solche von gewöhnlicher Materie weder absorbiert noch sonst irgendwie wesentlich beeinflusst.

Während sich Gravitationswellen durch das Universum bewegen, stauchen und strecken sie die vierdimensionale Raumzeit. Auch wenn der vierdimensionale gekrümmte Raum für die Formulierung der Relativitätstheorie notwendig ist, stellt er für die menschliche Vorstellungskraft eine hohe Hürde dar. Wie bereits dargelegt, wird das Verhalten der Raumzeit häufig veranschaulicht, indem man sie um eine Raumdimension reduziert. In einer dann verbleibenden zweidimensionalen Fläche verursachen unterschiedlich schwere Objekte durch ihre Masse unterschiedlich tiefe Dellen. Diese kann man, zumindest in gewisser Hinsicht, als Modell zur Krümmung der Raumzeit deuten (vgl. Abb. 8 auf Seite 45). Wenn Massen nicht mehr ruhen, sondern sich beschleunigt bewegen, werden auch die Raumzeit-Dellen verformt. Diese Verformungen breiten sich dann wellenartig aus. Das Ergebnis ist vergleichbar mit Wasserwellen, die sich in einem Teich ausbreiten, nachdem ein Stein hinein geworfen wurde.

Beschleunigte Massen krümmen also nicht nur den Raum, sondern sie senden zudem auch Gravitationswellen aus.

Aus den Dellen der Raumzeit werden also Wellen, die sich im gesamten Universum ausbreiten können. Gravitationswellen sind phy-

Abbildung 8: Von der Delle zur Welle: Gravitationswellen breiten sich im Raum aus.

sikalisch gesehen somit nichts weiter als Verzerrungen der Raumzeit, die sich mit Lichtgeschwindigkeit fortpflanzen.

Mit »Verzerrung« ist gemeint, dass die durchlaufende Welle die Abstände von Objekten im Raum verändert. Eine vollkommene, frei im All schwebende Kugel würde von einer Gravitationswelle in der einen Richtung zusammengepresst und in der anderen auseinandergezogen. Es ergäbe sich eine eiförmige, genauer gesagt elliptische Form. Nach dem Durchlauf der Welle nimmt die Kugel wieder ihre ursprüngliche Form an. Allerdings ist diese Verzerrung außerordentlich gering und nimmt nur eine kurze Zeitdauer in Anspruch.

Wie entstehen Gravitationswellen?

Will man Gravitationswellen etwas besser verstehen, kann man auf eine Analogie zu den eher vertrauten elektromagnetischen Wellen zurückgreifen. Diese sind in der modernen Welt zu einem wichtigen

Informationsträger geworden und entsprechend gut erforscht. Eine unbewegte elektrische Ladung oder eine ruhende Masse sendet keine Wellen aus. Wird eine Ladung, beispielsweise ein Elektron oder ein Proton, hingegen beschleunigt, dann führt das zur Ausstrahlung von elektromagnetischen Wellen. In analoger Weise strahlen beschleunigte Massen Gravitationswellen ab. Mit den elektromagnetischen Wellen, zum Beispiel Licht, haben Gravitationswellen gemeinsam, dass sie beide aus Transversalwellen bestehen, die sich im Vakuum fortpflanzen können.

Elektromagnetische Wellen sind eine Dipolstrahlung, Gravitationswellen haben hingegen Quadrupolcharakter. Während es positive und negative elektrische Ladungen gibt, hat Masse immer eine positive Größe. Entsprechend können sich elektrische Ladungen anziehen und abstoßen, Massen dagegen üben immer eine anziehende Gravitationswirkung aus.

Ähnlich wie elektromagnetische Wellen enthalten auch Gravitationswellen Informationen über ihre Quelle. Diese Eigenschaft macht sie so wertvoll für die Astrophysik. Es gibt aber weitere wichtige Unterschiede zwischen den Eigenschaften der Gravitationswellen und denen der elektromagnetischen Strahlung. Herkömmliche astronomische Beobachtungen untersuchen elektromagnetische Wellen, etwa sichtbares Licht, Radiowellen oder Röntgenstrahlung. Sie zeigen ein deutlich anderes Ausbreitungsverhalten im Kosmos als Gravitationswellen.

Jedes einzelne Atom kann elektromagnetische Wellen aussenden und absorbieren. Das Licht von einem astronomischen Objekt, etwa einem Stern oder einer Galaxie, ist ein »buntes« Gemisch der emittierten Photonen. Bunt ist hier im wörtlichen Sinne zu verstehen, denn zumindest im sichtbaren Teil des elektromagnetischen Spektrums entsprechen die verschiedenen Lichtwellenlängen unterschiedlichen Farben. Langwelliges Licht erscheint rot, kurzwelligere Strahlung dagegen blau.

Das hat verschiedene Vorteile. Beispielsweise lassen sich die einzelnen Lichtanteile zu ihrem Ursprungsort zurückverfolgen und zu einem Bild zusammensetzen, das die Struktur des betreffenden Objekts zeigt. Es gibt aber auch Nachteile. Atome zwischen der Quelle und dem Empfänger können Licht absorbieren und streuen. Viele Regionen des Universums bleiben optischen Beobachtungsmethoden verschlossen, da sie hinter dichten Staubwolken verborgen sind. Das Zentrum unserer Galaxis ist ein gutes Beispiel hierfür. Es ist für visuelle Beobachtungen kaum zugänglich, da ausgedehnte Staubwolken den Blick versperren.

Gravitationswellen astrophysikalischer Objekte fügen sich dagegen weniger zu einem Bild, sondern eher zu einer Art Klang zusammen. Die Verzerrungen der Raumzeit bilden eine Gesamtwelle, welche alle Informationen zu ihrem Entstehungsprozess in sich trägt. Dafür werden Gravitationswellen nicht wie elektromagnetische Strahlung von Staub oder Gas im Weltraum absorbiert. Ihr Ausbreitungsverhalten entspricht eher dem von Schall. Eine Schallwelle komprimiert und dehnt die Luft wie eine Gravitationswelle die Raumzeit.

Analog zu Schallwellen können auch Gravitationswellen verschiedene »Töne« übertragen. Je nachdem, wie schnell eine Schallquelle, zum Beispiel eine Lautsprechermembran, schwingt, entstehen unterschiedliche Tonfrequenzen. Das Maß für die Frequenz – die Anzahl von Schwingungen in einer Sekunde – ist das Hertz (Hz). Die Frequenz des Wechselstroms beträgt im europäischen Netz beispielsweise 50 Hz, also 50 Schwingungen pro Sekunde. Hörbare Tonfrequenzen liegen im Bereich von 20 bis 20.000 Hertz.

Die Frequenzen von Gravitationswellen können zwischen einzelnen Oszillationen innerhalb von Jahren bis hin zu Tausenden von Schwingungen in einer einzigen Sekunde liegen. Einige Frequenzen von verschiedenen kosmischen Gravitationswellensendern liegen im Bereich der hörbaren Töne. In diesem Sinne kann man mit Hilfe der Gravitationswellen tatsächlich Signale aus dem Kosmos »hören«. Hierzu muss man lediglich das Ausgangssignal eines Gravitationswellenempfängers über einen geeigneten Verstärker an einen Lautsprecher anschließen. Welche Töne und Klänge verschiedene Gravitationswellensender verursachen, wird in späteren Kapiteln noch eingehender erläutert.

Im Vergleich zu elektromagnetischen Wellen oder Schallwellen ist die Wirkung von Gravitationswellen auf ihr »Trägermedium«, die Raumzeit, allerdings sehr viel schwächer, was den Signalempfang entsprechend erschwert. Der direkte Nachweis von Gravitationswellen ist daher eine enorme technische Herausforderung.

Für die Gravitationswellenastronomie ist es von besonderer Bedeutung, dass so gut wie alle kosmischen Objekte für Gravitationswellen praktisch transparent sind. Die Wellen können somit Informationen aus Regionen des Universums übermitteln, die anders nicht zugänglich sind. Allerdings haben selbst durch gewaltige kosmische Katastrophen erzeugte Gravitationswellen auf die Erde nur extrem geringe Auswirkungen. Eine Supernova-Explosion in einer Nachbargalaxie kann binnen Sekundenbruchteilen unvorstellbare Energien freisetzen. Die daraus resultierenden Raumverzerrungen verändern jedoch den Abstand der Erde zur Sonne nur um den Durchmesser eines Atoms.

Mit Gravitationswellen kann man Informationen über die Eigenschaften verschmelzender Neutronensterne oder zusammenstürzender Schwarzer Löcher erhalten und sogar die Massenbewegungen im Inneren einer Supernova untersuchen. Die bisher den Computersimulationen vorbehaltenen Vorgänge werden damit direkt sichtbar bzw. »hörbar«.

Quadrupolstrahlung

Elektromagnetische Wellen sind eine sogenannte Dipolstrahlung, da es sowohl positive als auch negative elektrische Ladungen gibt. Masse hingegen ist immer positiv, negative Massen wurden bislang noch nicht beobachtet. Elektrische Ladungen können sich sowohl anziehen (+/-) als auch abstoßen (+/+ oder -/-), Massen üben dagegen immer eine anziehende Wirkung aufeinander aus.

Da die Quadrupolstrahlung von besonderer Bedeutung für die Untersuchung von Gravitationswellen ist, soll im Folgenden detaillierter auf diese spezielle Strahlungsform eingegangen werden.

Gravitationswellen entstehen, wenn eine Massenverteilung ein zeitlich veränderliches Multipolmoment von mindestens Quadrupolcharakter besitzt. Das Quadrupolmoment einer schwingenden Masse dehnt und staucht den Raum in zwei Richtungen, elektromagnetische Wellen schwingen nur in einer Richtung. Der Quadrupolcharakter setzt zumindest die Bewegung in einer Ebene voraus. Eine Masse auf einer kreisförmigen Bahn erfüllt diese Voraussetzung; binäre Systeme aus Neutronensternen oder Schwarzen Löchern sind daher geeignete Sender. Eine mit konstanter Geschwindigkeit bewegte Masse kann dagegen keine Gravitationswellen emittieren, denn für sie existiert stets ein Bezugssystem, in dem diese Masse in Ruhe ist. Die Masse muss beschleunigt werden, um Gravitationswellen auszusenden, und die Beschleunigung muss sich mit der Zeit ändern. Diese Eigenschaften sind von entscheidender Bedeutung und ergeben sich direkt aus den Allgemeinen Feldgleichungen. Ein wichtiges Kriterium ist auch das Polarisationsspektrum der Welle. Gemäß der Einsteinschen Theorie sind lediglich zwei Polarisationen möglich. Andere Theorien erlauben dagegen bis zu sechs verschiedene Polarisationen. Würde man mit einem Gravitationswellendetektor also mehr als zwei Polarisationen entdecken, so wäre das ein starkes Argument gegen die Allgemeine Relativitätstheorie.

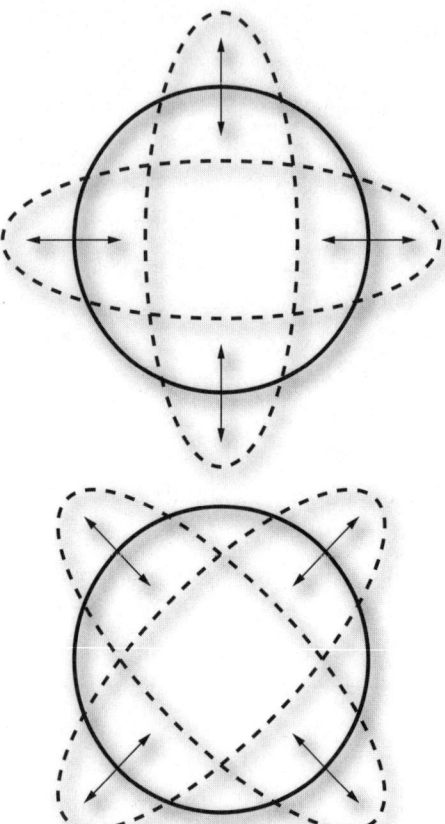

Abbildung 9: Die Verzerrung der Raumzeit beim Durchgang einer Gravitationswelle.

Nach der Allgemeinen Relativitätstheorie kann Gravitationsstrahlung zwei orthogonale Polarisationen ausbilden: Die beiden Polarisationsrichtungen stehen senkrecht zur Ausbreitungsrichtung der Welle. Gravitationswellen sind daher Transversalwellen. Die beiden Polarisationsrichtungen bilden untereinander einen Winkel von 45 Grad. Die Wirkung der zwei Polarisationen auf einen Materiering zeigt Abbildung 9.

In der Abbildung steht die Ausbreitungsrichtung der Welle senkrecht zum Ring. Im oberen Bild ist die Wirkung einer in »+«-Richtung polarisierten Welle gezeigt. Die Abbildung unten entspricht der Wirkung einer »x«- polarisierte Wellen.

Auch ein Genie kann sich irren: Einsteins zweitgrößte Eselei?

Trotz der umfangreichen Untersuchungen vieler Theoretischer Physiker blieb die Existenz der unsichtbaren Gravitationswellen lange Zeit Gegenstand intensiver wissenschaftlicher Auseinandersetzungen. Selbst berühmte Kollegen Einsteins äußerten immer wieder ihre Zweifel. So war etwa Arthur Eddington der Meinung, die exotischen Wellen könnten niemals real existieren und »bewegten sich wohl mit der Geschwindigkeit von Gedanken« durch das Weltbild der Physik.

Einstein dagegen war seit seinen beiden Publikationen zu diesem Thema von den Ergebnissen überzeugt, insbesondere, da sie als Lösungen der Feldgleichungen im Laufe der Zeit von vielen Kollegen bestätigt wurden.

Fast zwei Jahrzehnte später kam es zu einer unerwarteten Kehrtwendung: »Ich habe zusammen mit einem meiner Mitarbeiter das interessante Ergebnis gefunden, dass es keine Gravitationswellen gibt«, schrieb Albert Einstein an den Physiker Max Born. Bei dem genannten Mitarbeiter handelte es sich um Nathan Rosen, der zusammen mit Einstein bereits mehrere vielbeachtete Artikel veröffentlicht hatte. 1936 reichten sie bei der renommierten Fachzeitschrift *Physical Review* den Artikel »Do Gravitational Waves exist?« (Gibt es Gravitationswellen?) ein.

Bei bekannten wissenschaftlichen Zeitschriften war es bereits damals üblich, die zu veröffentlichenden Artikel vor dem Druck von anderen Wissenschaftlern überprüfen zu lassen. Dabei geschah das Unglaubliche: Ein zunächst anonymer Gutachter weist zweifelsfrei nach, dass der Artikel von Einstein und Rosen grundlegende Fehler enthält. Das Manuskript wird daraufhin abgelehnt. Später wurde bekannt, dass Howard Robertson die Unstimmigkeiten entdeckt hatte. Robertson arbeitete wie Einstein in Princeton und hatte unter anderem eine Lösung der Allgemeinen Feldgleichungen entwickelt, die als Robertson-Walker-Metrik in die Geschichte der Kosmologie einging.

Nach Berichten seiner Kollegen kochte Einstein vor Wut. Schließlich musste er aber doch einsehen, dass seine Argumentationen in der Tat fehlerhaft waren. Die Zweifel an der Existenz der geisterhaften Wellen waren unberechtigt gewesen und Einstein blieb die Blamage einer fragwürdigen Veröffentlichung erspart. Der Artikel erschien später in modifizierter Form bei einem weniger bekannten Journal.

Diese Episode zeigt, dass die Wellen sich nicht nur lange Zeit ihrem experimentellen Nachweis entzogen, sondern auch im theoretischen Gedankengebäude der Physik erst ihren Platz erobern mussten.

Was erzeugt Gravitationswellen?

Letztendlich galt es aber unter seriösen Physikern als allgemein akzeptiert, dass beschleunigte Massen gemäß der Allgemeinen Relativitätstheorie Gravitationswellen aussenden. Allerdings ist die Intensität dieser Wellen in den meisten Fällen unvorstellbar klein. So werden bei der Bewegung der Erde um die Sonne Gravitationswellen mit einer Leistung von lediglich etwa 200 Watt ausgesendet. Auch bei anderen Planeten des Sonnensystems treten keine wesentlich höheren Werte auf. Selbst der Riesenplanet Jupiter strahlt beim Umlauf in seiner Bahn nicht wesentlich mehr Energie in Form von Gravitationswellen ab als die Erde. Der Effekt einer Welle dieser Stärke auf die Raumzeit ist so gering, dass er nach menschlichem Ermessen niemals direkt nachgewiesen werden kann. Man musste sich also nach anderen Quellen umsehen.

Auch der Nachweis künstlich erzeugter Gravitationswellen ist praktisch ausgeschlossen. Man kann dazu einen Zylinder oder ein hantelförmiges Objekt mit einer Masse von einer Tonne und einer Rotationsfrequenz von einigen hundert Umdrehungen pro Minute betrachten. Solche Anordnungen wären technisch durchaus realisierbar. Um direkte Beeinflussungen des Empfängers durch einfache Gravitationswechselwirkungen oder aber auch im Boden übertragene Schwingungen ausschließen zu können, müsste man einen Mindestabstand von mehreren Gravitationswellenlängen, also etwa 1000 Kilometer einhalten. Aus Einsteins Theorie ergibt sich jedoch, dass damit in diesem Abstand nur eine Längenänderung von $1:10^{40}$ erzeugt wird. Ein so geringer Effekt kann nach seriösen Einschätzungen mit dem gegenwärtigen Stand der Messtechnik niemals signifikant nachgewiesen werden. Wenn man die aktuellen Ergebnisse in Betracht zieht und bedenkt, welch ungeheurer technischer Aufwand für die Detektion von kosmischen Wellen erforderlich war, dann scheint ein messtechnischer Nachweis von künstlich erzeugten Gravitationswellen, zumindest in näherer Zukunft, vollkommen ausgeschlossen.

Vor einigen Jahren tauchten Gerüchte auf, Terroristen würden versuchen, mittels eines Gravitationswellengenerators die Sicherheit der Vereinigten Staaten von Amerika zu gefährden. Es wurde tatsächlich befürchtet, dass man mit einem solchen Gerät gewaltige Erdbeben auslösen könnte. Nachdem die Defense Intelligence Agency (DIA) der USA bereits die Jagd auf potentielle Verbrecher aufgenommen hatte, kam man doch noch auf die Idee, die angedrohten Zerstörungsmethoden von renommierten Wissenschaftlern analysieren zu lassen. Sie konnten dann innerhalb kurzer Zeit aufgrund der oben beschriebenen Überlegungen Entwarnung geben.

Weit größere Massen als bei technischen Anordnungen oder in einem Planetensystem sind bei Doppelsternen im Spiel. Hier umkreisen sich zwei Himmelskörper mit stellaren Massen. Allerdings liegt die Umlaufzeit eines klassischen Doppelsternsystems in der Größenordnung von Tagen bis Jahren. Die dabei erzeugten Gravitationswellen liegen daher weit außerhalb des Frequenzbereichs, der mit gegenwärtigen erdgebundenen Gravitationswellendetektoren erfasst werden kann. Die Situation ist so, als wolle man mit einem UKW-Radio Langwellenrundfunk empfangen.

Im Wesentlichen sind nur zwei Prozesse bekannt und allgemein akzeptiert, bei denen Massen im heutigen Universum stark beschleunigt werden:

› Doppel- oder Mehrfachsysteme aus Sternen, Neutronensternen oder Schwarzen Löchern, die sich vergleichsweise eng, d. h. in geringem gegenseitigem Abstand, umlaufen.

› Gewaltige Sternexplosionen, wie etwa die bereits erwähnten Supernova-Katastrophen. Bei diesen Ereignissen werden gigantische Materiemengen extrem stark beschleunigt. Dementsprechend erwartet man die Abstrahlung intensiver Gravitationswellen. Nach theoretischen Betrachtungen liegen hier Spitzenleistungen von bis zu 10^{45} Watt im Bereich des Möglichen.

Supernova-Gravitationswellen haben den Nachteil, dass hier kein regelmäßiges, streng periodisches Signal entsteht; andererseits wäre es jedoch vergleichsweise stark und intensiv. Daher wurden in den Anfängen der Gravitationswellendetektion auch diese Quellen ins Auge gefasst. Das Gravitationswellensignal einer Supernova ist allerdings nur schwer von Störungen wie etwa Erdbeben zu unterscheiden und seine spezielle Signalform zudem nicht genau bekannt.

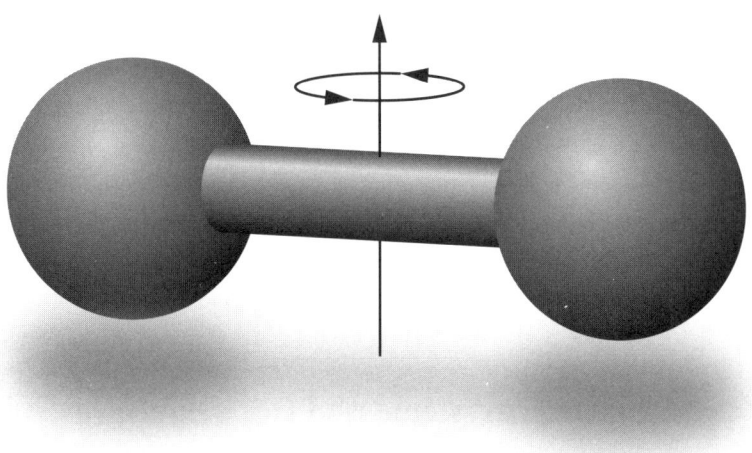

Abbildung 10: Die künstliche Erzeugung von Gravitationswellen mittels einer rotierenden Hantel ist zumindest theoretisch möglich.

Auf der Suche nach nachweisbaren Quellen wurden auch kollabierende, also zusammenstürzende Doppelsternsysteme in Betracht gezogen. Bei diesen Sternpaaren umkreisen sich die Partner in geringen Abständen und ihre Umlaufperiode wird entsprechend kurz. Die von diesen Systemen verursachten Raumzeitverzerrungen sind in den allermeisten Fällen aber viel zu klein, um sie in vernünftiger Anzahl nachweisen zu können. Man konnte hier bestenfalls mit einigen brauchbaren Ereignissen innerhalb von Jahrzehnten rechnen.

Noch intensivere Signale werden von zusammenstürzenden Neutronensternen oder Pulsaren erwartet. Wie bereits im Abschnitt zu den Tests der Allgemeinen Relativitätstheorie erwähnt, handelt es sich bei Neutronensternen um extrem dichte Himmelskörper, bei denen die Masse eines gesamten Sterns auf die Größe einer Kugel von wenigen Kilometern Durchmesser komprimiert ist. Dadurch können sich Neutronensterne in entsprechend geringen Abständen umkreisen, bevor sie miteinander verschmelzen. Entsprechend groß ist dann die erzeugte Gravitationswellenamplitude. Zudem liegen die Umlaufzeiten in der letzten Phase der Kollision im Millisekundenbereich. Damit ergeben sich Frequenzen von wenigen Hundert bis zu einigen Tausend Hertz, das ist genau jener Bereich, in dem heutige Gravitationswellendetektoren ihre höchste Empfindlichkeit erreichen. Zusammenstürzende Pulsare zählen damit zu den aussichtsreichsten Kandidaten für einen direkten Nachweis.

Neutronensternsysteme und Doppelpulsare

Genau diese Objekte waren es dann auch, die einen ersten indirekten Nachweis von Gravitationswellen erlaubten. So ist der bereits früher erwähnte Pulsar PSR 1913+16 mit einer Entfernung von etwas über 20.000 Lichtjahren zu einem der bekanntesten Objekte in der Welt der Astrophysik geworden. Die Umlaufperiode des Systems aus zwei Neutronensternen von 59,03 Millisekunden entspricht einer Frequenz von ca. 17 Umläufen pro Sekunde.

Die Astrophysiker Russell Alan Hulse und Joseph Taylor entdeckten dieses System im Jahr 1974 mit dem damals größten Radioteleskop der Welt. Es befindet sich in der Nähe der puerto-ricanischen Kleinstadt Arecibo und verfügt über einen Reflektor mit über 300 m Durchmesser. Damit konnten die Wissenschaftler allein aus der Beobachtung periodischer Zeitverschiebungen der Pulsarsignale die genauen Bahnparameter des Systems berechnen.

Weitere Beobachtungen ergaben Veränderungen in den Bahndaten: Umlaufdauer und Abstand der beiden Himmelskörper werden langsam kleiner. Hulse und Taylor konnten nachweisen, dass der exakte Wert für diese Abnahme nur durch die Ausstrahlung von Gravitationswellen erklärt werden kann. Damit war diese Messung der erste, wenn auch »indirekte« Nachweis für die tatsächliche Existenz

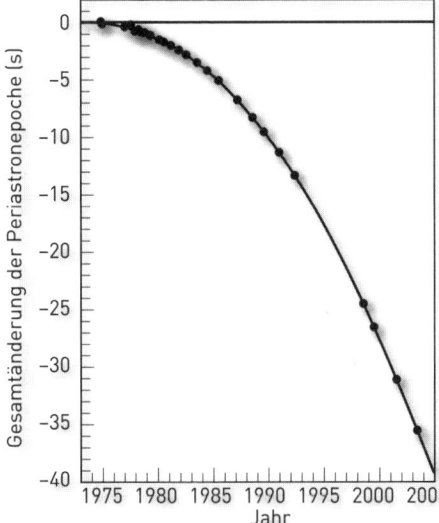

Abbildung 11: Beobachtungen über einen Zeitraum von 30 Jahren belegen die Abnahme der Umlaufdauer des Hulse-Taylor-Pulsars.

des Naturphänomens. Für diese Entdeckung erhielten Russell Hulse und Joseph Taylor im Jahr 1993 den Nobelpreis für Physik.

Neben dem Hulse-Taylor-System wurde auch das zweite bereits aus den vorhergehenden Abschnitten bekannte Doppelpulsarsystem PSR J0737-3039 entsprechend genau untersucht. Auch hier führte die gemessene Abnahme der Bahngröße aufgrund der Gravitationswellenabstrahlung zu einer Bestätigung der Allgemeinen Relativitätstheorie. Nach nur sechs Jahren Beobachtungszeit konnten die Resultate aus Einsteins Feldgleichungen sogar mit einer Genauigkeit von nur 0,2 % bestätigt werden.

Zusammenstürzende Schwarze Löcher

Schwarze Löcher spielen eine Liga höher als Neutronensterne und Pulsare, wenn es um die Erzeugung von Gravitationswellen geht.

Ein einzelnes statisches Schwarzes Loch kann allerdings keine Gravitationswellen abstrahlen. Es verfügt zwar über eine große Masse, allerdings ist diese keiner Beschleunigung unterworfen. Selbst rotierende Schwarze Löcher emittieren keine Gravitationsstrahlung, da ihr Quadrupolmoment aufgrund der Kugelsymmetrie verschwindet.

Daher sind mindestens zwei Schwarze Löcher erforderlich, um Gravitationswellen zu erzeugen. Besonders intensive Gravitationswellen dieser Kategorie werden während der Endphase von zusammenstürzenden Systemen mit mindestens zwei Komponenten erzeugt.

Anfänglich kreisen die beiden Objekte um einen gemeinsamen Schwerpunkt. Nicht zuletzt durch die Abstrahlung von Gravitationswellen verlieren sie dabei in zunehmendem Maße an Energie und ihr Abstand wird immer geringer. Wie bei einer Eiskunstläuferin, die während einer Pirouette ihre Arme anlegt, nimmt auch bei den Schwarzen Löchern die Umlaufgeschwindigkeit zu. Schließlich »berühren« sie sich und verschmelzen zu einer einzigen Einheit. Dass die Bezeichnung »berühren« hier nicht ganz wörtlich genommen werden darf, ergibt sich aus der Tatsache, dass Schwarze Löcher keine feste Oberfläche besitzen. Wie dieser Vorgang genau abläuft, wird später noch näher erläutert werden.

Der Klang, den diese Gravitationswellen erzeugen würden, entspricht einem Zwitscherton, in der Fachsprache »Chirp« genannt. Ähnlich wie bei einer Hawaii-Gitarre oder einer Glissando-Pfeife würde die Tonhöhe ausgehend von tiefen Frequenzen mehr oder weniger schnell ansteigen und schließlich abbrechen.

Im Quasar OJ287 wurde ein doppeltes Schwarzes Loch entdeckt, das als Kandidat für eine detektierbare Quelle von Gravitationswellen gilt. Der Quasar ist zudem ein weiteres Objekt, an dem die Abstrahlung von Gravitationswellen indirekt nachgewiesen werden kann. In diesem Fall sind die gemessenen relativistischen Effekte sogar noch größer als bei PSR 1913+16 und PSR J0737-3039.

OJ287 ist ein über drei Milliarden Lichtjahre von der Erde entfernter Quasar, der eines der größten bekannten Schwarzen Löcher mit 18 Milliarden Sonnenmassen enthält. Die Beobachtung von OJ287 gilt als einer der ersten Belege dafür, dass innerhalb eines Quasars Schwarze Löcher mit derartig gewaltigen Massen existieren.

Das Objekt enthält sogar noch ein weiteres Schwarzes Loch mit 100 Millionen Sonnenmassen. Es handelt sich also um ein Doppelsystem, bei dem das kleinere Schwarze Loch das größere einmal in zwölf Jahren umkreist. Bei jedem Umlauf durchdringt es zweimal die sogenannte Akkretionsscheibe des massereicheren Partners. Dadurch entstehen Gaseruptionen, die zu gut beobachtbaren Helligkeitsveränderungen des Quasars führen. Nach der Beobachtung von mehr als zehn Eruptionen war es den Astronomen möglich, die Masse der Schwarzen Löcher zu bestimmen. Obwohl ähnlich große Schwarze Löcher bekannt sind, konnte deren Masse bislang in keinem anderen Fall mit einer Genauigkeit wie bei OJ287 ermittelt werden.

Neben den bereits erwähnten Doppelneutronensternen bzw. Doppelpulsaren erweist sich OJ287 ebenfalls als hervorragendes Studienobjekt für die Allgemeine Relativitätstheorie. Durch Anwendung der relativistischen Gravitationstheorie konnte der Zeitpunkt der Gasausbrüche mit hoher Genauigkeit vorhergesagt werden. Auch auf diese Weise wurde Einsteins Theorie hinsichtlich der Gravitationswellen wieder indirekt bestätigt.

Weitere relativistische Effekte sind hier gut zu beobachten. OJ287 weist eine relativistische Drehung der Bahnellipse von 39 Grad pro Umlauf auf. Dieser Effekt beträgt beim System PSR 1913+16 nur 4,2 Grad während eines Erdjahres, also nur etwa 4 Grad in über 1000 Umläufen.

Da sich der Orbit des Doppelobjektes den Berechnungen zufolge durch die Abstrahlung von Gravitationswellen stetig verkleinert, wird es in etwa 10.000 Jahren so viel Energie abgestrahlt haben, dass die beiden Schwarzen Löcher miteinander verschmelzen. Bis zur Endphase dieser gewaltigen Vereinigung wird man sich daher noch etwas gedulden müssen. OJ287 ist nach Ansicht der Forscher aber ein geeignetes Zielobjekt für den direkten Nachweis von Gravitationswellen. Insbesondere im Weltall installierte Gravitationswellendetektoren sollten in der Lage sein, Signale aus diesem System zu erfassen.

Seit dem Ereignis vom 14. September 2015 ist jedoch klar, dass kollabierende Systeme von Schwarzen Löchern Gravitationswellen aussenden, die intensiv genug sind, um sie in einer Entfernung von über einer Milliarde Lichtjahre zu empfangen. Diese Objekte sind bislang die einzigen, deren Gravitationswellen auf der Erde direkt nachgewiesen werden konnten. Ob dieser Nachweis auch für andere astrophysikalische Systeme gelingen wird, muss die Zukunft erst noch zeigen.

Kosmische Katastrophen

Kosmische Großereignisse oder auch »Katastrophen« treten beispielsweise auf, wenn sehr große Sterne das Ende ihrer Lebensdauer erreichen. Dann kann es zu einer sogenannten Supernova kommen. Hierunter versteht man das kurzzeitige, aber extrem helle Aufleuchten eines Sterns, das seine Endphase begleitet. Die Leuchtkraft des Sterns nimmt dabei millionen- bis milliardenfach zu, er kann für kurze Zeit so hell erstrahlen wie eine ganze Galaxie.

Der Begriff Nova leitet sich von »stella nova«, lateinisch für »neuer Stern« ab. Er geht zurück auf den Astronomen Tycho Brahe, der im Jahr 1572 das plötzliche Auftauchen eines bis dato nicht sichtbaren Objekts am Himmel beobachtete.

Prinzipiell gibt es zwei Mechanismen, die zu einer Supernova führen können:

> Der finale Kollaps massereicher Sterne, nachdem diese ihren nuklearen Brennstoff aufgebraucht haben: Hierbei kann ein kompaktes Objekt entstehen, etwa ein Neutronenstern oder ein Schwarzes Loch.

> Sterne mit geringerer Masse können zur Supernova werden, wenn sie von einem Begleiter in einem Doppelsternsystem Materie absaugen. Durch die dadurch hervorgerufene Massenzunahme kollabieren diese Sterne schließlich und werden vollständig zerstört.

Bekannte Beispiele für Supernovae sind die Supernova 1987A in der Großen Magellanschen Wolke und die von Johannes Kepler beobachtete Supernova aus dem Jahr 1604. Neben der Keplerschen hat auch die Brahesche Supernova von 1572 eine besondere Bedeutung für die Astronomie, da sie das Ende der mittelalterlichen Vorstellung von der ewigen Beständigkeit des Sternenhimmels einläutete.

Ereignisse der zweiten Art sind auch als Supernovae des Typs Ia bekannt. Sie spielen in der modernen Kosmologie eine besondere Rolle und werden bei der Diskussion der Dunklen Energie wieder auftauchen. Im Jahr 2011 wurde der Nobelpreis für Physik an drei Astrophysiker für wegweisende Beobachtungen von Typ-Ia-Supernovae vergeben. Ihre Messergebnisse hatten die wissenschaftliche Welt in den 1990er-Jahren mit der Erkenntnis überrascht, dass das Universum mit zunehmender Geschwindigkeit expandiert. Diese Nobelpreisvergabe wird als ungewöhnlich eingeschätzt, da die Ursache der beschleunigten kosmischen Expansion bis heute vollkommen unbekannt ist. Das Nobelpreiskomitee hat sich hier von seiner Tradition verabschiedet, neue Entdeckungen nur dann anzuerkennen, wenn diese mit allgemein akzeptierten physikalischen Gesetzen erklärt werden konnten. Aus diesem Grund blieben bis 2011 geheimnisvolle und unerklärliche Phänomene so gut wie immer von der Preisverleihung ausgeschlossen.

Die künftige Gravitationswellenastronomie könnte wichtige Hinweise für die Supernovaforschung liefern. Auf diesem Gebiet sind bei weitem noch nicht alle Rätsel geklärt. Während beispielsweise manche Sterne am Ende ihrer Lebensdauer zu Neutronensternen werden, bilden sich aus anderen Objekten mit ähnlicher Masse Schwarze Löcher.

Mittels Gravitationswellenaufzeichnungen wäre es sogar möglich, den zeitlichen Verlauf einer Supernova vollständig und detailliert zu verfolgen. Aus der genauen Wellenform könnte man dann ein ähnlich informatives Bild wie beim Zusammensturz von Schwarzen Löchern ableiten. Außerdem wäre mittels einer hochentwickelten Gravitationswellenastronomie die Intensität und die Häufigkeit von Supernovae relativ einfach bestimmbar. Obwohl die bislang genutzten Empfänger prinzipiell eine gewisse Richtwirkung aufweisen, können sie Signale aus praktisch allen Raumrichtungen empfangen. Anders als bei optischen Teleskopen muss man den Himmel also nicht regelrecht nach Signalen absuchen. Dieses Problem der optischen Astronomie stellt einen der Gründe dafür da, dass bislang nur relativ wenige Supernovae ausführlich untersucht werden konnten.

Überaus wünschenswert wäre eine simultane Beobachtung von Supernovae mit Gravitationswellendetektoren sowie mit optischen und Radioteleskopen. Hieraus würden sich mit großer Wahrscheinlichkeit höchst aufschlussreiche Erkenntnisse über die großen Katastrophen im Kosmos ergeben.

Neben den Supernovae könnten noch andere Quellen für Gravitationswellenpulse von kurzer Dauer existieren. Verschiedene Hypothesen gehen davon aus, dass die geheimnisvollen kosmischen Gammablitze von intensiven Gravitationswellenpulsen begleitet sein könnten. Gammablitze stammen von Energieausbrüchen, die elektromagnetische Strahlung mit extrem hohen Leistungen abgeben. Sie setzen innerhalb weniger Sekunden mehr Energie frei als die Sonne in Milliarden Jahren. Neben speziellen Supernova-Explosionen, sogenannten Hypernovae, könnten auch kollidierende Neutronensterne für die Gammablitze verantwortlich sein. Allerdings sind diesbezügliche Ansätze nicht allgemein akzeptiert.

Auch Kosmische Strings sind Kandidaten zur Erzeugung intensiver Gravitationswellen. Diese bis heute höchst hypothetischen Objekte werden bei der Diskussion kosmologischer Modelle noch genauer beleuchtet.

Bislang ist nur wenig über Einzelheiten dieser Ereignisse bekannt, sodass die Form der dabei erzeugten Gravitationswellen kaum vorhergesagt werden kann. Die zugehörigen Geräusche könnten vom einmaligen explosionsartigen Knall bis hin zu einem kurzzeitigen Knacken oder Knistern reichen.

Kontinuierlich strahlende Quellen

Andauernde Gravitationswellen werden von Systemen erzeugt, die eine weitgehend konstante und wohldefinierte Frequenz haben. Beispiele hierfür sind Doppelsterne oder Schwarze Löcher, die sich in größerem Abstand umkreisen. Auch ein einzelner Neutronenstern mit einer »Ausbuchtung« an seiner Oberfläche wäre in der Lage, kontinuierliche Gravitationswellen auszusenden. Diese Quellen erzeugen vergleichsweise schwache Signale, da sie ihre Energie über längere Zeiträume hinweg abstrahlen und nicht, wie kosmische Katastrophen, riesige Energiemengen in sehr kurzer Zeit freisetzen. Der Klang, den diese Gravitationswellen erzeugen würden, entspräche einem Dauerton mit nahezu konstanter Frequenz, wie er etwa von einem pfeifenden Teekessel erzeugt wird.

Der direkte Nachweis dieser Art von Gravitationswellen ist vor allem deshalb so schwierig, da die Quellen sehr wenig Energie pro Sekunde abstrahlen. Prinzipiell wäre die Detektion eines konstanten Signals ansonsten vergleichsweise einfach. Man müsste insbesondere sehr lange messen und hätte dadurch die Möglichkeit, die Wellenformen durch schmalbandige Filter mit hoher Genauigkeit zu extrahieren. Ein Problem bei dieser Art von Messung besteht darin, dass man die exakte Frequenz nicht von vornherein kennt und sie daher wahrscheinlich schwer zu finden ist. Zudem muss man damit rechnen, dass sich viele Quellen mit ähnlichen Frequenzen überlagern.

Der Urknall als Gravitationswellensender?

Besonders reichhaltige Quellen für Gravitationswellen werden in den allerersten Anfängen des Kosmos vermutet. Es gibt unterschiedliche Theorien, wie diese durch den Urknall entstanden sein könnten. Der Urknall oder »Big Bang« ist der gewaltigste Vorgang in der Geschichte des Kosmos. Die damals eventuell erzeugten Raumzeit-Wellen würden ein breites Frequenzspektrum überdecken. Im Universum könnte daher noch heute ein allgegenwärtiges Gravitationswellen-Hintergrundsignal nachweisbar sein. Man spricht hier auch von einem »primordialen«, also ursprünglichen oder uranfänglichen Untergrundsignal.

Wenn es den Wissenschaftlern gelänge, dieses Hintergrundrauschen aus der Zeit direkt nach dem Urknall zu empfangen, könnte es voraussichtlich nicht nur Erkenntnisse zum größten kosmischen Ereignis selbst liefern, sondern auch Hinweise zur gesamten Entstehungsgeschichte des Universums.

Weitere intensive Quellen aus der Frühphase der Entstehung des Universums könnten verschmelzende Schwarze Löcher mit 10.000 bis zehn Millionen Sonnenmassen darstellen. Manche Forscher vermuten, dass diese in der Zeit bis etwa 300 Millionen Jahre nach dem Urknall entstanden sind. Damit wäre es möglich, auch jene Zeitspanne zu untersuchen, in der die ersten Galaxien entstanden. Physikalische Vorgänge aus dieser Phase spielten sich auf sehr großen

Energieskalen ab. Selbst die größten irdischen Teilchenbeschleuniger, wie sie etwa am Kernforschungszentrum CERN bei Genf betrieben werden, sind noch viele Größenordnungen von diesen gewaltigen Energien entfernt. Eine Beobachtung dieser frühen kosmischen Prozesse ist die einzige Möglichkeit, Informationen über derartig gewaltige Energien zu erhalten.

Verschiedene Beobachtungen in den letzten Jahren haben die Kosmologie revolutioniert. Dunkle Energie und Dunkle Materie sind die großen unbekannten Mächte, ohne die das Universum nicht erklärt werden kann. Vermutlich geht ihr geheimnisvolles Wirken zurück bis zu den ersten Sekunden nach dem Urknall. Allerdings ist es bis heute nicht möglich, die frühen Phasen in der Expansion des Kosmos messtechnisch zu erfassen. Das Universum war in den ersten rund 380.000 Jahren nach seiner Entstehung extrem heiß. Materie existierte bis zu diesem Zeitpunkt nur in Form von vollkommen lichtundurchlässigem Plasma. Jegliche Art von elektromagnetischer Strahlung wurde damals in kürzester Zeit absorbiert. Sollen Vorgänge untersucht werden, die sich in dieser Zeit abgespielt haben, muss man Signale betrachten, die nicht elektromagnetischer Natur sind.

Nach dem bisherigen Kenntnisstand der Forschung werden Gravitationswellen von Materie so gut wie nicht beeinflusst. Man kann daher davon ausgehen, dass sich entsprechende Raumzeitverzerrungen auch bereits direkt nach dem Urknall ungehindert ausbreiten konnten. Gravitationswellen könnten daher eine hervorragende Informationsquelle für Vorgänge aus der Frühphase des Kosmos sein.

Auch die weitere Expansion des Universums sollte einen deutlichen Beitrag zum Gravitationswellenhintergrund liefern. Gemäß der sogenannten Inflationshypothese gab es kurz nach dem Urknall eine Phase, in der sich der Kosmos unvorstellbar schnell ausgedehnt hat. Diese rasante Expansion müsste zweifellos signifikante Spuren im Gravitationswellenspektrum hinterlassen haben. Außer einigen Falschmeldungen zu diesem Thema existieren jedoch bislang keine belastbaren Hinweise auf entsprechende experimentelle Messergebnisse.

Aufgrund ihrer äußerst niedrigen Frequenzen wären die meisten primordialen Gravitationswellen unhörbar, da das menschliche Ohr für Töne unterhalb von 20 Hertz kaum noch empfindlich ist.

Klassifizierung der Quellen

Das Spektrum der Gravitationswellen überdeckt viele Größenordnungen (vgl. Abb. 13 auf Seite 69). Die Wellen mit den niedrigsten Frequenzen könnten bereits vom Urknall selbst erzeugt worden sein. Die Periodendauern derartiger Raumzeitverzerrungen wären ähnlich groß wie das Alter des Universums selbst.

Supermassive Schwarze Löcher mit Millionen von Sonnenmassen würden Gravitationswellen emittieren, bei denen eine einzige Periode viele Jahrtausende in Anspruch nimmt. Wesentlich kürzere Wellen entstehen, wenn sich massive Objekte wie Schwarze Löcher stellaren Ursprungs umkreisen. Die zugehörigen Frequenzen können sich hier von Tagen über Stunden und Minuten bis hin zu Bruchteilen von Sekunden erstrecken.

Im Hinblick auf ihre Detektierbarkeit kann man die Quellen prinzipiell in vier Kategorien einteilen:

› Starke Quellen von kurzer bis mittlerer Lebensdauer. Diese Signale sind vergleichsweise intensiv und weisen eine charakteristische Form auf. Typische Beispiele sind zusammenstürzende Neutronensterne oder kollabierende Systeme aus mindestens zwei Schwarzen Löchern.

› Kosmische »Katastrophen« wie Supernova-Explosionen. Hier erwartet man impulsartige Wellen von kurzer Dauer. Ihre Intensität kann ebenfalls recht hoch sein, allerdings ist über sie vergleichsweise wenig bekannt, sodass die genauen Signalformen praktisch nicht berechnet werden können.

› Langlebige Systeme, etwa kontinuierlich umeinander kreisende Neutronensterne oder Pulsare oder rotierende ultrakompakte Objekte mit unsymmetrischer Massenverteilung.

› Dauerhafte, stochastische Quellen, zum Beispiel primordiale Gravitationswellen, die bereits beim Urknall entstanden sind. Aber auch extrem massereiche Schwarze Löcher aus der Frühphase des Universums oder in den Zentren großer Galaxien könnten zu dieser Gruppe gehören.

Für bestehende und zukünftige terrestrische Detektoren ist die erste Kategorie die vielversprechendste. Die Anzahl nachweisbarer Ereignisse kann in diesem Fall am besten abgeschätzt werden. Weltraumbasierte Detektoren werden auch niedrigere Frequenzen erfassen können. Dann würde zum Beispiel die Verschmelzung ganzer Galaxien in den beobachtbaren Bereich rücken.

In ähnlicher Weise können sogenannte Pulsar Timing Arrays möglicherweise einen stochastischen astrophysikalischen Gravitationswellenhintergrund erfassen. Dieses radioastronomische Messverfahren erlaubt auch noch die Erfassung von sehr niederfrequenten Signalen. Weitere Details zu dieser Methode werden im Kapitel »Gravitationswellenastronomie: Einsteins neues Fenster zum Kosmos« beschrieben. Die folgenden Abbildungen fassen die möglichen Quellen für Gravitationswellensignale zusammen:

Quelle	Signaltyp	Frequenz	Stärke
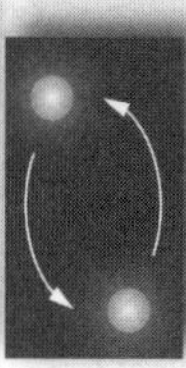 Doppelsternsystem	periodisch	Kilohertzbereich	10^{-21}
 zusammenstürzende Schwarze Löcher oder Neutronensternsysteme	quasi-periodisch	10 Hz bis 1 kHz	10^{-21}
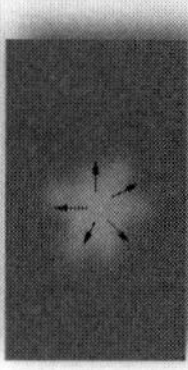 Supernovae	impulsartig	breites Frequenzspektrum	10^{-21}
 oszillierende Schwarze Löcher, unsymmetrische Pulsare	gedämpfte Sinusschwingung	10 Hz bis 10 kHz	weitgehend unbekannt
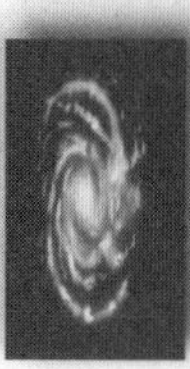 kollidierende Galaxien, Kosmische Strings	unregelmäßig	1 Zyklus pro Jahr bis zu 500 Hz	10^{-14} bis 10^{-24}
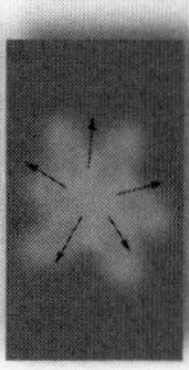 Urknall	unregelmäßig	breites Spektrum im niederen Frequenzbereich	weitgehend unbekannt

Abbildung 12: Quellen für Gravitationswellen

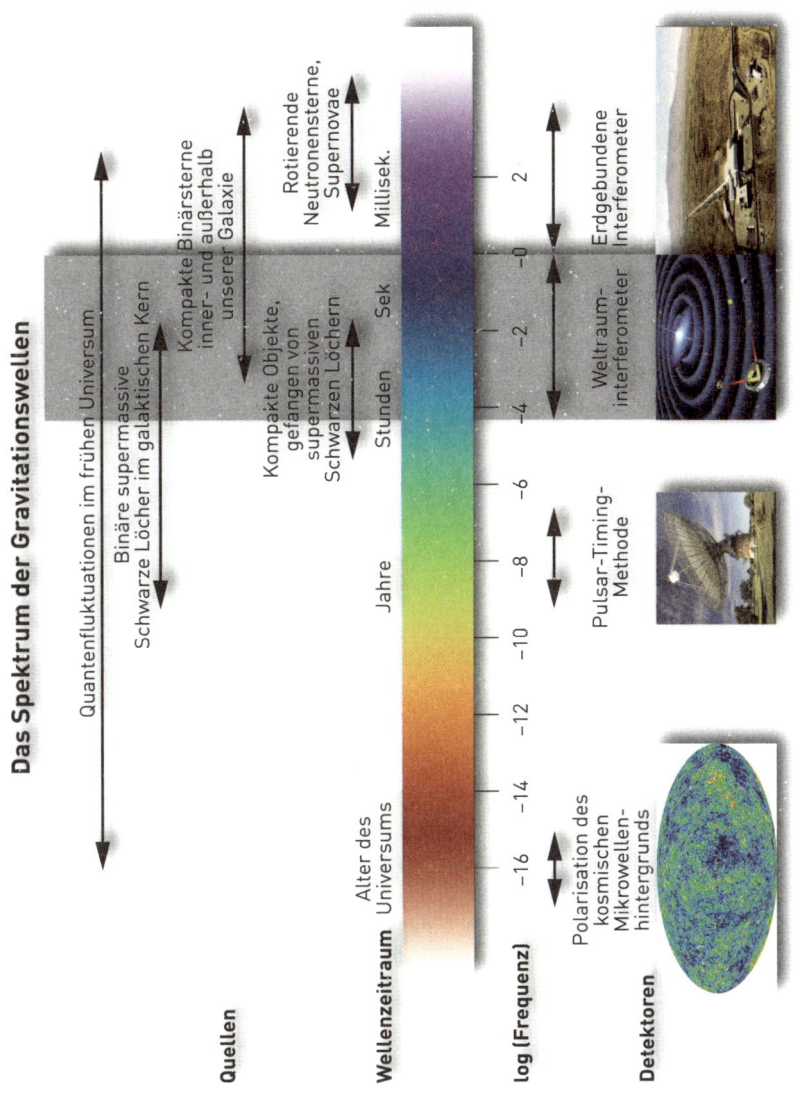

Abbildung 13: Das Spektrum der Gravitationswellen

KAPITEL 3

Versuch und Irrtum:
der lange Weg zum Erfolg

»... *man muss einfach mit dem Kopf gegen die Wand*
rennen – solange, bis sie einstürzt.«

Karsten Danzmann,
Max-Planck-Institut für Quantenoptik, Januar 1992

Der Weg zur Entdeckung von Gravitationswellen war vielschichtig,
steinig und von Misserfolgen übersät. Angefangen von einfachen
Irrtümern, Messfehlern, der fehlerhaften Interpretation von Daten
bis hin zu Nobelpreisträumen, die innerhalb von Wochen zu Staub
zerfielen, wurde alles geboten.

Bereits die Ausarbeitung der theoretischen Grundlagen hatte Jahre in Anspruch genommen. Auch Einstein selbst wurde zwischenzeitlich von Zweifeln befallen (vgl. »Einsteins zweitgrößte Eselei«
auf Seite 51). Doch die Diskussionen der Theoretiker werden von

den Arbeiten der Experimentalphysiker weit übertroffen. Sie haben in einer 50 Jahre andauernden Odyssee immer wieder versucht, im wahrsten Sinne des Wortes nach den Sternen zu greifen. Ihre Motivation waren höchste wissenschaftliche Meriten für die Entdeckung, dem standen und stehen ungeahnte technische und finanzielle Herausforderungen zum Nachweis des Effekts gegenüber.

Zahlenspiele: Wie klein ist 10^{-21}?

Für ein typisches Gravitationswellenereignis liegt die erwartete relative Längenänderung der Messstrecke in der Größenordnung von 10^{-21}, also ein Verhältnis von 1 : 1.000.000.000.000.000.000.000.

Man muss bis auf ein Trilliardstel genau messen, um den Effekt einer Gravitationswelle nachweisen zu können. Wie kann man sich diese Zahl vorstellen? Eine Million ist für die meisten Menschen noch eine greifbare Größe. Auf dem Boden kann man hundert Euro-Münzen in eine Reihe legen. Einhundert dieser Reihen nebeneinander ergeben ein Quadrat aus $100 \times 100 = 10.000$ Münzen. Wenn man auf jedes Geldstück 99 weitere legt, ergibt das einen Stapel von einer Million Euro. Um auf den Wert von einer Trilliarde (10^{21}) zu kommen, muss man allerdings dreimal einen »Millionensprung« machen. Selbst dann ist man erst bei 10^{18} angekommen, es fehlt immer noch ein Faktor Tausend bis zum Ziel.

Das Gravitationswellen-Interferometer LIGO hat zwei Arme von je vier Kilometern Länge. Ein Millionstel davon sind vier Millimeter. Diese Strecke wird nochmals in eine Million gleiche Teile unterteilt. Es entsteht eine Strecke von vier Nanometern, also 4×10^{-9} m. Damit hat man die Welt der Atome und Moleküle betreten. Ein weiterer Millionensprung lässt bereits die Größe eines mittleren Atomkerns, etwa zehn Femtometer (10^{-14} m), hinter sich und erreicht eine Länge, die dem Tausendstel des Protonendurchmessers entspricht!

Messstrecke	Längenänderung	Verhältnis
Entfernung Sonne – Alpha Centauri: 4,3 Lichtjahre	Durchmesser eines menschlichen Haars: 1/10 mm	0,1 mm / 4,3 Lichtjahre = 2,5 × 10^{-21}
Entfernung Erde – Sonne: 150 Millionen Kilometer	Durchmesser eines Atoms: 0,1 Nanometer	0,1 nm / 150 × 10^6 km = 0,6 × 10^{-21}
LIGO-Armlänge: 4 Kilometer	1/1000 Protonendurchmesser: 10^{-18} m	10^{-18} m / 4 km = 0,25 × 10^{-21}

Anforderungen an die Messgenauigkeit zum Nachweis von Gravitationswellen.

Selbst ein Messgerät mit der Größe von der Erde bis zur Sonne müsste mit seiner Messstrecke von 150 Millionen Kilometern noch auf den Durchmessers eines Atoms genau messen, um die Gravitationswelle aufspüren zu können.

Damit ein Gravitationswellenereignis eine Streckenänderung vom Durchmesser eines menschlichen Haares (etwa 0,1 Millimeter) verursacht, wäre dafür eine Messstrecke von über vier Lichtjahren erforderlich. Dies entspricht recht genau der Entfernung von 4,3 Lichtjahren zwischen der Erde und den nächstgelegenen Fixsternen im Alpha-Centauri-System. Im Gegensatz zum Gummituch-Modell, das zur Veranschaulichung der Raumkrümmung oft benutzt wird, ist die Raumzeit also eigentlich extrem steif.

Der Elastizitätsmodul ist ein Maß dafür, wie stark sich ein Objekt Verformungen widersetzt. Gewöhnlicher Gummi hat ein geringes Elastizitätsmodul und kann daher leicht gedehnt oder zusammengedrückt werden. Holz erreicht bereits den 100-fachen Wert von Gummi und ist somit kaum mehr komprimierbar. Bei Stahl ist es das 2000-Fache, bei Diamant gar das 12.000-Fache. Dennoch ist die Härte von Diamant nichts im Vergleich zur »Härte« der Raumzeit. Ihr Elastizitätsmodul entspricht der 10^{22}-fachen Härte von Diamant!

Aus diesem Grund ist der direkte Nachweis von Raumzeit-Verzerrungen in Form von Gravitationswellen so außerordentlich schwierig, wie die folgenden Kapitel verdeutlichen werden.

Joseph Weber zaubert Kaninchen aus seinem Zylinder

Lange Zeit führten Gravitationswellen in der Welt der Physik ein Schattendasein. Aber das galt selbst für die berühmte Allgemeine Relativitätstheorie. Seit ihren großen Triumphen in den 1920er-Jahren war sie aus dem Fokus der wissenschaftlichen Fachwelt nahezu verschwunden.

Dies hatte verschiedene Ursachen: Zunächst stellt die Theorie hohe Anforderungen an denjenigen, der sich damit befassen möchte. Das mathematische Grundgerüst ist sehr kompliziert und die erforderlichen Methoden sind in anderen Bereichen der Physik kaum anwendbar. Deshalb nahmen nur wenige Theoretiker die Mühen auf sich, komplexe mathematische Fachgebiete wie etwa die Tensoranalysis eingehend zu studieren.

Aus der Allgemeinen Relativitätstheorie ergeben sich zunächst so gut wie keine praktischen Anwendungen. Nahezu alle Effekte wirken sich nur extrem gering aus und können, wenn überhaupt, nur mit hohem Aufwand experimentell nachgewiesen werden.

Ganz anders lagen die Dinge bei der zweiten großen Theorie des vergangenen Jahrhunderts: Die Quantenmechanik lieferte in vielen Anwendungsbereichen beachtliche Ergebnisse. Der Aufbau der Materie wurde verständlich, die Atomphysik erhielt ein solides mathematisches Grundgerüst, chemische Reaktionen und der Aufbau des Periodensystems wurden einleuchtend erklärt. Wichtige technische Anwendungen wie die Halbleiterelektronik profitierten in überragendem Maße davon. Es ist daher kaum verwunderlich, dass sich junge Physiker ab den 1930er-Jahren eher der Quantenmechanik zuwandten als der Relativitätstheorie.

Die Situation änderte sich erst nach Einsteins Tod im Jahre 1955. Durch bahnbrechende Entdeckungen in der Astrophysik wurde das Interesse an seinen Ideen wieder geweckt. Neue und leistungsfähige Observatorien und insbesondere die Entwicklung von Radioteleskopen führten zu bis dahin ungeahnten Erkenntnissen. Schwarze Löcher, Neutronensterne und Quasare faszinierten nun die Astronomen und Astrophysiker.

Diese neuen und geheimnisvollen Objekte im Universum ließen sich ohne Einsteins Theorie nicht erklären. Die Renaissance der Relativitätstheorie brachte schließlich einen US-amerikanischen Physik-Professor auf die Idee, eine bislang unerforschte Vorhersage Albert Einsteins näher zu betrachten. Joseph Weber wollte das Unerhörte wagen und Gravitationswellen nachweisen!

Webers Idee war einfach und genial. Ein etwa eineinhalb Meter langer Aluminiumzylinder mit einem Durchmesser von 60 Zentimetern sollte als Gravitationswellenantenne dienen. Dieser Zylinder hat eine Masse von mehreren Tonnen. Der Theorie zufolge sollten einfallende Gravitationswellen den Zylinder zu elastischen Eigenschwingungen anregen.

Natürlich war auch Jospeh Weber bereits klar, dass die zu erwartenden Messsignale extrem klein und damit sehr schwer nachweisbar sein würden. Zudem war bekannt, dass man die Messeinrichtung vor natürlichen Störquellen abschirmen musste. Der Zylinder wurde daher in einer Vakuumkammer an dünnen Drähten aufgehängt. Damit konnten sowohl seismische als auch akustische Störungen stark reduziert werden.

Gemäß der Theorie ist ein Zylinder vor allem für Wellen empfindlich, die entlang seiner Längsachse einfallen. Damit hätte die Gravitationswellenantenne sogar eine gewisse Richtwirkung. Der Zylinder würde so besonders durch Quellen, die in Richtung der Zylinderachse liegen, zu Resonanzschwingungen angeregt werden. Das Ziel war, diese Schwingungen mit hochempfindlichen piezoelektrischen Sensoren zu detektieren.

Professor Weber war sich bewusst, dass er selbst im besten Fall nur Gravitationswellen aus kosmischen Großereignissen nachweisen könnte. In Frage kam etwa eine Supernova, also ein aufgrund innerer Erschöpfungseffekte ausgebrannter und schließlich explodierender Stern. Bei einem solchen Ereignis werden riesige Mengen Materie mit hoher Geschwindigkeit in den Weltraum geschleudert. Nach Webers Einschätzung sollten derartige kosmische Explosionen Gravitationswellen aussenden, deren Intensität ausreicht, um den Aluminiumzylinder zu winzigen Schwingungen anzuregen.

Ab 1968 begann Weber mit seinen Messungen. Er hatte erkannt, dass zwei Antennen erforderlich waren, um lokale Störungen ausschließen zu können. Ein Empfänger nahm daher seine Arbeit in Baltimore, ein anderer bei Chicago auf. Bereits nach kurzer Messzeit vermeldete Weber im Jahr 1969 erste Erfolge. Seine etwa 1000 km voneinander entfernten Detektoren sollten tatsächlich Gravitationswellen registriert haben. Es wurde sogar von mehreren Ereignissen pro Woche berichtet!

Die Reichweite der Weberschen Versuchsanordnung umfasste allerdings nur einen relativ kleinen Raumbereich innerhalb der Milchstraße. Damit war es sehr unwahrscheinlich, dass mehrere Supernovae pro Woche nachweisbare Signale erzeugen sollten. Seriöse

Wissenschaftler gingen von maximal vier bis fünf Ereignissen pro Jahrhundert aus.

Eine große Rolle bei diesen Betrachtungen spielt auch die sogenannte Bandbreite. Dieser Begriff ist sowohl in der Wissenschaft als auch in der Technik von zentraler Bedeutung. Da er im Laufe dieses Buches noch öfter auftaucht, soll er an dieser Stelle etwas detaillierter erläutert werden. Kurz gesagt ist die Bandbreite ein Maß dafür, wie viel Information über einen bestimmten Übertragungsweg in einer vorgegebenen Zeit übermittelt werden kann.

Wer einmal mit einer 64-Kilobit-Verbindung im Internet unterwegs war, hat am eigenen Leib erfahren, wie wichtig eine ausreichende Bandbreite sein kann. Die Datenübermittlung bei zu geringer Übertragungsrate macht das Surfen im Internet zur Geduldsprobe. Erst mit dem Aufkommen moderner Übertragungsverfahren konnte man Daten über die bereits vorhandenen Telefonleitungen effizient übertragen. Heute gilt eine Datenrate von mehreren Megabit pro Sekunde als Standard.

Auch Hi-Fi-Enthusiasten ist der Begriff der Bandbreite geläufig. Ein schmalbandiger Lautsprecher liefert nur einen unbefriedigenden Klang. Erst eine aufwändige Lautsprecherbox ist in der Lage, die volle Klangdynamik einer Musikdarbietung wiederzugeben.

Genau diese Schmalband-Eigenschaften waren es auch, die Webers Zylinder zu schaffen machten. Der Aluminiumzylinder von etwa 1,50 m Länge und 60 cm Durchmesser hat eine Resonanzfrequenz bei 1660 Hertz, doch die Bandbreite dieser Resonanz ist extrem gering. Damit schneidet der Zylinder nur ein winziges Stück aus dem Gravitationswellenspektrum heraus. Ähnlich wie der schmalbandige Lautsprecher weder tiefe Bässe noch hohe Geigentöne wiedergeben kann, konnte Webers Zylinder nur »Töne« mit einer Frequenz von ca. 1660 Hz empfangen.

Zudem hat die Zylinderantenne eine gewisse Richtwirkung. Weber behauptete, dass er vor allem dann Signale detektieren würde, wenn die Zylinderachsen im Laufe der Erdrotation auf das Zentrum unserer Galaxis ausgerichtet waren. Allerdings lässt sich aus der bekannten Empfindlichkeit des Gravitationswellenempfängers und der Entfernung zum galaktischen Zentrum die Gesamtenergie errechnen, die notwendig ist, um die beobachteten Signale zu erklären. Da alle infrage kommenden Signalquellen sicherlich nicht nur bei 1660 Hz senden, müssten auch Signale mit anderen Frequenzen vorhanden sein. Jedes von Weber scheinbar beobachtete Ereignis hätte der vollständigen Umwandlung von mindestens einer Sonnenmasse in Gravitationswellenstrahlung entsprochen. Diese Energieumwandlung ist weit größer, als man sie sich auch unter idealen Voraussetzungen vorstellen kann, da Weber einige hundert Signale pro Jahr beobachtet haben wollte. Demnach würde das Zentrum unserer Galaxis in einem Jahr eine Energiemenge abstrahlen, die hunderten von Sonnenmassen entspricht. Bei dieser Umsatzrate müssten sich alle Galaxien innerhalb vergleichsweise kurzer Zeit vollständig in Gravitationswellenstrahlung umwandeln.

Hierin liegt der Hauptgrund für die große Skepsis begründet, mit der Webers Resultate aufgenommen wurden. Seine Daten lassen keine astrophysikalische Interpretation zu. Der Gravitationskollaps einzelner Sterne, der Ausgangspunkt von Webers Überlegungen, könnte eventuell ein Ereignis pro Jahr, nicht aber hunderte von Gravitationswellenblitzen innerhalb von Wochen oder Monaten erklären.

Zudem neigte Weber dazu, offensichtliche Fehler zu begehen und dennoch positive Resultate zu erhalten. Daten, die angeblich alle 24 Stunden in den Messungen auftauchten, ordnete er Wellen aus dem Zentrum der Galaxis zu. Nach Webers Meinung wurden die Signale immer dann empfangen, wenn die Zylinder auf das galaktische Zentrum ausgerichtet waren. Einen wichtigen Aspekt hatte Professor Weber allerdings übersehen: Gravitationswellen können die Erde praktisch ohne Abschwächung durchdringen. Die Zylinder müssten somit auch dann Wellen empfangen, wenn sie auf der entgegengesetzten Seite der Erde zum galaktischen Zentrum hin ausgerichtet sind und daher in einem zwölfstündigen Rhythmus auftauchen. Als Weber darauf aufmerksam gemacht wurde, analysierte er seine Daten erneut und stellte plötzlich fest, dass sich die Messausschläge tatsächlich alle zwölf Stunden häuften ...

Bei einer anderen Gelegenheit traten Webers wundersame Korrekturmethoden noch deutlicher zu Tage. Er analysierte die Daten von Zylindern, die an Orten mit verschiedenen Zeitzonen installiert waren. In den Messdaten entdeckte er eine Vielzahl von Signalen, die an beiden Empfängern zur gleichen Zeit detektiert wurden. Dieser simultane Empfang gilt als wichtiger Hinweis darauf, dass die Ausschläge tatsächlich von Gravitationswellen stammen. Allerdings hatte Weber die unterschiedlichen Zeitzonen übersehen: Die Signale wurden in Wirklichkeit um vier Stunden versetzt aufgezeichnet. Als andere Wissenschaftler diesen Fehler bemerkten, korrigierte Weber seine Auswertungen und fand wieder »bemerkenswerte Signalübereinstimmungen«.

Die große Mehrheit der Physiker blieb daher sehr skeptisch. Unter anderem in der Arbeitsgruppe um Heinz Billing am Max-Planck-Institut für Astrophysik in Garching und im italienischen Frascati wurden deshalb Webers Apparaturen exakt nachgebaut – das Ergebnis war vernichtend. Keine Forschergruppe konnte Webers Resultate auch nur im Ansatz bestätigen.

Im Laufe der Jahre wurde die Technik immer weiter verbessert. Moderne, ausgefeilte Datenerfassungsmethoden und die neuesten rauscharmen Messtechnologien kamen zum Einsatz. Man erreichte Empfindlichkeiten, die einer Längenänderung von 10^{-17} m entsprachen. Die Versuche wurden teilweise kontinuierlich über mehrere Jahre hinweg durchgeführt. Ergebnis: kein einziges verdächtiges Signal.

Im Februar 1987 meldete Weber wieder eine erfolgreiche Gravitationswellenmessung und brachte diese in zeitlichen Zusammenhang mit der berühmten Supernova 1987A, die am 24. Februar 1987 in der

Abbildung 14: Professor Weber an einem seiner Aluminium-Zylinder, mit dem er Gravitationswellen nachweisen wollte.

Großen Magellanschen Wolke entdeckt worden war. Bei Supernova-Ausbrüchen sollen theoretisch starke Gravitationswellen erzeugt werden. Allerdings war auch dieses Mal die Meinung anderer Wissenschaftler, vorsichtig ausgedrückt, gespalten. Sie waren keineswegs davon überzeugt, dass Weber tatsächlich die Gravitationswellen der Supernova nachgewiesen hatte. Seine Nachweismethoden konnten dafür einfach nicht die erforderliche Empfindlichkeit erreichen.

Bis zu seinem Tod im Jahr 2002 arbeitete Professor Weber weiter an der Verbesserung seiner Gravitationswellenempfänger. Doch obwohl er selbst immer davon überzeugt war, die Wellen gemessen zu haben, hat sich diese Ansicht in der wissenschaftlichen Gemeinschaft nie durchgesetzt. Seine Arbeiten blieben stets höchst umstritten.

Manche wissenschaftliche Arbeiten kommen zum Schluss, dass die Stärke der Gravitationswellen bis jetzt falsch berechnet wurde. Unter bestimmten Umständen, wenn die Gravitationswellen zum Beispiel asymmetrisch erzeugt werden, könnte es zu einem Bündelungseffekt kommen. Dadurch wären die auf die Erde treffenden Wellenintensitäten viel stärker als bislang angenommen. Eine solche Asymmetrie könnte demnach auch bei der Supernova 1987A vorhanden gewesen sein und hätte deren Gravitationswellen um einen Faktor 10.000 verstärkt.

Damit wäre es zumindest prinzipiell möglich gewesen, dass Weber 1987 tatsächlich als erster Gravitationswellen direkt nachgewiesen hätte. Vielleicht führen neue Erkenntnisse und Messergebnisse dazu, dass die oben genannten Asymmetrien tatsächlich bestätigt werden. Dann könnte man Webers damalige Experimente und Daten noch einmal genau analysieren und überprüfen, ob mit seinen Messungen in der Tat Gravitationswellen nachgewiesen wurden. Die Chancen dafür stehen allerdings nicht besonders gut.

Die letzte Falschmeldung: alles nur Staub

In den ersten Monaten des Jahres 2014 geisterte eine angebliche Meldung zur Entdeckung von Gravitationswellen durch die Medien.

Eine Forschergruppe wollte Signale vom »Nachbeben des Urknalls« entdeckt haben. Die neuesten Messungen sollten Informationen aus den ersten Sekundenbruchteilen nach dem Urknall enthalten. Die Gerüchteküche wurde seit geraumer Zeit angeheizt, bis endlich belastbare Daten an die Öffentlichkeit drangen. Schließlich gab ein amerikanisches Forscherteam offiziell seine »Entdeckung« bekannt.

In der Hintergrundstrahlung des Kosmos sollten innerhalb von Sekundenbruchteilen nach dem Urknall dubiose Signaturen entstanden sein. Theoretischen Betrachtungen führen auf die Hypothese, dass sich das Universum innerhalb eines unvorstellbar kleinen Zeitraums extrem schnell ausgedehnt haben könnte. Diese »Inflation« soll den gesamten Kosmos auf das Multi-Trilliardenfache seines ursprünglichen Volumens aufgebläht haben. Die Kosmische Inflation geht von der nahezu unfassbaren Hypothese aus, dass sich das gerade erst entstandene Universum in kürzester Zeit von subatomarer Größe zu kosmischen Dimensionen ausdehnte. Dabei handelt es sich natürlich um die größte vorstellbare Beschleunigung von Massen überhaupt. Die dementsprechend gewaltigen Verwerfungen der Raumzeit stellen alle späteren Gravitationswellenereignisse bei weitem in den Schatten. Wie bereits im Abschnitt »Der Urknall als Gravitationswellensender« beschrieben wurde, kann man hier nicht mehr von einem zarten Zittern sprechen. Vielmehr bebte die Raumzeit und intensivste Gravitationswellen erschütterten das gesamte frühe Universum.

Die Messung von Signalen aus diesem Zeitraum sollte daher einen Blick auf das Universum zulassen, kurz nachdem es entstanden war. Damit könnten die Forscher auf den Anbeginn aller Zeiten zurückblicken. Man war sogar schon dabei, diese genialen Erkenntnisse in verschiedenen wissenschaftlichen Journalen zu veröffentlichen. Im Internet war bereits Datenmaterial dazu publiziert worden.

Allerdings hatten die Wissenschaftler jahrelang lediglich zwei Prozent des Himmels beobachtet. Wegen der besonders trockenen

Luft am Südpol wählten sie dafür das in der Antarktis installierte Teleskop »BICEP2« in der Nähe des Südpols aus. Hier sind Messungen möglich, die an anderen Orten auf der Erdoberfläche nicht durchführbar wären. BICEP (**B**ackground **I**maging of **C**osmic **E**xtragalactic **P**olarization) ist ein Experiment zur Erfassung des kosmischen Mikrowellen-Hintergrunds. Das Ziel ist es, die Polarisation der Hintergrundstrahlung möglichst genau zu messen. Ein wichtiger Aspekt ist die Suche nach speziellen Signaturen in der Mikrowellenstrahlung, die als Beleg für die Inflationstheorie dienen könnten. Nun wollten die Forscher diese charakteristische Polarisation tatsächlich gefunden haben. Ihrer Meinung nach wurden die Muster durch Gravitationswellen verursacht.

Schließlich stellten die Forscher ihre Ergebnisse in einer Pressekonferenz der Öffentlichkeit vor. Ein Theoretischer Physiker vom Massachusetts Institute of Technology (MIT), der als einer der Erfinder der Inflationshypothese gilt, behauptete, dass seine Vorstellungen durch Präzisionsmessungen bewiesen worden wären. Die Polarisationsmuster der kosmischen Hintergrundstrahlung würden unumstößliche Beweise für sein theoretisches Gedankengebäude darstellen.

Das schien in der Tat ein Grund, um die Champagner-Korken knallen zu lassen. Die Inflationstheorie wird von einigen Forschern als wichtige Hypothese betrachtet. Ihr experimenteller Nachweis wäre eine große Errungenschaft für die Kosmologie.

Schnell kamen aber erste Zweifel auf. Da die Wissenschaftler nur bei zwei Wellenlängen gemessen hatten, wurden ihre Ergebnisse als unzuverlässig eingestuft. Für belastbare Daten wäre ein größeres Wellenlängenspektrum erforderlich gewesen. Weitere Skepsis ergab sich aus dem Argument, dass auch interstellare Staubwolken die exakt gleichen Messwerte liefern würden – ein Einspruch, der zunehmend nicht zu widerlegen war.

Schließlich musste auch von den »Entdeckern« selbst akzeptiert werden, dass hinter den Daten tatsächlich nur kosmischer Staub steckte. Die größte Wissenschaftssensation seit der Entdeckung des Higgs-Bosons fiel aus. Man hatte keinen Schnappschuss von der Geburt des Universums aufgenommen, kein Raumzeitbeben kosmischer Ausmaße war detektiert worden. Ein Nobelpreis war wieder in die Weiten des Universums entschwunden. Die hochfliegenden Träume der Forscher am Südpolteleskop BICEP2 vom ersten direkten Gravitationswellennachweis waren sprichwörtlich zu Staub zerfallen.

Erste laseroptische Techniken

Das Zylinder-Experiment von Joseph Weber hatte nicht zum Ziel geführt und andere, auf rein mechanischen Resonanzeffekten basierende Methoden waren nicht vielversprechend. Daher begannen Forscher weltweit, über ein anderes Messverfahren nachzudenken.

Inzwischen war eine neue Technologie erwachsen geworden. Der Einsatz von Lasern zeigte in vielen Bereichen bahnbrechende Erfolge. Das neuartige, präzise Licht führte in Wissenschaft und Technik zu immer neuen Entdeckungen und Errungenschaften. Seine hohe spektrale Reinheit ließ das »Wunderlicht« als ideale Messeinrichtung erscheinen. Mit sogenannten interferometrischen Detektoren konnte man nun Längen und insbesondere auch Längenänderungen mit bislang ungeahnter Präzision vermessen. Schließlich schlugen die beiden russischen Physiker Michail Gertsenshtein und Vladislav Pustovoit im Jahre 1961 vor, Laser-Interferometer für die Suche nach Gravitationswellen einzusetzen.

Das Prinzip dazu erschien einfach: Ein Laserstrahl trifft auf einen Strahlteiler, der im einfachsten Fall aus einem halbdurchlässigen Spiegel besteht. Dadurch wird der Strahl in zwei Teilstrahlen aufgespalten. Ein Laserstrahl läuft geradlinig weiter, der andere wird im rechten Winkel abgelenkt. Am Ende der beiden so erzeugten Lichtstrecken befindet sich jeweils ein Spiegel, der das Licht auf den Strahlteiler zurück reflektiert. Dieser lenkt die Strahlen wieder so um, dass sie sich überlagern. Bei entsprechender Justierung kann man erreichen, dass die ankommenden Lichtwellen nicht im Gleich-, sondern im Gegentakt schwingen. Ein Wellenberg des Laserlichts trifft auf ein Wellental. Die Lichtwellen löschen sich somit gegenseitig aus. Man spricht in diesem Zusammenhang von destruktiver Interferenz.

Läuft eine Gravitationswelle durch das Interferometer, wird der Raum gestaucht und gedehnt. Dadurch verändern sich die Längen der Messstrecken. Die Lichtwellen löschen sich in der Folge nicht mehr exakt aus. Der an geeigneter Stelle angebrachte Empfänger bleibt nicht länger dunkel, sondern ein schwaches Lichtsignal zeugt vom Durchlauf der Gravitationswelle.

Ab 1975 entstanden erste Versuchsaufbauten mit der neuen Lasertechnik. Die Armlänge der ersten Gravitationswelleninterferometer betrug jedoch lediglich drei Meter. Als Lichtquelle kam die beste damals verfügbare Technologie zum Einsatz. Ein Argon-Ionen-Laser lieferte eine beachtliche Lichtleistung von immerhin drei Watt.

Unter der Federführung von Heinz Billing wurde ein Verfahren entwickelt, mit dem die Messempfindlichkeit des Interferometers deutlich gesteigert werden konnte: Der Lichtweg wurde verlängert, indem man den Laserstrahl über 100-mal innerhalb der Arme reflektierte. So stand bereits damals eine Messstrecke von über 400 Metern zur Verfügung.

Doch auch diese neuartigen Detektoren lieferten zunächst nicht die erforderliche Präzision. Verschiedene Störungen, etwa minimale Fluktuationen in der Lichtfrequenz des Lasers, beschränkten die Messgenauigkeit auf unbrauchbare Werte. Auch die verfügbare Laserleistung selbst war für die geforderte Präzision zu gering. Darüber hinaus musste man feststellen, dass weitere unerwünschte Einflüsse, wie unvermeidliche Bodenerschütterungen oder Schallwellen aus der Laborumgebung, die Messung in nicht akzeptabler Weise störten.

KAPITEL 4

Rieseninterferometer

*»Ein besonders Schlauer hatte eine Mausefalle aufgestellt
und fing das Licht in der Falle.«*

Aus »Die Schildbürger bauen ein Rathaus«

Durch die ersten Messaufbauten wurde zunehmend deutlich, dass
Laserinterferometer prinzipiell für die Detektion von Gravitationswellen geeignet waren.

Verschiedene Forscherteams machten sich daran abzuschätzen,
wie geeignete Instrumente aussehen könnten. Nach ermutigenden
Ergebnissen mit unterschiedlichen Systemen, beispielsweise am
Max-Planck-Institut für Quantenoptik in Garching bei München,
wurden diese Pläne zunehmend konkreter. Eines dieser Interferometer wurde am Max-Planck-Institut für Astrophysik in Garching
entwickelt und aufgebaut und verfügte über eine Armlänge von 30 m.

Später wurde die wissenschaftliche Betreuung dann vom benachbarten Institut für Quantenoptik (MPQ) übernommen.

Der Aufbau hielt über viele Jahre hinweg weltweit alle Empfindlichkeitsrekorde. An diesen Instrumenten führten die Wissenschaftler erste Versuche mit hochstabilen Laserquellen durch. Aufgrund dieser experimentellen Arbeiten wurde jedoch bald absehbar, dass auch mit den 30-Meter-Instrumenten bestenfalls kosmische Großereignisse erfasst werden könnten. Nach theoretischen Betrachtungen sind diese nur wenige Mal innerhalb eines Jahrhunderts zu erwarten. Zwar konnte man durch verschiedene technische Verbesserungen die Empfindlichkeiten immer weiter steigern, aber es wurde auch deutlich, dass man bezüglich der Messempfindlichkeit noch sehr weit von einer echten Gravitationswellenastronomie entfernt war.

Die Armlänge des Interferometers spielt dabei die gleiche Rolle wie der Hubraum im Motorsport. Dort gilt die Devise: Hubraum ist durch nichts zu ersetzen als durch noch mehr Hubraum. Ähnlich ist die Situation im Gravitationswellengeschäft. Zwar gab es wiederholt Vorschläge für tischgroße Detektoren, die durch geheimnisvolle physikalische »Tricks« unglaublich empfindlich sein sollten. In allen Fällen stellte sich aber schnell heraus, dass die »Erfinder« dieser Wunderwerke irgendeine wichtige Kleinigkeit übersehen hatten.

Schließlich wurden verschiedene Vorschläge für große Interferometer ausgearbeitet, denn die Messstrecken müssen im Bereich von mehreren Kilometern liegen. Daran kann auch die vielfache Faltung der Lichtwege zwischen den Spiegeln grundsätzlich nichts ändern. Und es zeigte sich, dass es nicht nur auf die Weglänge ankommt, die der Lichtstrahl durchläuft, sondern vor allem auf den realen Abstand der Spiegel zum Strahlteiler. Mehrfach gefaltete optische Wege bringen zwar gewisse Vorteile, können die echte physikalische Armlänge aber nicht vollständig ersetzen.

Mit dieser Erkenntnis bestand kein Zweifel mehr daran, dass Gravitationswellendetektoren zu Großforschungseinrichtungen werden würden. Ein einzelnes Forschungsinstitut oder eine Universität wären finanziell nicht in der Lage, Systeme mit kilometerlangen

Armen aus dem eigenen Budget zu finanzieren. Bereits in den ersten Forschungsanträgen zu diesen Projekten wurden Summen von mehreren hundert Millionen Dollar veranschlagt. Zudem lehrte die langjährige Erfahrung, dass diese ersten Abschätzungen im Laufe der Bauzeit meist deutlich überschritten werden. Dennoch wurden nach entsprechend intensiven Bemühungen der beteiligten Wissenschaftler mehrere Anträge zum Bau von Laserinterferometern genehmigt. Anfang der 1990er-Jahre startete das deutsche GEO600-Projekt, mit einer Armlänge von 600 Metern.

Auch die Planungen für das französisch-italienische VIRGO-Interferometer nahmen immer konkretere Gestalt an. Hier wurde bereits von Anfang an eine Größe von drei Kilometern ins Auge gefasst.

Parallel zu den europäischen Bemühungen wurden in den USA ab den späten 1970er-Jahren verschiedene Laserinterferometer entworfen und gebaut. Insbesondere der Theoretiker Kip Thorne setzte sich für den Aufbau einer experimentellen Gravitationswellen-Gruppe am California Institute of Technologie (CalTech) ein. Im Jahr 1980 schließlich finanzierte die National Science Foundation (NSF) den Bau eines Prototyp-Interferometers mit 40 Metern Armlänge am CalTech.

Auch in den USA wurden die ersten Experimente zunehmend zur Basis für technische und finanzielle Betrachtungen, die zu Plänen für mehrere Kilometer lange Interferometer führten. Da die Studien am CalTech, in Garching und anderen in der ganzen Welt verstreuten Forschungseinrichtungen die Machbarkeit riesiger, kilometerlanger Interferometer demonstrierten, wurde schließlich eine Vereinbarung für die Planung und den Bau des »Laser Interferometer Gravitational-Wave Observatory« (LIGO) unterzeichnet.

Grundlagenforschung und Vorbereitungen für LIGO zogen sich über mehrere Jahre hin. Nach eingehender Prüfung der Entwürfe wurde die Durchführbarkeit des Projektes von einem internationalen Ausschuss bestätigt. Da zudem weltweit viele Institute und wissenschaftliche Einrichtungen erfolgreich kleinere Detektoren entwickelt hatten, erachtete man es als ausreichend wahrscheinlich, dass große Gravitationswellendetektoren schließlich zum wissenschaftlichen Durchbruch führen würden.

Ein wissenschaftlicher Beirat befürwortete daher mit großer Begeisterung das LIGO-Projekt, bescheinigte den wissenschaftlichen Vorarbeiten höchste Qualität und ließ keinen Zweifel an der technischen Machbarkeit einer Großanlage. Schließlich wurde ein erster Planungsvorschlag genehmigt und die Baupläne für LIGO konnten erstellt werden. Es sollten zwei Interferometer entstehen, die auf bewährten Technologien basieren.

Gemäß den Berechnungen der beteiligten Wissenschaftler würden diese Detektoren eine Empfindlichkeit erreichen, die zum Nachweis von Gravitationswellen mit hoher Wahrscheinlichkeit ausreicht. Im Jahr 1990 genehmigte die US-amerikanische National Science Foundation dann die Ausführung der Baupläne für LIGO. Ein Jahr später bestätigte der US-Kongress die Entscheidung und stellte die finanziellen Mittel für das erste Jahresbudget zur Verfügung.

Als Standorte wurden Hanford im US-Bundesstaat Washington und Livingston in Louisiana ausgewählt. Diese beiden Orte liegen etwa 3000 Kilometer voneinander entfernt am nordwestlichen bzw. südöstlichen Rand der USA. Die erste Bauphase von LIGO nahm vier Jahre in Anspruch. Um die Jahrtausendwende folgte die Installation und Inbetriebnahme der Interferometer. Die wissenschaftlichen Suchperioden begannen ab 2002.

Fünf Jahre später wurde die Zusammenarbeit mit dem Europäischen VIRGO-Projekt im italienischen Cascina ins Leben gerufen. Die Wissenschaftler kombinierten ihre Messergebnisse und analysierten gemeinsam alle bis dahin gewonnen Daten. Die Kollaboration hatte zudem den Vorteil, dass mit kombinierten Daten aus Amerika und Europa die Positionen von Gravitationswellenquellen am Himmel künftig besser lokalisiert werden könnten.

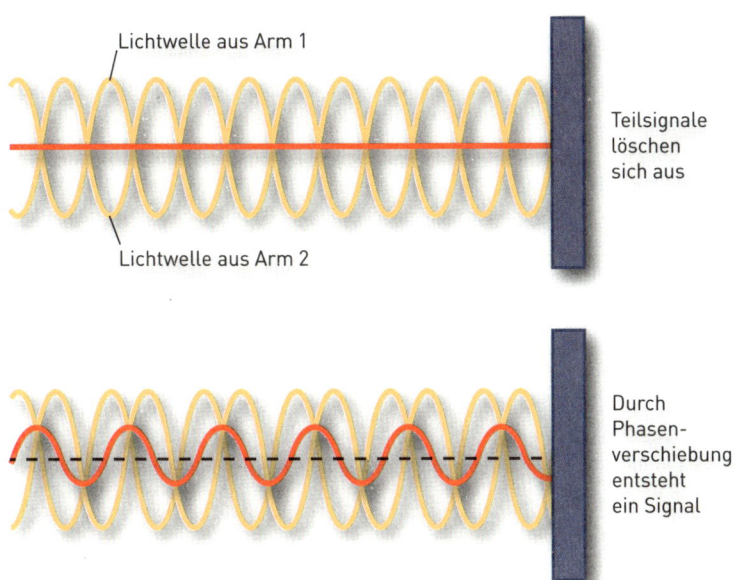

Abbildung 15: Signalentstehung durch Interferenz von Laserlicht.

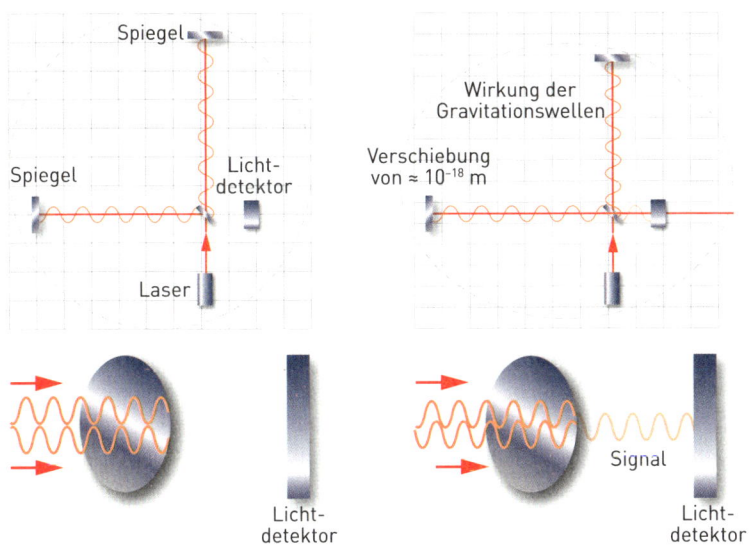

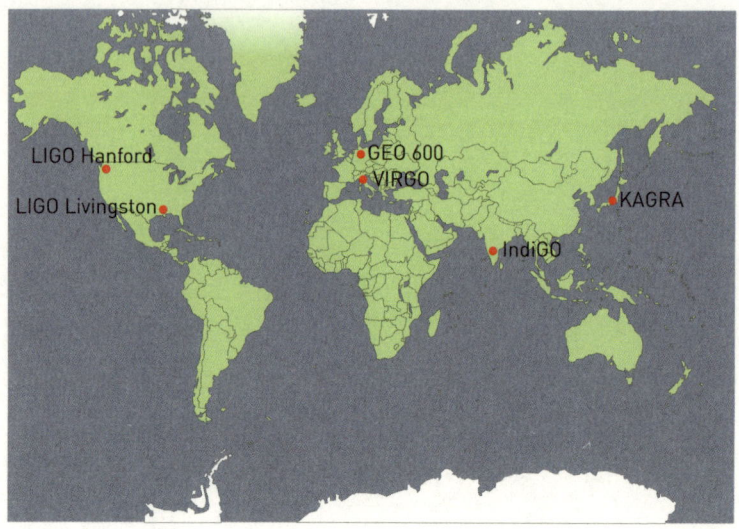

Abbildung 16: Das globale Messnetz der Interferometer-Observatorien.

Allerdings zeigte sich bald, dass der technologische Sprung von den ersten Prototypen bis hin zu den heute existierenden fortschrittlichen Interferometern zu groß war, um in einem einzigen Schritt durchgeführt zu werden.

Deshalb begannen bald die ersten Untersuchungen, wie man das LIGO-Labor auf die nächste Interferometer-Generation erweitern könnte. Im Jahr 2008 finanzierte die NSF den Bau eines Interferometers der zweiten Generation: »Advanced LIGO« wurde ins Leben gerufen.

Umgehend wurden neue Komponenten für Advanced LIGO entwickelt und konstruiert. Dabei konnte man auf bedeutende Beiträge aus dem schottisch-deutschen GEO600-Projekt und der australischen ACIGA-Kollaboration zurückgreifen. Nach einer vierjährigen Forschungs- und Entwicklungsphase nahm das erweiterte Interferometer bei Livingston im Mai 2014 seinen Betrieb auf.

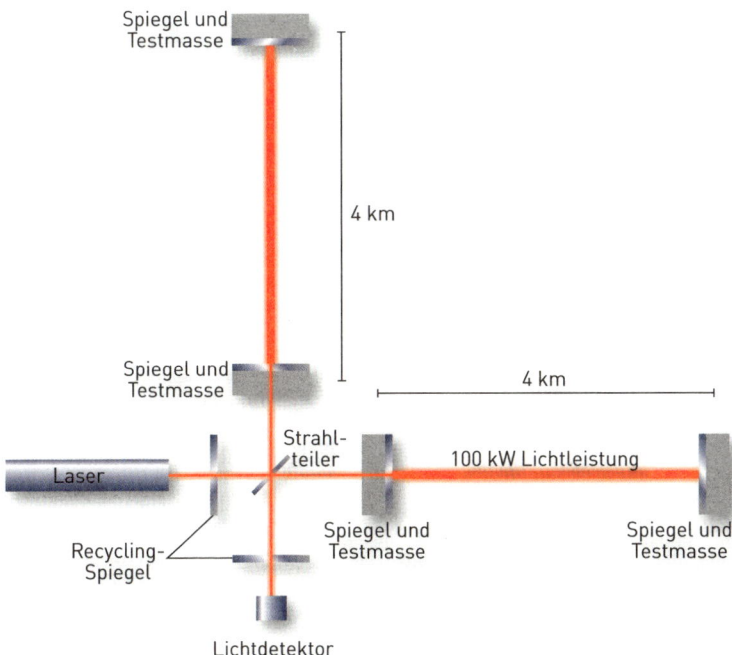

Abbildung 17: Optischer Aufbau eines Gravitationswellen-Interferometers

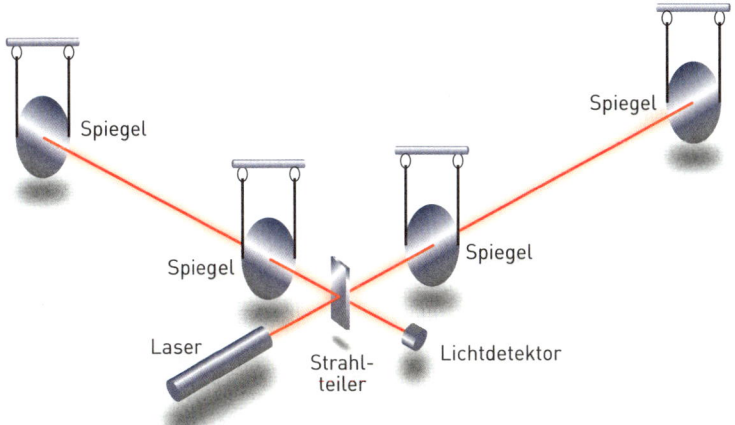

Abbildung 18: Die Aufhängung der Komponenten im Interferometer

Abbildung 19: Das Zentralgebäude von LIGO in Hanford mit den zwei Interferometeramen

Innerhalb von wenigen Monaten konnte damit die Empfindlichkeit der ersten Detektorgeneration deutlich übertroffen werden. Anfang 2015 folgte Hanford mit seiner Erstinbetriebnahme und noch besserer Anfangsempfindlichkeit.

Ab September 2015 erzielten beide Interferometer eine Messempfindlichkeit von 7×10^{-23}. Damit wurde insbesondere in niederen Frequenzbereichen eine Verbesserung um den Faktor zehn oder mehr gegenüber den anfänglichen LIGO-Systemen erreicht.

LIGO stellt aber nicht das Ende der Fahnenstange dar. In naher Zukunft soll ein weltumspannendes Netz von Gravitationswellen-Observatorien in Betrieb gehen. VIRGO in Italien wird der nächste funktionsfähige Detektor mit einer Armlänge von mehreren Kilometern sein. Auch das japanische KAGRA-Projekt ist bereits in einem relativ weit fortgeschrittenen Entwicklungsstadium.

Durch die Erfolge der jüngsten Zeit bekam auch das indische Gravitationswellenprojekt IndIGO neuen Aufwind. Und das GEO600-Interferometer bei Hannover wird weiter in Betrieb bleiben und als Technologieschmiede für neue Lasermessverfahren dienen. Darüber hinaus wird es bei GEO600 trotz geringerer Empfindlichkeit weiterhin wissenschaftliche Messperioden geben. Schließlich könnten auch mit diesem Detektor ausreichend starke Gravitationswellenereignisse empfangen werden.

Die Karte in Abb. 16 auf Seite 90 zeigt, wie sich die Gravitationswelleninterferometer in näherer Zukunft über die gesamte Weltkugel verteilten werden.

Immer am Limit: ultrapräzise Messtechnik

Der Nachweis nach Gravitationswellen gleicht dem Versuch, das Geräusch eines fallenden Streichholzes während eines AC/DC-Konzertes zu empfangen. Zudem ist der Detektor viele hundert Kilometer vom Konzert entfernt. Die Herausforderung besteht darin, eine extreme Empfindlichkeit zu erreichen und alle möglichen Störquellen zwischen Sender und Empfänger zu eliminieren.

Zieht man in Betracht, dass nicht nur die Musik der Band aus den kilowattstarken Lautsprecherboxen alle Geräusche übertönt, sondern auch noch die begeisterten Jubelrufe der Fans zum »Gesamtsignal« beitragen, erhält man einen groben Eindruck von der Aufgabe, winzigste Raumzeitvibrationen wahrzunehmen. Zahlreiche Störeinflüsse, von seismisch bedingten Untergrundbewegungen über akustische Störungen bis hin zu Laserfrequenzschwankungen, überdecken das gesuchte Signal.

Im Vergleich zum Nachweis von Gravitationswellen ist die berühmte Suche nach der Stecknadel im Heuhaufen eine geradezu lächerliche Aufgabe.

Nur mit den besten Filtertechniken, höchstentwickelten Lasermess-methoden, ausgeklügeltsten seismischen Isolationen und fortschritt-lichster Vakuumtechnik besteht Hoffnung auf Erfolg. Alle techno-logischen Mittel und Verfahren mussten stets bis an die äußersten Grenzen ihrer Leistungsfähigkeit getrieben werden. Die folgenden Kapitel können nur einen kleinen Eindruck davon vermitteln, welch gigantische Anstrengungen und Aufwände notwendig waren, um das historische Ereignis »GW150914« einzufangen.

Mit allen Finessen

Auch moderne Messeinrichtungen nutzen, wie bereits Professor We-ber mit seinen Aluminiumzylindern, mehrere möglichst weit vonein-ander getrennte Detektoren. Dieses Vorgehen bietet die effektivste Möglichkeit, reale Gravitationswellen von lokalen Störungsquellen zu unterscheiden. Ein weiterer Vorteil der Verwendung von mindes-tens zwei Detektoren ist, dass man damit eine Quelle am Himmel bis zu einem gewissen Maß lokalisieren kann. Darüber hinaus ergeben sich Rückschlüsse auf die Polarisation des empfangenen Wellenzugs.

Alle aktuellen Detektoren bestehen im Prinzip aus einem mo-difizierten Michelson-Interferometer. Die Gravitationswellenampli-tude wird damit als Längendifferenz in den zueinander senkrecht stehenden Armen gemessen. Im Unterschied zu den ersten Inter-ferometern liegen die Armlängen bei den heutigen Geräten im Kilo-meterbereich. Die Spiegel sind bei den LIGO-Detektoren in einem Abstand von jeweils 4 km aufgehängt; sie dienen gleichzeitig als Testmassen.

Das Grundprinzip der Messtechnik hat sich nicht verändert: Die Längenänderung der Interferometerarme bewirkt eine Phasendiffe-renz der beiden Laserstrahlen. Auch in den Großgeräten spielt die Interferenz der beiden Teilstrahlen die zentrale Rolle.

Das optische Messsignal ist proportional zur Amplitude der Gravitationswelle. Es wird mit empfindlichen Fotodetektoren erfasst und elektronisch ausgewertet. Um die nahezu unvorstellbare Empfindlichkeit zu erreichen, die für die Erfassung von Gravitationswellen erforderlich ist, muss das Interferometer aber mit allen denkbaren technischen Finessen ausgestattet sein. Die Abbildungen auf Seite 91 zeigen den prinzipiellen optischen Aufbau des Interferometers.

Neben dem Laser, dem Strahlteiler und vier Spiegeln bzw. Testmassen sind noch zwei weitere optische Komponenten erkennbar. Hierbei handelt es sich um sogenannte »Recycling-Spiegel«. Diese ermöglichen es, durch Anwendung spezieller optischer Resonanzverfahren die Empfindlichkeit der Messanordnung nochmals deutlich zu steigern.

Einhundert Kilowatt Lichtleistung

Die Empfindlichkeit des Detektors hängt unter anderem direkt von der zur Verfügung stehenden Lichtleistung ab. Als Lichtquelle kommt daher ein leistungsstarker Laser zum Einsatz. Dieser gab bei den LIGO-Messreihen eine Lichtleistung von bis zu 25 Watt ab. Die Lasersysteme stammen aus Hannover und wurden in jahrelanger Entwicklungsarbeit in der Arbeitsgruppe von Karsten Danzmann entworfen und optimiert.

Die Laser selbst sind sogar in der Lage, eine Lichtleistung von bis zu 200 Watt abzugeben. Allerdings wurden sie bislang nur mit etwa einem Zehntel ihrer Maximalleistung betrieben, da die Interferometer in Hanford und Livingston noch nicht in der Lage waren, die maximal mögliche Lichtleistung effektiv zu kontrollieren. Aber auch eine Lichtleistung von 200 Watt mag auf den ersten Blick als recht gering erscheinen, ist es doch möglich, mit kommerziellen Industrie-Lasersystemen Leistungen von mehreren Tausend Watt zu erzeugen. Allerdings kommt es nicht nur auf die Lichtleistung selbst an, sondern das Licht muss besonders hohe Qualitätskriterien erfüllen. Und diese können mit extrem leistungsstarken Laserquellen nicht erreicht werden.

Man geht daher einen anderen Weg: Die Endspiegel der Interferometerarme werden mit einer besonderen Oberflächenschicht versehen. Dadurch kann ein außerordentlich hohes Reflexionsvermögen erzielt werden. Auf diese Weise entsteht ein optischer Resonator von exzellenter Güte. Darüber hinaus befindet sich am Eingang des Interferometers ein sogenannter »Power-Recycling-Spiegel«. Dieser führt Licht, das in Richtung des Lasers zurückgespiegelt würde, dem Interferometer zu.

Ein ausgeklügelter Regelmechanismus sorgt dafür, dass am Messausgang der Anordnung ein Interferenzminimum entsteht. Wenn das Interferometer also nicht gerade von einer Gravitationswelle durchlaufen wird, ist dieser Ausgang dunkel. Das gesamte zugeführte Licht würde in Richtung des Lasers zurück reflektiert. Da sich dort aber der Recycling-Spiegel befindet, kann das Licht durch Rückreflexion wiederverwendet werden. Mit diesem Verfahren ist es möglich, die Lichtverluste in der Anlage auf ein Minimum zu reduzieren.

Mit den hochreflektierenden Endspiegeln und dem Recycling-Spiegel gelingt es, die ursprüngliche Laserleistung von 20 Watt auf das 5000-Fache zu steigern. In den Interferometerarmen kann so eine umlaufende Lichtleistung von 100.000 Watt erreicht werden. Bei oberflächlicher Betrachtung mag es so aussehen, als ob hier der Energieerhaltungssatz verletzt würde. Wie kann man mit einer Laserleistung von lediglich 20 Watt eine Lichtleistung von 100.000 Watt in den Interferometerarmen erzeugen? Die Lösung des Rätsels liegt in der Tatsache, dass der Laser lediglich die Lichtverluste im System ausgleichen muss.

Das Anstoßen einer Kinderschaukel folgt einem ähnlichen Prinzip, denn die Schaukel kann eine erhebliche Schwingungsenergie speichern. Das schaukelnde Kind muss bei jeder Schwingung nur die minimalen Energieverluste der Schaukel kompensieren, um in Schwung zu bleiben. Auch zu Beginn des Schaukelns müssen nur kleine Energiemengen zugeführt werden, die sich dann zu großen Schwingungen aufaddieren.

Prinzipiell hätten so auch die Schildbürger Licht in ihr fensterloses Rathaus bringen können. Allerdings wäre damit höchste Eile geboten gewesen, da die Lichtspeicherzeiten selbst mit den besten heute zur Verfügung stehenden Spiegeln nur im Bereich von Sekundenbruchteilen liegen.

Doppeltes Recycling

Nicht nur am Laser-Eingang des Interferometers wird das Licht wiederverwendet. Auch am Ausgang befindet sich ein Spezialspiegel. Wie bereits erwähnt wurde, ist dieser Ausgang im Ruhezustand dunkel, da sich durch Justage des Interferometers die beiden Lichtfelder aus den Armen an dieser Stelle genau auslöschen. Trotzdem ist es sinnvoll, auch an diesem Interferometerausgang einen Recycling-Spiegel anzubringen.

Wenn die sorgfältig austarierten Armlängen durch eine einfallende Gravitationswelle gestaucht bzw. gestreckt werden, erscheint ein winziges Lichtsignal am Messausgang. Genau dieses Signal wird durch den sogenannten »Signal-Recycling-Spiegel« verstärkt. Dadurch wird die Empfindlichkeit des Interferometers auf Kosten der Bandbreite verbessert.

Diese Idee, das Licht auch aus einem eigentlich dunklen Interferometerausgang zu recyceln, wurde übrigens in einer schottischen Arbeitsgruppe geboren.

Die grundlegende optische Konfiguration der Detektoren besteht also aus einem Michelson-Interferometer mit Leistungs- und Signal-Recycling. Damit diese beiden Verfahren effektiv arbeiten können, sind aufwändige Regelsysteme erforderlich. Im Normalbetrieb müssen die Interferometer daher fest in einer Vielzahl aufeinander abgestimmter Regelschleifen eingerastet sein. Man spricht hier auch von einem sogenannten »Lock«.

Nur wenn alle optischen und elektronischen Systeme optimal aufeinander abgeglichen sind, können die Interferometer dauerhaft in diesem Lock arbeiten. Die Entwicklung dieser verkoppelten Regelungssysteme ist eine weitere technische Meisterleistung, dieses Mal aus dem Bereich der Ingenieurwissenschaften.

Vier Kilometer lange Vakuumsysteme und seismische Isolation

Natürlich stellen diese optischen Tricks nur die Spitze des Eisbergs dar. Die Interferometer-Technik wurde über mehr als 25 Jahre hinweg ausschließlich darauf hin optimiert, das durch Längenänderungen verursachte Signal mit maximal möglicher Empfindlichkeit zu detektieren.

Daneben muss aber auch dafür gesorgt werden, Störeinflüsse so weit wie möglich auszuschalten. Eine der wichtigsten und naheliegenden Störungen stellt das seismische Rauschen dar. Die Erdoberfläche wird von mehreren geophysikalischen Effekten beeinflusst. Neben den bekannten katastrophalen Erdbeben gibt es auch sogenannte Mikrobeben, die im täglichen Leben nicht wahrgenommen werden. Lediglich hochempfindliche Messgeräte sind in der Lage, diese Mikroseismik zu erfassen.

Darüber hinaus gibt es noch eine Vielzahl anderer Quellen, die zum sogenannten Grundrauschen beitragen. So pflanzt sich beispielsweise das Rauschen der Meeresbrandung über viele Kilometer hinweg bis weit ins Landesinnere hinein fort. Aber auch Lastwagenverkehr, elektrische Generatoren, Bauarbeiten etc. erzeugen akustische Wellen, die sich im Erdboden hervorragend ausbreiten können. Alle diese Einflüsse tragen zum sogenannten seismischen Hintergrund bei.

Daher werden die Testmassen der Interferometer mit größtem technischem Aufwand seismisch isoliert. Dabei kommt ein mehrstufiges Pendelsystem zum Einsatz. Über Beschleunigungssensoren und ausgeklügelte Regelschleifen wird zudem eine sogenannte aktive seismische Isolierung erreicht. Die Bewegungen der einzelnen Isolationsstufen werden dazu mit elektronischen Detektoren überwacht und über geeignete Stellelemente kompensiert.

Die 40 kg schweren Testmassen werden mittels dünner Spezialfasern aus Quarzglas im Hochvakuum aufgehängt. In den niederen Frequenzbereichen können die seismischen Störungen so auf weniger als ein Milliardstel ihrer ursprünglichen Stärke gedämpft werden. Schließlich wird der gesamte aktive Teil der Anlage in einem Hochvakuum betrieben. Dadurch werden unerwünschte akustische Wellen von den Testmassen ferngehalten, da sich diese im Vakuum nicht ausbreiten können.

Die Aufhängung der Spiegel im Hochvakuum hat neben der seismischen und akustischen Isolierung einen weiteren entscheidenden Vorteil: Der schädliche Einfluss der Luft auf die Ausbreitung von Laserlicht wird wesentlich reduziert.

Obwohl im Alltag die Lichtbrechung an Luftmolekülen kaum eine Rolle spielt, ist sie den meisten Menschen doch bekannt. So kann man etwa an einem heißen Sommertag über einer schwarzen Asphaltfläche optische Verzerrungen beobachten. Diese entstehen durch die unterschiedliche Dichte von heißer und kalter Luft und den damit verbundenen Variationen in der Lichtbrechung. In normal temperierter Luft tritt dieser Effekt ebenfalls, wenn auch in entsprechend geringerem Maße, auf. Bei Laserstrahlen, die über mehrere Kilometer hinweg justiert werden müssen, muss die Lichtbrechung an Luftdichteschwankungen berücksichtigt werden. Auch die Lichtstreuung wird im Vakuum auf vernachlässigbare Werte reduziert. Dieser als Rayleigh-Streuung bekannte Effekt ist auch für die Farbspiele bei Sonnenauf- oder -untergängen verantwortlich. Bei normalem Luftdruck würde das Laserlicht im Interferometer dadurch in unakzeptabler Weise beeinflusst. Aus diesen Gründen sind optische Präzisionsmessungen für die Erfassung von winzigen Raumzeitveränderungen in lufterfülltem Raum vollkommen ausgeschlossen.

Die Interferometerarme befinden sich daher in einem der weltweit größten Vakuumsysteme überhaupt. Der Druck in den jeweils 4 km langen und 1,2 m dicken Röhren wurde auf weniger als ein Mikropascal reduziert. Dies entspricht etwa einem Hundertmilliardstel des normalen Luftdrucks an der Erdoberfläche. Entsprechende Anforderungen finden sich sonst nur noch bei den großen Teilchenbeschleunigern dieser Welt, etwa im CERN bei Genf.

Das gesamte Interferometer besteht aus einem Zentralgebäude, in dem sich der Laser, der Strahlteiler und andere optische Elemente befinden und den jeweils vier Kilometer langen Vakuumröhren zu den Endspiegeln und ihren seismischen Isolationen. Die Abbildung auf Seite 92 zeigt ein Luftbild der Anlage bei Hanford.

Der letzte Schliff: Advanced LIGO

Im Mai 2015 begann für die Suche nach Gravitationswellen eine neue Ära. LIGO nahm mit den beiden »runderneuerten« Laser-Interferometern in Hanford und Livingston seinen Betrieb wieder auf. Die bisherige Konfiguration von LIGO war so empfindlich, dass es eine Längenänderung von einem Tausendstel der Größe eines Protons nachweisen konnte. Trotzdem war es seit der Inbetriebnahme im Jahr 2002 nicht gelungen, Gravitationswellen zu detektieren.

Als für LIGO die Finanzierung genehmigt wurde, war bereits klar, dass es wahrscheinlich viele Jahre, vielleicht sogar Jahrzehnte dauern würde, bis die Interferometer ihr volles Potenzial erreichten. Die erste Version der LIGO-Interferometer, »Initial LIGO« oder kurz LIGO, sollte mit möglichst geringem Risiko starten und erste Datenaufnahmen ermöglichen. Es war von vorneherein klar, dass die Chancen einer Entdeckung mit Initial LIGO sehr gering sein würden. Erst mit Advanced LIGO waren Hoffnungen auf einen tatsächlichen Erfolg wirklich berechtigt.

Parallel dazu wurden neue und entscheidende Technologien am GEO600-Interferometer in Hannover entwickelt. Schließlich waren es diese überaus erfolgreichen Verbesserungen, Methoden und Verfahren, welche die Entdeckung des GW150914-Signals an den LIGO-Empfängern erst möglich machten.

Die ursprünglichen LIGO-Interferometer waren neun Jahren lang in Betrieb, ohne dass ein einziges Gravitationswellenereignis detektiert wurde. Obwohl dieses Resultat sicherlich enttäuschte, kam es nicht völlig unerwartet. In wissenschaftlicher Hinsicht war LIGO dennoch von Anfang an ein großer Erfolg. Man hatte viel darüber gelernt, wie ein Gravitationswellendetektor zu betreiben, zu warten und zu verbessern ist. Zudem zählten bereits die ursprünglichen LIGO-Versionen zu den technologisch am weitesten fortgeschrittenen Messgeräten weltweit. Mit jeder neuen Verbesserung rückte die nächste Generation von LIGO-Detektoren näher.

Schließlich setzen die Forscher ihre Hoffnung auf Advanced LIGO, kurz als aLIGO bezeichnet, mit einer um den Faktor zehn gesteigerten Messgenauigkeit. Um dieses Ziel zu erreichen, lieferten Forschergruppen auf der ganzen Welt, insbesondere auch am Max-Planck-Institut für Gravitationsphysik in Hannover, entscheidende Beiträge.

Hierzu zählt vor allem die Entwicklung der für das Interferometer maßgeschneiderten Hochleistungslaser. Sie wurden im Rahmen des deutsch-britischen GEO600-Projekts aufgebaut, optimiert und getestet. Darüber hinaus haben viele der neuartigen Methoden, die bei aLIGO eingesetzt werden, ihren Ursprung in Hannover. Hierzu zählen so zentrale Errungenschaften wie beispielsweise die Methoden zur optischen Signalüberhöhung oder monolithische Spiegelaufhängungen.

Wenn man die zahlreichen Störquellen in einem Gravitationswelleninterferometer betrachtet, sind viele Einflüsse recht naheliegend, zum Beispiel Mikroseismik, Körperschall und elektromagnetische Störeinflüsse. Dass die Lichtquelle des Interferometers, also der Laser selbst, aber auch eine Limitierung darstellt, ist weitaus weniger offensichtlich. Denn allgemein ist Laserlicht durch seine besonderen Eigenschaften hervorragend für Präzisionsmessungen geeignet.

Allerdings ist auch das Licht eines Laserstrahls gewissen Fluktuationen unterworfen. Seine Intensität lässt sich dabei noch vergleichsweise einfach stabilisieren. Frequenzschwankungen stellen bereits ein komplexeres Problem dar, dennoch kann man auch diese in den Griff bekommen. Durch Verwendung sehr schmalbandiger optischer Filter, den Einsatz von speziellen Materialien und ausgeklügelten elektronischen Regelsystemen kann man Licht von höchster spektraler Reinheit erzeugen.

Die Empfindlichkeitsziele für die Advanced-LIGO-Systeme wurden so gewählt, dass die Interferometer die Beobachtung möglichst vieler kosmischer Quellen ermöglichen. Um die Empfindlichkeit entsprechend zu steigern, dürfen nur noch grundlegende physikalische Limitierungen das Eigenrauschen des Detektors bestimmen. Die in Frage kommenden Rauschquellen zeigt die Abbildung auf Seite 109.

Um dieses Empfindlichkeitsziel zu erreichen, musste nahezu jede Teilkomponente der ursprünglichen LIGO-Interferometer überarbeitet werden. Dazu zählen:

> › Weitere Optimierungen am optischen System
> › Entwicklung eines aktiven seismischen Isolationssystems mit vierstufiger Pendelaufhängung an Quarzglasfasern
> › Erhöhung der Ausgangsleistung des Lasers
> › Vergrößerung der Testmassen

Anfänglich wurden Testmassen mit einem Durchmesser von 25 cm, einer Dicke von 10 cm und einem Gewicht von 11 kg verwendet. Die neuen Spiegel für Advanced LIGO haben einen deutlich größeren Durchmesser von etwa 34 cm, eine Dicke von 20 cm und eine Masse von 40 kg. Die Spiegelmasse wurde also auf mehr als das 3,5-Fache des ursprünglichen Wertes vergrößert. Dadurch sollten thermische Rauschbeiträge und Einflüsse des Strahlungsdrucks reduziert werden.

Dieses Vorgehen hat zwei Gründe: Zum einen ist das Laserlicht selbst tatsächlich in der Lage, die Spiegel zu bewegen. Dies ist eine Folge der Quantennatur des Lichts. Photonen besitzen nicht nur eine bestimmte Energie, sondern auch einen Impuls. Dieser wird bei der Reflexion auf die Spiegel übertragen. Dadurch entsteht ein Rückstoß, der zu minimalen Spiegelbewegungen führt. Jede Bewegung, die nicht von einer Gravitationswelle verursacht wird, ist natürlich unerwünscht. Die Lösung des Problems ist im Prinzip sehr einfach. Man muss lediglich die Masse der Spiegel erheblich erhöhen. Denn je schwerer der Spiegel ist, desto schwieriger ist es für die Photonen, ihn zu bewegen.

Eine andere unangenehme Eigenschaft der Laserstrahlung ist die Erwärmung des Spiegels; sie hat eine thermische Ausdehnung der Spiegeloberfläche zur Folge. Bei einem Präzisionsinstrument wie LIGO wirkt sich die kleinste Veränderung in der Form des Spiegels auf die Messempfindlichkeit aus. Die hohe Lichtleistung von einem Zehntel Megawatt in den Interferometerarmen erzeugt sogenannte »Thermische Linsen« auf den Testmassen. Obwohl die verspiegelten Oberflächen ein hervorragendes Reflexionsvermögen aufweisen, wird doch ein geringer Teil des Laserlichts absorbiert, was zur Ausdehnung des Spiegelmaterials und damit zur Thermischen Linse führt. Mit Spezialmaterialien wird dieser Effekt wieder kompensiert. Die größere Spiegelmasse kann zudem Wärme besser aufnehmen und verformt sich daher weniger als eine kleinere – auch zur Reduktion dieses Effekts sind größere Spiegelmassen somit von Vorteil.

Anfänglich wurden dünne Metalldrähte zum Aufhängen der Spiegel verwendet. Doch die Metallatome in diesen Drähten führen thermische Eigenschwingungen aus, die sich auf die Spiegel übertragen. Um dieses Problem zu verringern oder sogar völlig zu beseitigen werden die Spiegel nun an Quarzglasfasern anstelle der Metalldrähte aufgehängt. Hinsichtlich thermischer Eigenschwingungen verhält sich Quarzglas deutlich weniger problematisch als Metall. Durch diese Maßnahme konnte das resultierende thermische Rauschen des Detektorsystems weiter reduziert werden.

Neue seismische Isolationstechniken haben das Ziel, den Einfluss externer Schwingungen und Vibrationen bei allen Beobachtungsfrequenzen auf ein vernachlässigbares Niveau zu drücken. Der Begriff »seismische Isolierung« bezieht sich auf alle Mechanismen, die die Spiegel von externen Störungen entkoppeln. Diese Schwingungen haben vielfältige Ursachen und reichen von Mikro-Erdbeben über umstürzende Bäume bis hin zu Lastwagen, die auf nahe gelegenen Straßen unterwegs sind. Die ursprünglichen LIGO-Systeme verwendeten lediglich ein passives Isolationssystem, das man mit Stoßdämpfern vergleichen kann. Ähnlich wie diese ein Fahrzeug vor Bodenwellen und Schlaglöchern schützen, reduziert die passive Isolation die Schwingungen aus der Umgebung, indem sie deren Übertragung auf die Spiegel verhindert.

Für aLIGO wurde die seismische Isolation wesentlich verbessert. Zusätzlich zu einem passiven System verwendet aLIGO auch aktive Isolationssysteme. Eine Vielzahl von Sensoren überwacht dazu die Mikrobewegungen in hunderten von LIGO-Komponenten. Diese

Signale werden verstärkt und an spezielle Aktoren weitergeleitet. Hochkomplexe Regelschleifen sorgen dann dafür, dass diese Aktoren den mit großer Präzision erfassten Bewegungen exakt entgegenwirken und diese so auslöschen.

Dieses Prinzip findet auch bei der Störgeräuschunterdrückung in hochwertigen Kopfhörern Anwendung. Hier nimmt ein Mikrophon Umgebungsgeräusche auf, die elektronisch vom Musiksignal subtrahiert werden. Das Resultat ist ein perfekter Hörgenuss, der nicht durch Umweltgeräusche gestört wird.

Bei aLIGO führt die Kombination aus passiver und aktiver seismischer Isolation zu einer Reduktion von störenden Vibrationen auf ein bis dahin unerreichtes Minimum. Das Ziel, die äußerst empfindlichen Spiegelanordnungen von allen Störsignalen zu befreien, ist damit in greifbare Nähe gerückt.

Die ursprünglichen LIGO-Testmassen bzw. Spiegel waren als einzelne Pendel aufgehängt. Die aLIGO-Testmassen sind dagegen das letzte Glied in einem vierstufigen Pendelsystem. Jede Pendelstufe reduziert die auf den Spiegel übertragenen Störungen. Die auf Seite 110 gezeigte Konstruktionszeichnung der Pendelstufen ist ein beeindruckendes Detail des Gesamtsystems. Sie gibt einen guten Eindruck davon, welche Ingenieurleistungen in alle Teilsysteme des Interferometers einfließen. Zum Vergleich zeigt diese Abbildung die ursprüngliche Spiegelaufhängung links oben.

Die Gesamtleistung des Advanced-LIGO-Systems wird weitgehend durch das Quantenrauschen begrenzt. Die Interferometer erreichen damit die mit bekannter Technologie maximal mögliche Empfindlichkeit.

Die Abbildung auf Seite 111 zeigt einen Vergleich der spektralen Empfindlichkeiten, die mit verschiedenen Gravitationswellendetektoren erreicht werden.

Mit Advanced LIGO gelang eine bemerkenswerte Erweiterung und Verbesserung der Technologie zum Nachweis von Gravitationswellen. Damit nahm das erfassbare Volumen im Universum enorm zu. Da das beobachtbare Volumen mit der dritten Potenz der Detektorempfindlichkeit anwächst, kann mit aLIGO ein 25- bis 100-mal größerer Teil des Kosmos beobachtet werden als mit den ursprünglichen LIGO-Detektoren.

Das erfassbare Raumvolumen von LIGO macht im Vergleich zu aLIGO einen geradezu winzigen Eindruck. Insgesamt werden die Verbesserungen von aLIGO die neuen Interferometer zehnmal empfindlicher machen als ihre Vorgänger. Erfolge haben sich bekanntlich bereits eingestellt: Die erweiterten Detektoren sind so empfindlich, dass sie gleich zu Beginn ihrer Nutzung den ersten direkten Nachweis von Gravitationswellen ermöglichten. Die aLIGO-Detektoren erreichten in wenigen Tagen, was die anfänglichen LIGO-Systeme in neun Jahren Betrieb nicht leisten konnten. Das spricht sehr für die Bemühungen der Wissenschaftler, Techniker und Ingenieure, die seit der ersten LIGO-Generation an diesem Projekt mitgearbeitet und zahlreiche wichtige Verbesserungen und Ideen eingebracht haben.

Dabei sind die aktuellen Interferometer nicht die endgültigen Versionen der LIGO-Anlagen. In den nächsten Jahren werden die Advanced-LIGO-Interferometer weiter verbessert, bis die Geräte voraussichtlich ab dem Jahr 2020 ihre erwartete maximale Designempfindlichkeit erreichen.

Advanced LIGO beendete seine erste wissenschaftliche Datenaufnahmeperiode nach vier Monaten Laufzeit am 12. Januar 2016. Während dieser Zeit war die Empfindlichkeit drei- bis fünfmal höher als die des ursprünglichen LIGO-Aufbaus. Erst die erweiterte Leistungsfähigkeit von Advanced LIGO ermöglichte die Entdeckung des Signals GW150914. Die Vorläufergeneration von LIGO wäre dazu nicht in der Lage gewesen.

Bis an die Grenzen der Quantenphysik

Neben diesen technologischen Verbesserungen sind noch weitere Schritte möglich. Ein tieferliegendes Problem ergibt sich aus der Natur des Lichtes selbst.

Licht kann einerseits als elektromagnetische Welle, andererseits aber auch als fortlaufender Strom von Lichtteilchen betrachtet werden. Die sogenannten Photonen breiten sich mit Lichtgeschwindigkeit aus und stellen gewissermaßen kleinste Lichtenergiepakete dar. Hier betritt wieder Albert Einstein die Bühne der Wissenschaft. Bekanntermaßen hat er den Nobelpreis im Jahr 1921 nicht für die Relativitätstheorie erhalten, sondern für den Nachweis der Quantennatur des Lichts, genauer »für seine Verdienste um die Theoretische Physik und besonders für seine Entdeckung des Gesetzes des photoelektrischen Effekts« .

Die Geschichte des Einsteinschen Nobelpreises ist in vielerlei Hinsicht bemerkenswert. Einstein wurde mehrfach für die Auszeichnung vorgeschlagen, unter anderem von führenden Physikern seiner Zeit wie Max Planck und Arnold Sommerfeld. Ein würdiger Kandidat für den Preis war Einstein allemal. Für die Relativitätstheorie, die ihn weltberühmt gemacht hatte, wollten ihn die verantwortlichen Mitglieder des Nobelpreiskomitees jedoch nicht auszeichnen. Sie erschien zur damaligen Zeit noch zu umstritten. Trotzdem wurde das Komiteemitglied Allvar Gullstrand beauftragt, einen Bericht über die Relativitätstheorie zu erstellen. Gullstrand hatte 1911 den Medizin-Nobelpreis für seine Arbeiten über die optischen Eigenschaften des Auges erhalten. Sein Interesse an der Lichtbrechung war daher eher medizinischer Natur. Mit seinen Zweifeln an der Relativitätstheorie war er damals kein Einzelfall in der Welt der Wissenschaft. Erst andere Physiker konnten das Nobelkomitee durch geschickte Verhandlungen davon überzeugen, dass Einstein die Ehre für seine Arbeiten zum photoelektrischen Effekt zuerkannt werden sollte. Wenn auch Einsteins Beitrag zur Erforschung der Quantennatur des Lichts nie die gleiche Berühmtheit erlangte wie die Relativitätstheorie, so war er doch von grundlegender Bedeutung für die Physik und verdiente zweifellos einen Nobelpreis.

Genau diese Quantennatur des Lichtes ist es nun, die einer weiteren Steigerung der Messgenauigkeit von Interferometern entgegensteht. Das sogenannte Schrotrauschen der Photonen stellt eine fundamentale Grenze für die Empfindlichkeit der kilometergroßen Michelson-Interferometer dar. Besonders im unteren Frequenzbereich bis etwa 150 Hertz wird die Nachweisgrenze durch diesen quantenoptischen Effekt begrenzt. Die einzelnen Photonen prasseln dabei sozusagen in unregelmäßigen Abständen auf den Lichtdetektor. Damit ist das resultierende Signal mit einem permanenten Hintergrundrauschen behaftet.

Obwohl dieses Quantenrauschen eigentlich ein grundlegendes physikalisches Limit darstellt, ist es Wissenschaftlern, unter anderem in Hannover, gelungen, diese Grenze zu durchbrechen. Durch die Verwendung von sogenanntem »squeezed light« brachten sie die Photonen dazu, förmlich im Gleichschritt zu marschieren. Diese Form von elektromagnetischer Strahlung wird auch als nichtklassisches Licht bezeichnet. Klassische Lichtquellen in diesem Sinne sind die Sonne, Glühlampen oder auch Leuchtdioden. Aber selbst der Laser gehört diesbezüglich noch zu den klassischen Lichtquellen.

Nach den Gesetzen der Quantenmechanik unterliegen alle physikalischen Größen des Lichts statistischen Schwankungen. Die Heisenbergsche Unschärferelation besagt, dass man nicht gleichzeitig Position und Geschwindigkeit eines Quantenteilchens mit absoluter Genauigkeit messen kann. Je präziser die Position bekannt ist, desto schlechter wir die Geschwindigkeitsmessung. Eine genaue Bestimmung der Geschwindigkeit wiederum reduziert die Ortsauflösung. Für Lichtwellen bedeutet die Unschärferelation, dass gewisse

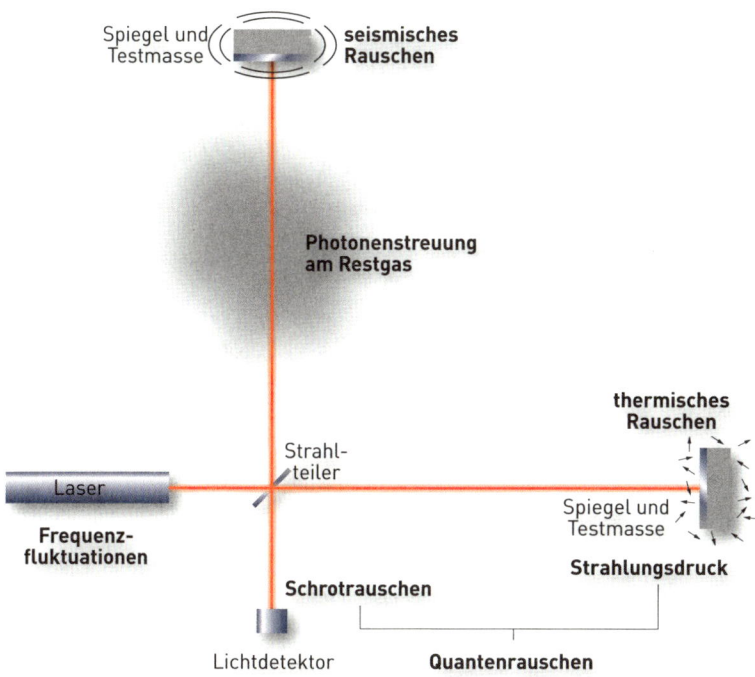

Spiegel und
Testmasse

**seismisches
Rauschen**

**Photonenstreuung
am Restgas**

**thermisches
Rauschen**

Strahl-
teiler

Laser

Spiegel und
Testmasse

**Frequenz-
fluktuationen**

Strahlungsdruck

Schrotrauschen

Lichtdetektor

Quantenrauschen

Abbildung 20: Rauschquellen in einem Gravitationswelleninterferometer

minimale Unsicherheiten in Amplitude und Phase der Lichtwelle unvermeidbar sind. Nach einer der seltsamsten Konsequenzen der Quantentheorie sind elektrische und magnetische Felder auch im Vakuum nicht absolut genau definiert, sondern immer gewissen Fluktuationen unterlegen. Demnach können bestimmte Parameter nicht beliebig minimiert werden. Beispielsweise kann das Produkt der Schwankungen von Amplitude und Phase einer Lichtwelle einen bestimmten Wert nicht unterschreiten.

Bei klassischem Licht stehen die beiden Schwankungsgrößen in einem ausgewogenen Verhältnis. Sie können bei unvoreingenommener Betrachtung als gleich groß angesehen werden. Bei nicht-

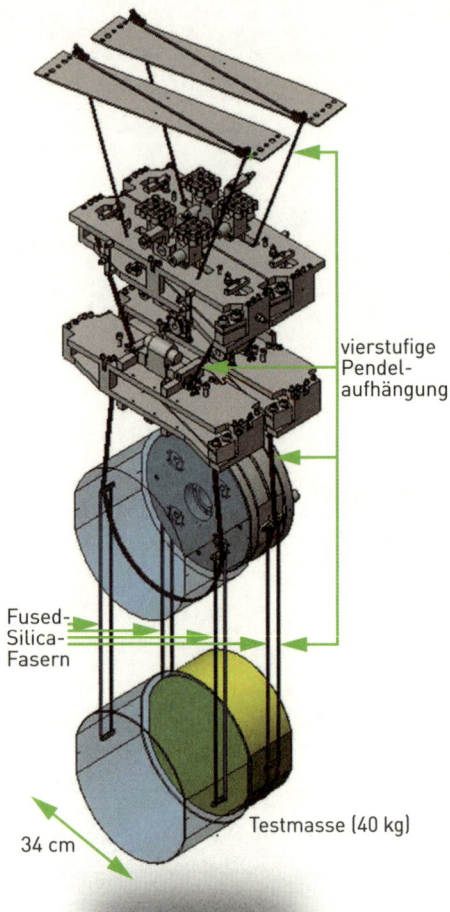

vierstufige
Pendel-
aufhängung

Fused-
Silica-
Fasern

34 cm

Testmasse (40 kg)

Abbildung 21: Die Aufhängung der Testmassen im aLIGO-Detektor. Links oben die Aufhängung der ursprünglichen LIGO-Testmasse.

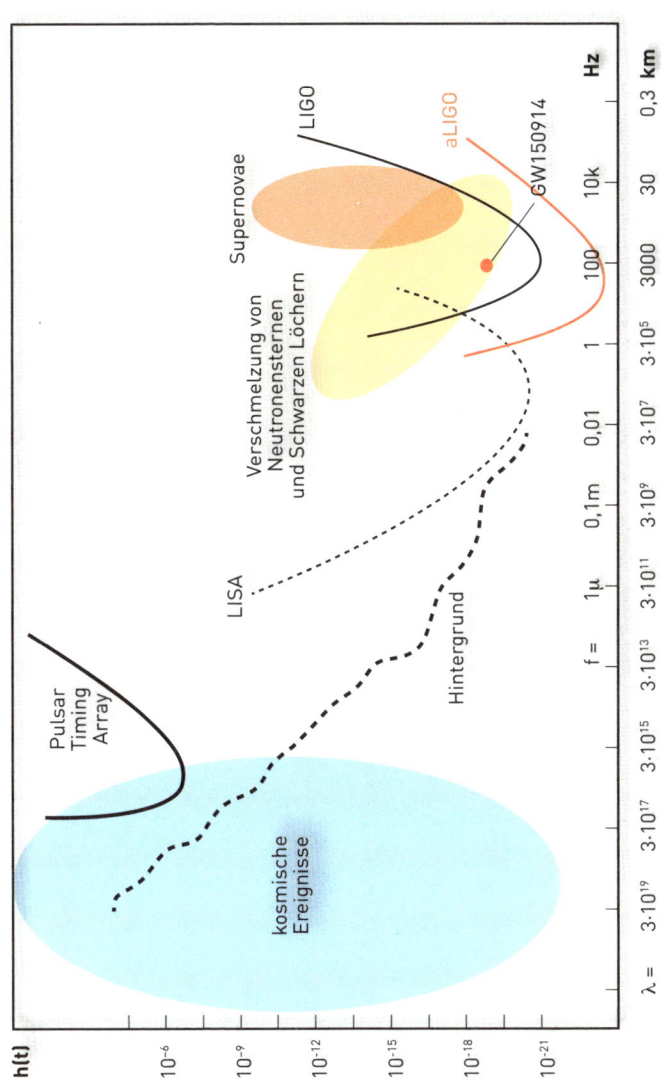

Abbildung 22: Signalamplituden und Nachweisgrenzen verschiedener Gravitationswellendetektoren. Das Weltraum-Interferometer LISA und die Technik der Pulsar-Timing-Arrays werden in nachfolgenden Kapiteln erläutert.

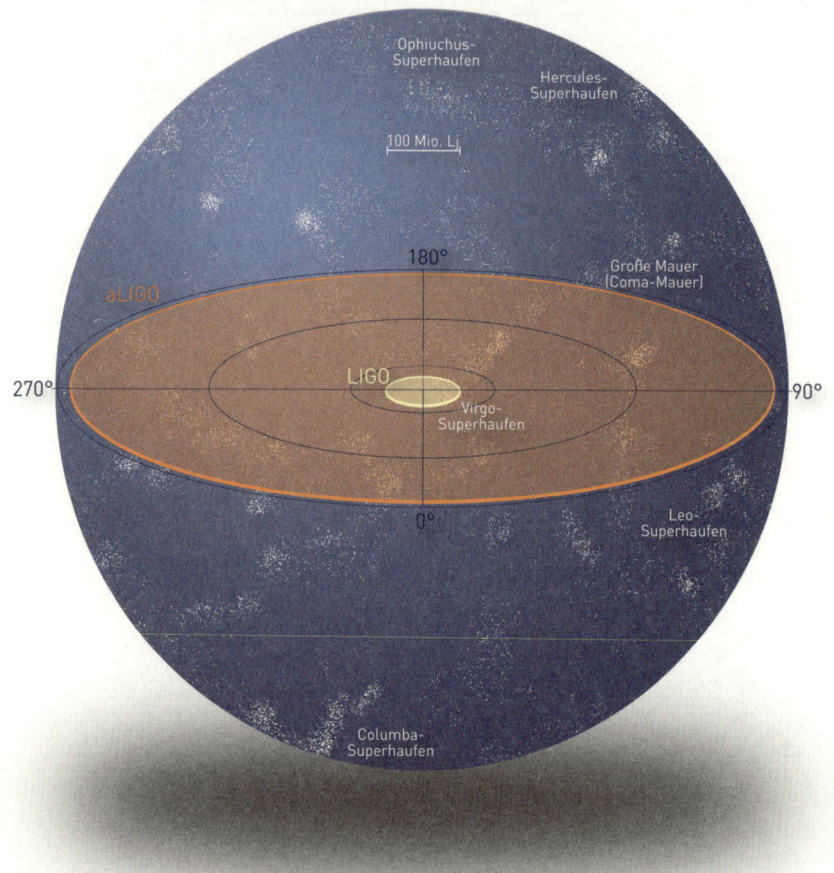

Abbildung 23: Reichweiten von LIGO und aLIGO im Vergleich

klassischem Licht ist eine der beiden komplementären Schwankungsgrößen reduziert, die andere dagegen vergrößert, sodass die Unschärferelation nicht verletzt wird. Eine der beiden Größen wird also gewissermaßen auf Kosten der anderen zusammengedrückt. Daher wird nichtklassisches Licht auch als »gequetschtes Licht« (engl.: squeezed light) bezeichnet.

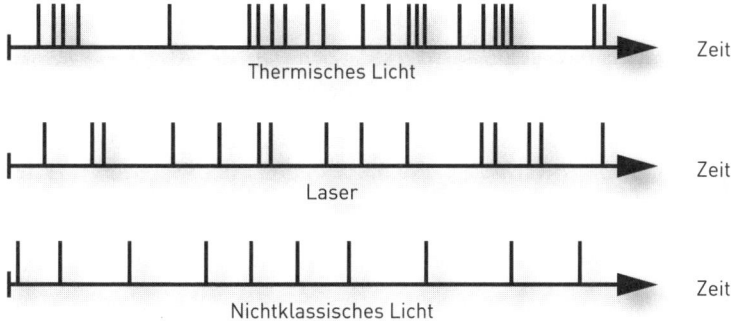

Abbildung 24: »Nichtklassisches« Licht im Vergleich zu Thermischem und Laserlicht

Zu einem anschaulichen Verständnis gelangt man durch das Betrachten der mittleren Photonenzahl in einem vorgegebenen Zeitintervall. Bei Licht gewöhnlicher Lichtquellen schwankt diese stark; die Photonen treten bevorzugt gehäuft, also mit geringem zeitlichen Abstand auf. Den Photonenanhäufungen folgen dann größere photonenfreie Zeiträume. Das verursacht große Intensitätsschwankungen. Die geringsten Häufigkeitsschwankungen von klassischem Licht und damit die geringsten Intensitätsschwankungen zeigt das Laserlicht. Aber auch bei dieser »reinsten« klassischen Lichtquelle sind die Abstände zwischen Photonen nicht völlig gleichmäßig verteilt. Im »gequetschten« Licht ist die Photonenanhäufung dagegen noch geringer als bei Laserlicht. Die Photonen folgen bei dieser Lichtvariante in nahezu gleichen Abständen aufeinander.

Nichtklassisches Licht kann aus Laserlicht unter Einsatz von Methoden der nichtlinearen Optik erzeugt werden. Der experimentelle Nachweis wird durch Photonenzählung ermöglicht. In einem normalen Vakuumzustand sind diese »Nullpunktfluktuationen« völlig zufällig und die Gesamtunschärfe ist gleichmäßig zwischen

Amplitude und Phase verteilt. Durch die Verwendung eines speziellen Kristalls mit nichtlinearen optischen Eigenschaften ist es jedoch möglich, außergewöhnliche Zustände des Lichtes herzustellen.

Dies ist von entscheidender Bedeutung für die weitere Verbesserung der Nachweisempfindlichkeit an den LIGO-Interferometern. Bei Probeläufen unter Verwendung von gequetschtem Licht erreichten die Detektoren die beste Breitband-Empfindlichkeit ihrer Entwicklungsgeschichte.

Die jüngsten Fortschritte bei der Erzeugung von Quantenzuständen mit komprimierten Photonen haben es also ermöglicht, die Empfindlichkeit der Gravitationswellendetektoren auf ein bis dahin beispielloses Niveau zu verbessern.

Mit aufwändigen Verfahren gelingt es, den größten Teil der Unschärfe in nur einer der beiden Variablen zu konzentrieren. Ein optisch nichtlinearer Kristall ist in der Lage, das Licht in einen »gequetschten« Zustand zu drücken. Auf diese Weise können die Phasenschwankungen kleiner werden als die des normalen Lichtes. Zwar werden gleichzeitig die Amplitudenschwankungen größer, aber letzten Endes ist vor allem das Phasenrauschen für ein Interferometer von entscheidender Bedeutung.

Während der Beobachtungsläufe im Jahr 2009 und 2010 wurde die Messgenauigkeit der LIGO-Detektoren nur noch durch das Phasenrauschen beschränkt. In weiten Teilen des Frequenzbereiches war daher die Empfindlichkeit auf relativ schlechte Werte reduziert. Später wurde dann ein nichtlinearer Kristall zusammen mit der erforderlichen Präzisionsoptik am LIGO-Standort Hanford installiert. Damit konnte die Reduzierung der Vakuumschwankungen getestet werden.

Mit dem neuartigen Licht wurde das Rauschen bei Frequenzen oberhalb von 200 Hertz deutlich messbar reduziert. Während dieser Tests erreichte das Hanford-Interferometer eine bessere Empfindlichkeit als alle anderen bisher getesteten Detektoren.

Dieses Experiment war also ein wichtiger Schritt in Richtung einer weiter gesteigerten Messempfindlichkeit. Die ausgezeichneten Resultate beruhten zu wesentlichen Teilen auf Forschungsergebnissen, die am GEO600-Detektor in Deutschland erzielt wurden.

So war GEO600 der erste Gravitationswellenempfänger, an dem die Verfahren zur Erzeugung von »gequetschtem Licht« erprobt wurden. Zudem ist der Aufbau in Hannover der einzige Detektor weltweit, der routinemäßig mit Quetschlicht arbeitet. Auch der Quetschgrad, der bei GEO600 erreicht wird, ist weltweit bislang unübertroffen.

Die Forschungsarbeiten aus der Arbeitsgruppe von Karsten Danzmann sind daher zweifelsfrei wegweisend dafür, wie künftige Gravitationswellendetektoren durch die Nutzung der Quanteneigenschaften von Licht noch empfindlicher gemacht werden können.

KAPITEL 5

Schwarze Löcher im Supercomputer

»Schwarze Löcher haben keine Haare«

John Archibald Wheeler

Nicht nur die Verbesserung der laser-optischen Messverfahren wurde weiter vorangetrieben. Auch ganz andere Gebiete konnten mit erstaunlichen Fortschritten aufwarten. So trugen präzise Modelle für die verschiedenen Gravitationswellenformen wesentlich zu deren Entdeckung bei. Diese Modelle helfen dabei, die extrem schwachen Signale der Gravitationswellen im Hintergrundrauschen zu finden. Das erste Ereignis, GW150914, war zwar so deutlich, dass es auch ohne besondere Suchverfahren entdeckt worden wäre. Eine zweite Welle dagegen war bereits wesentlich schwerer zu finden und wurde erst nach längerer Analyse als reales Ereignis bewertet.

Physiker und Mathematiker haben im Laufe der Zeit mit aufwändigen analytischen Näherungen der Allgemeinen Relativitätstheorie Wellenform-Modelle für die besonders vielversprechenden Quellen von Gravitationswellen entwickelt. Im Vordergrund standen dabei verschmelzende stellare Systeme. Neben der Verschmelzung von Doppelsternen und -pulsaren wurden zunehmend auch zusammenstürzende Schwarze Löcher betrachtet.

Einstein hat mit seiner Quadrupolformel bereits den Grundstein für Berechnungen zur Entstehung von Gravitationswellen gelegt, doch die daraus resultierenden Gleichungen sind äußerst komplex. Nichtlinearitäten und Differentialgleichungen höherer Ordnung entziehen sich schnell den rein mathematischen Methoden. Man spricht davon, dass diese Probleme keine »analytischen« Lösungen haben.

Als Albert Einstein einmal von einem Reporter gefragt wurde, wo sich denn sein Labor befände, griff er in seine Westentasche, holte einen Federhalter hervor und hielt ihn dem erstaunten Zeitungsmann unter die neugierige Nase. Zu dieser Zeit war man von Supercomputern und modernen Simulationsmethoden weit entfernt. In früheren Epochen waren ganze Heerscharen von Assistenten damit beschäftigt, mit Hilfe von Papier und Bleistift, später auch mit Rechenschiebern, numerische Lösungen zu bestimmen.

Erst mit dem Aufkommen moderner Computer änderte sich diese Situation grundlegend. Maschinen sind wie geschaffen für sich stetig wiederholende Rechenabläufe. Wo der Mensch bereits nach kurzer Zeit ermüdet und beginnt, verhängnisvolle Fehler zu machen, kann der Computer Tag und Nacht durcharbeiten, ohne dass sich die Fehlerraten im Geringsten verschlechtern.

Heutzutage stellt die Lösung von komplexen Gleichungssystemen mit aufwändigen Computerprogrammen kein Problem mehr dar. Einerseits stehen ausgeklügelte numerische Verfahren und Programme zur Verfügung, andererseits hat die Rechenleistung aktueller Supercomputer ein geradezu astronomisches Ausmaß erreicht.

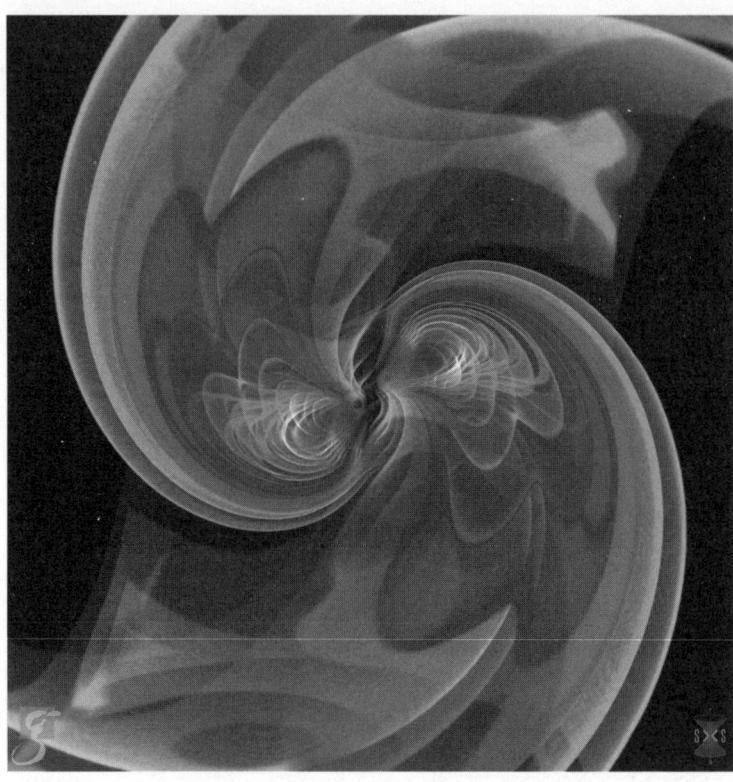

Abbildung 25: Computersimulation einer sich im All ausbreitenden Gravitationswelle. Diese Abbildung sehen Sie auf dem Buchumschlag in Farbe.

Supercluster und eindrucksvolle Farbgrafiken

Moderne Supercomputer wie der Atlas-Cluster am Albert Einstein Institut in Hannover gehören zu den leistungsfähigsten Rechnersystemen weltweit. Das Atlas-System wurde im Mai 2008 eingeweiht und bestand zu Beginn bereits aus über 1300 Quadcore-Prozessoren. Es belegte sogar einen der oberen Ränge in der Top-500-Liste der schnellsten Computer der Welt.

In Deutschland lag der Cluster zeitweilig auf Platz sechs der Computerrangliste. Gemessen am Preisleistungsverhältnis war das Atlas-System sogar weltweit führend. Dafür erhielt das Rechenzentrum im Jahr seiner Inbetriebnahme sogar eine Auszeichnung als beste informationstechnische Lösung des Jahres. Der Supercomputer umfasst inzwischen mehr als 3300 Prozessoren mit jeweils mindestens vier CPU-Kernen. Dazu kommen über 800 Grafikprozessoren. Insgesamt besitzt der Cluster mehre Petabyte Festplattenkapazität. Ein Petabyte entspricht einer Billiarde Bytes oder dem Fassungsvermögen von 1000 Terabyte-Festplatten. Atlas erreicht eine Rechenleistung von etwa 400 Teraflops pro Sekunde: Der Cluster ist in der Lage, 400 Billionen Berechnungen pro Sekunde auszuführen. Damit ist Atlas der leistungsfähigste Computercluster in der LIGO-Kollaboration. Er stellt rund die Hälfte der gesamten in der Gravitationswellenforschung verfügbaren Rechenleistung bereit.

Mittels moderner Supercomputer wie dem Atlas-Cluster kann man problemlos die Bewegung von Planeten, Sternen und ganzen Galaxienhaufen für Jahrmilliarden im Voraus berechnen. Selbst kollidierende Galaxien und die daraus resultierenden Sternverteilungen können mit heutigen Rechenanlagen mit hoher Genauigkeit simuliert werden.

Neben astrophysikalischen Aufgabenstellungen haben auch andere Forschungsfelder in erheblichem Maße von der Entwicklung der Supercomputertechnik profitiert. Klimaforschung und Wettervorhersage, Geophysik und Erdbebenwarnungen, Hydrodynamik, Elementarteilchenphysik, Materialwissenschaften, theoretische Chemie, Bio- oder Plasmaphysik wären ohne moderne Supercluster nicht mehr beherrschbar.

Bei Computersimulationen der Allgemeinen Relativitätstheorie steht man prinzipiell vor demselben Problem wie in den anderen Disziplinen: Die Einsteinschen Feldgleichungen sind hochkomplex. Sie beschreiben, wie Massen die Raumzeit krümmen und wie sich

Objekte aufgrund dieser Krümmung durch den Raum bewegen. Die sich bewegenden Massen führen jedoch zu weiteren veränderlichen Raumzeitkrümmungen. Somit ergibt sich ein System von eng miteinander verwobenen Gleichungen, die analytisch nicht mehr lösbar sind. Mit den Mitteln der numerischen Mathematik ist es jedoch möglich, auch komplexe Situationen wie etwa das Zusammenstürzen zweier Schwarzer Löcher zu simulieren. Neben der Ausgabe von Zahlenkolonnen sind die Supercomputer auch in der Lage, ihre Rechenergebnisse grafisch darzustellen. Mit geeigneter Software lassen sich dann Bilder wie in Abbildung 25 erstellen.

Bevor auf diese Methoden etwas detaillierter eingegangen wird, sollen an dieser Stelle zunächst die exakten Lösungen der Allgemeinen Feldgleichungen betrachtet werden. Diese liefern bereits tiefgehende Einsichten in die Natur Schwarzer Löcher.

Schwarze Löcher als exakte Lösungen der Allgemeinen Feldgleichungen

Die Einsteinschen Feldgleichungen stellen trotz ihrer äußerlich relativ einfachen Form ein kompliziertes System von nichtlinearen, verketteten Differentialgleichungen dar. Ihre exakte Lösung ist deshalb nur in sehr wenigen Spezialfällen und mit geeigneten Vereinfachungen möglich. Trotzdem lassen sich aus den wenigen exakten Lösungen sehr interessante Erkenntnisse über die Struktur von Raum und Zeit gewinnen.

Da die Allgemeine Relativitätstheorie eine geometrische Theorie ist, kann man Lösungen der Feldgleichungen für bestimmte Fälle durch Symmetriebetrachtungen finden. Diese reduzieren die Anzahl der voneinander unabhängigen Gleichungen. Die verbleibenden Systeme sind dann mit wesentlich geringerem Aufwand zu lösen als die ursprünglichen Feldgleichungen.

Eine der ersten Lösungen der Feldgleichungen war die von Karl Schwarzschild gefundene und nach ihm benannte Schwarzschild-Metrik. Er hatte sie 1916 nur wenige Monate nach der Veröffentlichung von Einsteins Theorie entdeckt. Albert Einstein war sehr verwundert darüber, denn die Struktur der nichtlinearen, partiellen Differentialgleichungen erschien selbst ihm so kompliziert, dass er sich eine schnelle Lösung kaum vorstellen konnte. Möglich wurde das Resultat durch seine besonders hohe Symmetrie. Die Schwarzschild-Lösung beschreibt die Raumzeit in der Umgebung einer Punktmasse. Zunächst wurde sie meist als Näherung für die relativistische Beschreibung der Gravitationsfelder von Sternen wie der Sonne verwendet. Später wurde die Lösung dann mit Schwarzen Löchern in Verbindung gebracht. Hier kam der Schwarzschildradius ins Spiel. Vom klassischen Standpunkt aus betrachtet versteht man darunter den Abstand, an dem die Entweichgeschwindigkeit gerade gleich der Lichtgeschwindigkeit wird. Diese Grenze nennt man Ereignishorizont des Schwarzschild-Lochs, weil Informationen von Ereignissen innerhalb dieser Grenze nicht zu einem außenstehen Beobachter vordringen können.

Im Zentrum eines Schwarzen Lochs des Schwarzschild-Typs liefern die Allgemeinen Feldgleichungen eine punktförmige Singularität. Neben anderen Größen wird die Raumzeit-Krümmung an dieser Stelle unendlich groß. Will man den Begriff Singularität exakt mathematisch definieren, zeigen sich schnell ernsthafte Probleme.

An Singularitäten kommen die Gesetze der Physik an ihre Grenzen. Bei Schwarzschild-Löchern erreicht jede in das Loch stürzende Materie die zentrale Singularität. Damit ist die gesamte Masse des Schwarzen Lochs theoretisch auf einen einzigen »mathematischen« Punkt konzentriert. Dies führt auf eine unendliche Materiedichte, die physikalisch betrachtet nicht als sinnvoll angesehen werden kann. Bislang ist keine physikalische Theorie bekannt, die das Verhalten der Materie unter solchen Bedingungen beschreiben könnte.

Moderne Theorien vermeiden Singularitäten, indem sie jedem realen Objekt eine gewisse Minimalausdehnung zuschreiben.

Eine weitere wichtige Tatsache ist die Existenz des Ereignishorizonts. Alle Materie, die sich auf eine geringere Entfernung als dem Schwarzschildradius einem Schwarzen Loch annähert, wird für alle Zeiten dort festgehalten. Nichts kann von dort entkommen, auch nicht Licht oder andere Strahlung. Genau aus diesem Grund sind Schwarze Löcher bei rein klassischer Betrachtung auch absolut schwarz.

Der so entstandene Ereignishorizont ist ein Beispiel für die bereits erwähnte kosmische Zensur, also die Annahme, dass Singularitäten in der Raumzeit immer von Horizonten umgeben sind. Diese verhindern, dass eine Singularität für entfernte Beobachter direkt zu sehen ist. Bislang ist jedoch noch ungeklärt, ob die kosmische Zensur wirklich universelle Gültigkeit besitzt.

Neben der Schwarzschild-Lösung spielt die sogenannte Kerr-Metrik in der Astrophysik eine große Rolle. Sie eignet sich besonders zur Beschreibung rotierender Schwarzer Löcher. Auch in der Kerr-Metrik gibt es einen Ereignishorizont. Allerdings befindet sich innerhalb dieses ersten Horizontes ein weiterer, sogenannter innerer Horizont. Hat ein Körper jedoch auch diesen überquert, so wird er wiederum unaufhaltsam in die Singularität stürzen. Dabei handelt es sich in diesem Fall nicht um einen Punkt, sondern um eine Ringsingularität.

Vermutlich werden die meisten Schwarzen Löcher im Kosmos durch eine Kerr-Lösung zutreffend beschrieben. Beim Kollaps massereicher Sterne können praktisch alle Abweichungen von der sphärischen Symmetrie in Form von Energie, beispielsweise durch die Aussendung von Gravitationswellen, abgestrahlt werden. Der Drehimpuls dagegen bleibt erhalten. Man geht davon aus, dass die meisten Sterne ähnlich wie die Sonne rotieren. Damit müssen auch die aus den Sternen entstehenden Schwarzen Löcher einen entsprechenden Drehimpuls aufweisen. Die meisten Schwarzen Löcher rotieren, da es unwahrscheinlich ist, dass der Drehimpuls des Vorgängerobjekts vollständig abgegeben werden kann. Dieser Abbau des Drehimpulses ist insbesondere bei der Bildung stellarer Schwarzer Löcher nicht zu erwarten.

Im Allgemeinen sorgt eine Verdichtung von Materie mit Drehimpuls immer für eine Erhöhung der Rotationsfrequenz des betreffenden Objekts. Dies folgt aus dem universellen Drehimpulserhaltungssatz, der zum Pirouetteneffekt führt. Und das gilt auch für die vermutlich schon sehr lange existierenden supermassereichen Schwarzen Löcher in den Zentren von Galaxien.

Im Hinblick auf Singularitäten ist die Existenz von mathematischen Punkten ohne jede Ausdehnung in der Natur aus verschiedenen Gründen problematisch. Denn die Quantentheorie, insbesondere die Heisenbergsche Unschärferelation, legt nahe, dass jedes Objekt der Natur eine Minimalausdehnung hat. Aus dieser Perspektive ist die Existenz von Punktsingularitäten, wie sie bei der Schwarzschild-Lösung auftreten, zweifelhaft. Die Allgemeine Relativitätstheorie ist eine klassische, nicht-quantisierte Theorie. Es ist durchaus denkbar, dass Singularitäten Artefakte einer solchen unquantisierten und unvollständigen Beschreibung sind. Hier deutet sich bereits an, dass die beiden großen Theoriegebäude der Physik nicht nahtlos miteinander verbunden werden können.

Allerdings existieren Lösungen von Einsteins Feldgleichungen, die in den Außenbereichen mit der Schwarzschild-Raumzeit übereinstimmen, aber im Innern nicht zu einer Punktsingularität führen. Diese modernen Alternativen sind, soweit heute bekannt ist, mit den Konzepten der Quantenphysik verträglich. Interessanterweise haben diese Lösungen keinen Ereignishorizont – aus diesen Objekten könnte Licht entkommen. In diesem Sinne sind sie also keine echten klassischen Schwarzen Löcher. Zudem hat Stephen Hawking mit seiner bahnbrechenden Arbeit aus dem Jahr 1975 postuliert, dass

Schwarze Löcher im quantenmechanischen Sinne nicht vollkommen schwarz sein können, sondern sich je nach ihrer Masse mehr oder weniger schnell in Strahlung umwandeln.

Im Gegensatz zur klassischen Physik geht man bei der Quantenfeldtheorie davon aus, dass das Vakuum kein vollkommen leeres Nichts ist. Vielmehr erzeugen Vakuumfluktuationen immerwährend virtuelle Teilchen-Antiteilchen-Paare. Solche Paare können sowohl massebehaftete als auch masselose Teilchen wie Photonen sein. Derartige Vakuumfluktuationen existieren auch in der unmittelbaren Nähe des Ereignishorizontes Schwarzer Löcher. Fällt ein Teilchen oder Antiteilchen in das Schwarze Loch, so werden die beiden Partner durch den Ereignishorizont getrennt. Der in das Schwarze Loch fallende Partner wird verschluckt, während das zweite Teilchen als reale Strahlung in den freien Raum entkommen kann. Diese »Hawking-Strahlung« ist für die aktuelle Forschung von besonderem Interesse, da sie als potentielles Testfeld für eine Theorie der Quantengravitation dienen könnte.

Die Gravitationswellenforschung wird zweifellos wertvolle Beiträge zur Erforschung der Eigenschaften Schwarzer Löcher liefern. Die experimentelle Beobachtung von Verschmelzungsprozessen dieser dunklen Masseanhäufungen liefert eine Fülle von Informationen. Es ist sicher nur eine Frage der Zeit, bis neue Resultate die letzten Geheimnisse der schwarzen Giganten lüften werden.

Numeriker, Simulanten und das Lazarus-Projekt

Obwohl die Relativitätstheorie eines der Fundamente der modernen Physik darstellt, ist man auch heute noch weit davon entfernt, die mathematischen Eigenschaften der Einsteinschen Feldgleichungen in allen Details erfassen zu können.

Die Allgemeinen Feldgleichungen sind nur unter sehr speziellen Bedingungen exakt lösbar. Häufig will man aber reale Raumzeit-Situationen verstehen, und das ist mit einem rein theoretischen Ansatz meist nicht mehr möglich. Man muss also numerische Lösungen finden bzw. Simulationsmethoden verwenden, die auf dem Grundgerüst der Allgemeinen Relativitätstheorie aufbauen.

Ein klassisches Beispiel ist die Frage nach den detaillierten Vorgängen, wenn sich zwei Schwarze Löcher immer mehr annähern und schließlich verschmelzen. Prinzipiell sind die Antworten darauf in den Feldgleichungen enthalten. Allerdings existieren bislang keine exakten Lösungen zu diesem Problem.

Mit der Schwarzschild- und der Kerr-Newman-Metrik sind nur für einige wenige Spezialfälle analytische Lösungen der Gleichungen bekannt. Unter allgemeineren Bedingungen wurden bisher keine exakten Lösungen gefunden. Durch die Weiterentwicklung numerischer Methoden konnte das Verhalten der Allgemeinen Relativitätstheorie allerdings auch in Bereichen untersucht werden, die analytisch nicht erfassbar sind. Schwierigkeiten treten allerdings immer dann auf, wenn physikalische Größen wie die Raumzeit-Krümmung oder die Massendichte gegen unendlich streben. Genau das ist aber in der Umgebung von Singularitäten der Fall. Es ist daher problematisch, solche Regionen mit Computersimulationen zu modellieren, ohne dass große Ungenauigkeiten auftreten. Schwarze Löcher enthalten jedoch solche Punkt- oder Ringsingularitäten.

Eine Methode zur Umgehung von Singularitäten besteht darin, sie aus den numerischen Formeln gewissermaßen auszublenden. Wissenschaftler haben verschiedene Methoden entwickelt, die es gestatten, sehr dicht an die eigentliche Singularität heran zu kommen, bevor die Modellrechnungen sinnlose Werte liefern. Bei verschmelzenden Schwarzen Löchern ist dies jedoch nicht praktikabel, da man genau die letzten Momente vor der Verschmelzung verstehen will, bei der sich die Singularitäten besonders nahe kommen.

Entsprechend lange hat es auch gedauert, bis dazu geeignete Methoden entwickelt wurden. Untersuchungen, wie die Gleichungen der Allgemeinen Relativitätstheorie mit numerischen Methoden erfasst werden könnten, begannen bereits vor über 60 Jahren. Damals lag die genaue Struktur Schwarzer Löcher aber noch weitgehend im Dunkeln. Zudem waren leistungsfähige Computer oder Supercluster wie das Atlas-System kaum denkbare Zukunftsmusik. Erst etwa 20 Jahre später wurden nennenswerte Fortschritte erzielt. Mit den damals noch ganz neuen Methoden konnte man aber nur sehr spezielle Fälle untersuchen. Die Modelle der Verschmelzungsprozesse Schwarzer Löcher mussten hochgradig symmetrisch sein, was nur in sehr grober Näherung den realen Bedingungen entspricht.

Die ersten realistischen Berechnungen wurden in den frühen 80er-Jahren vorgelegt. Sie lieferten Resultate für Gravitationswellenformen, wie sie bei der Entstehung eines rotierenden Schwarzen Loch emittiert werden. Dann gab es weitere 20 Jahre lang kaum noch Veröffentlichungen zu numerischen Lösungen der Allgemeinen Feldgleichungen.

Erst kurz vor der Jahrtausendwende konnten mehrere Forschungsgruppen erstmals die direkte, zentrale Kollision zweier Schwarzer Löcher tatsächlich simulieren. Diese Ergebnisse setzten allerdings noch verschiedene Symmetriebedingungen voraus, welche die Allgemeinheit stark einschränkten.

Einer der ersten dokumentierten Versuche, die Einsteinschen Gleichungen in drei Dimensionen zu lösen, konzentrierte sich auf ein Schwarzschild-Loch. Es folgten Simulationen zu statischen und kugelsymmetrischen Lösungen für dieses Objekt. Dies stellte einen ausgezeichneten Testfall für die numerische Relativitätstheorie dar, weil hierfür bekanntermaßen auch eine geschlossene Lösung existiert. So war es nun möglich, numerische Ergebnisse und exakte Lösung zu vergleichen. Damit konnte man erstmals komplexe Simulationen, die eine physikalische Singularität enthielten, direkt überprüfen.

Die ersten Arbeitsgruppen, die diese Lösungen berechneten, wiesen in ihren Veröffentlichungen darauf hin, dass der Fortschritt in der dreidimensionalen numerischen Relativitätstheorie im Wesentlichen durch Computer mit ausreichend Speicher und Rechenleistung bestimmt wird. Limitierungen in dieser Richtung erlaubten zur damaligen Zeit keine hochaufgelösten Berechnungen von vierdimensionalen Raumzeiten-Bereichen. In den folgenden Jahren wurde aber nicht nur die Computertechnik immer leistungsfähiger. Auch die Bemühungen verschiedener Forschungsgruppen in Bezug auf die Entwicklung alternativer numerischer Techniken wurden weiter intensiviert. Insbesondere die Probleme mit physikalischen Singularitäten mündeten in zwei speziellen Verfahren, die sich schließlich als sehr erfolgreich erwiesen.

Die erste Methode ist das sogenannte Ausschlussverfahren (engl.: Excision), das zuerst in den 1990er-Jahren vorgeschlagen wurde. Dabei wird die Singularität mehr oder weniger aus der Simulation herausgenommen. Man geht dabei davon aus, dass alles, was innerhalb eines Ereignishorizonts liegt, prinzipiell keinen Einfluss auf den Rest des Universums haben kann. Damit kann man diesen Bereich aus den Berechnungen ausblenden.

Eine Alternative dazu ist das Einstich-Verfahren (engl.: Punctures). Bei dieser Methode werden Gleichungen, die Singularitäten enthalten, durch analytisch leichter lösbare Formeln ersetzt. Die verbleibenden Gleichungssysteme werden dann numerisch gelöst. Dieses Verfahren ist aber nur effizient anwendbar, falls sich die Singularitäten nicht relativ zueinander bewegen. Bei der Kollision zweier Schwarzer Löcher trifft diese Situation naturgemäß nicht zu.

Erst nach der Jahrtausendwende wurden Methoden entwickelt, um die komplette Kollision und Verschmelzung zweier schwarzer Löcher vollständig im Computer zu simulieren. Zunächst wurde hierfür eine weiterentwickelte Version des Excision-Verfahrens verwendet. Wenig später gelang es aber anderen Arbeitsgruppen, auch mit der Punctures-Methode brauchbare Resultate zu erzielen.

Das sogenannte Lazarus-Projekt aus den Jahren 1998 bis 2005 verdient hier besondere Erwähnung. Im Rahmen dieser Untersuchungen wurden Näherungslösungen und numerische Simulationen kombiniert. Alle bisherigen Versuche, die Einsteinschen Gleichungen für verschmelzende Schwarze Löcher mit Hilfe von Supercomputern zu lösen, waren bis dahin gescheitert. Stets hatten die Rechenverfahren dazu geführt, dass nicht behebbare Programmabbrüche auftraten, bevor auch nur ein einziger vollständiger Umlauf der beiden Partner simuliert war.

Der Lazarus-Ansatz lieferte dann einen hervorragenden Einblick in die Vorgänge, die beim Verschmelzen Schwarzer Löcher eine wesentliche Rolle spielen. Das Verfahren konnte erstmals detaillierte Angaben darüber liefern, wie Gravitationswellen genau abgestrahlt werden. Besonders bemerkenswert ist in diesem Zusammenhang eine interessante Vorhersage, die sich aus diesen Ergebnissen ableiten ließ. Durch detaillierte Berechnungen zum Fusionsprozess wurde klar, dass bei der Verschmelzung von Schwarzen Löchern enorme Energien in Form von Gravitationswellen freigesetzt werden. Die Resultate waren höchst eindrucksvoll und unerwartet. Für kurze Zeit sollten die Energiemengen so groß sein wie die ausgestrahlte Lichtenergie aller Sterne des gesamten Universums! Wie mit GW150914 nachgewiesen wurde, stimmen diese Voraussagen sehr gut mit den tatsächlichen Messergebnissen überein.

Supercomputer und moderne Simulationen hatten es also ermöglicht, präzise Vorhersagen über die Gravitationswellen zu machen, die bei einem bestimmten Ereignis emittiert werden. Durch diese Entwicklung wurde der Nachweis von Gravitationswellen prinzipiell wesentlich erleichtert. Bisher waren die Wissenschaftler davon ausgegangen, dass nur Supernovae oder zusammenstürzende Neutronensterne messbare Signale erzeugen würden. Nun hatten numerische

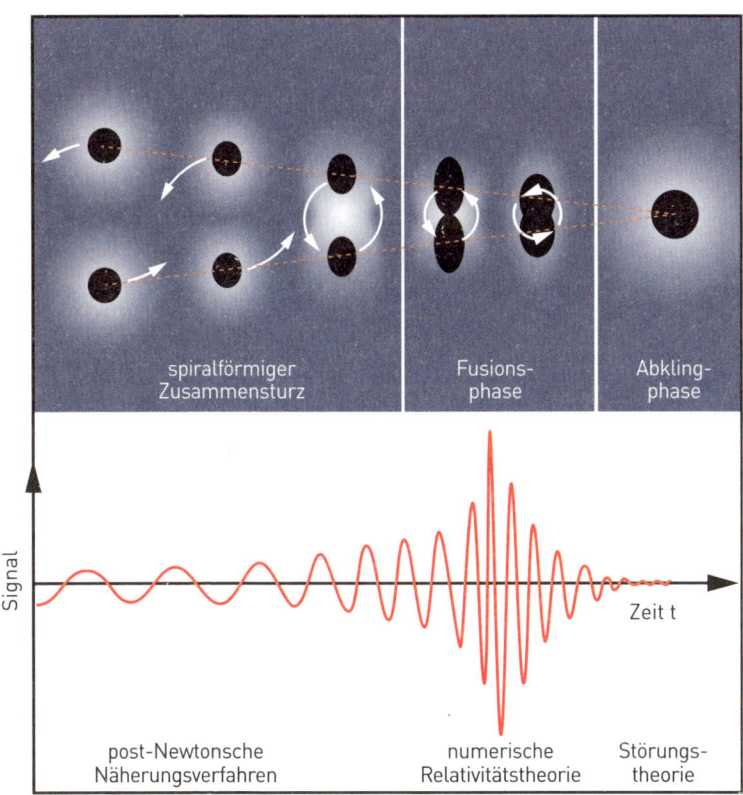

Abbildung 26: Simulation eines Gravitationswellensignals

Simulationen eine neue, sehr vielversprechende Gravitationswellen-Quelle enthüllt, die nur noch auf ihre Entdeckung wartete.

Dennoch war es ein großer Zufall, dass gerade die Verschmelzung zweier massiver Schwarzer Löcher als erstes beobachtet wurde. Genauso gut wäre es möglich gewesen, dass man zuerst ein anderes Ereignis detektiert hätte, beispielsweise die Gravitationswellenfront einer Supernova-Explosion. Diese Wellen sind aber bei Weitem nicht so eindeutig vorhersagbar. Eine Supernova ist ein extrem komplexes

Ereignis, dessen exakter Verlauf immer noch nicht in allen Details verstanden ist. Daher existieren auch keine exakten mathematischen Modelle, die dieses kosmische Großereignis beschreiben.

Im Vergleich zu Supernovae sind Schwarze Löcher recht einfach strukturierte astrophysikalische Objekte. Sie haben eine Masse, einen Drehimpuls und eventuell eine elektrische Ladung. Durch diese drei Parameter kann das Schwarze Loch bereits vollständig charakterisiert werden. Diese Tatsache ist auch als No-Hair- oder Keine-Haare-Theorem bekannt. Damit wird Bezug darauf genommen, dass sich Schwarze Löcher ähneln wie ein Ei dem Anderen oder eben wie ein Kahlköpfiger dem Nächsten. Auch aus diesem Grunde sind die numerischen Methoden hier etwas besser zu handhaben als im Fall von Supernova-Explosionen.

Simulieren geht über studieren

In der Welt der Astrophysik werden Phänomene über die Eigenschaften ihrer Signale erforscht. Weltweit gibt es verschiedene Arbeitsgruppen, die an der theoretischen Beschreibung und der numerischen Simulation von Verschmelzungsvorgängen Schwarzer Löcher arbeiten. Wenn es um die Simulation von derartigen Signalen geht, wird aber überall meist ganz allgemein von »kompakten binären Verschmelzungen« gesprochen. Es gibt mehrere gute Gründe für diese vereinheitlichte Terminologie. Die Signale, welche Schwarze Löcher bei ihrer Verschmelzung erzeugen, unterscheiden sich in der Tat nicht so stark von den Wellenformen, die etwa verschmelzende Neutronensterne erzeugen würden. Im Grunde simuliert man in beiden Fällen einander umkreisende punktförmige Masseobjekte. Bei zusammenstürzenden, extrem kompakten Objekten ist prinzipiell der vollständige Verschmelzungsvorgang beobachtbar. Dieser besteht aus drei einzelnen Phasen (s. Abb. 26 auf Seite 129):

> › Spiralförmiger Zusammensturz
> › Fusionsphase
> › Abklingphase

Alle Systeme, bei denen sich massive Objekte umkreisen, emittieren Gravitationswellen. Allerdings ist die Intensität der Wellen bei relativistischen Geschwindigkeiten, also bei Bahngeschwindigkeiten nahe der Lichtgeschwindigkeit, besonders hoch. Da der Radius des Systems mit der Zeit abnimmt, entsteht beim Zusammensturz das bereits genannte Chirp-Signal. Wenn der Abstand zweier Schwarzer Löcher etwa auf den dreifachen Schwarzschildradius der beteiligten Objekte geschrumpft ist, beginnt die Verschmelzungsphase. Nachdem diese Phase beendet ist, bleibt ein einziges neues Objekt übrig. Hierbei handelt es sich praktisch immer um ein Schwarzes Loch, auch wenn die beiden ursprünglichen Komponenten lediglich Neutronensterne waren.

Man kann sich leicht vorstellen, dass dieses neu entstandene Objekt nach der soeben vollzogenen Fusion keine ideale Kugelgestalt aufweist. Vielmehr entsteht eine komplexe Form, die immer noch an eine Hantel erinnert, wenn nun auch die beiden Gewichte sehr nahe zusammengerückt sind.

Simulationsergebnisse zeigen, dass diese anfänglich verzerrte Form recht schnell in einen endgültigen, stabilen Zustand übergeht. Dieser Übergang wird auch als Abklingphase oder »Ringdown« bezeichnet. Die drei Phasen sind über dem Kurvenverlauf der Simulation als eine Art reales Abbild der Vorgänge dargestellt. Zumindest im Falle von Schwarzen Löchern sollte man dieser Darstellung allerdings nicht zu viel Realitätswert beimessen.

Die Details der Datenanalyse hängen stark davon ab, ob man nach einer vollständigen Verschmelzung sucht oder nur nach der Phase des spiralförmigen Zusammensturzes. Eine besondere Rolle spielt hier die zu erwartende Frequenz der Gravitationswelle. Diese ergibt sich direkt aus der Gesamtmasse des binären Systems. Für weniger massive Systeme, etwa Neutronensterne, treten relativ hohe Frequenzen auf. Sie liegen im empfindlichsten Bereich eines Gravitationswelleninterferometers, sodass eine Suche nach dem Chirp-Signal ausreichend ist.

Auch in extrem massiven Systemen mit stellaren Schwarzen Löchern können Frequenzen auftreten, bei denen die LIGO-Detektoren noch eine hohe Empfindlichkeit aufweisen. Die effektivste Suchmethode erstreckt sich dann über den gesamten Vorgang, also die Spiralphase, das eigentliche Verschmelzen und das Abklingen des Signals.

Aus diesen Überlegungen wurden im Laufe der Jahre verschiedene Suchalgorithmen entwickelt. Wie sich zeigte, waren diese von entscheidender Bedeutung für die Entdeckung des ersten direkt nachgewiesenen Signals in einem optischen Interferometer. Erst diese Algorithmen ermöglichten es, das Ausgangssignal der Interferometer kontinuierlich und effizient zu überwachen. Auch wenn das Signal GW150914 schließlich so klar war, dass man es »mit bloßem Auge« erkennen konnte, wurde es doch zunächst von einem automatischen Suchalgorithmus bemerkt und zur genaueren Untersuchung weitergeleitet.

Die Suche im kosmischen Heuhaufen

Um die Signaturen von Gravitationswellen in den Detektordaten aufzuspüren, müssen einige Voraussetzungen erfüllt sein. Zunächst wird ein Modell für die Signale selbst erstellt und damit ein angepasstes Filter erzeugt, das in der Lage ist, genau die vorgegebene Signalform aus einer Unmenge von Daten herauszufiltern. In einem dritten Schritt wird jede Signalform, die das Filter gefunden hat, bewertet. Die genauen Massen der in Frage kommenden Objekte sind vor der Erfassung des Signals naturgemäß nicht bekannt. Daher müssen Modelle für verschiedene Massen erstellt werden.

In der Anfangsphase des Zusammensturzes kommen dafür sogenannte post-Newtonsche Näherungsverfahren zur Anwendung. Die abschließende Abklingphase kann durch die Störungstheorie erfasst werden. Die eigentliche Verschmelzung erfordert die Anwendung von numerischen Simulationen. Erst die jüngsten großen Fortschritte in der numerischen Relativitätstheorie haben es ermöglicht, die Bahnparameter von binären Schwarzen Löchern bis zur Verschmelzung zu simulieren. Allerdings sind diese Berechnungen selbst mit den besten Supercomputern noch sehr zeitaufwändig und damit entsprechend teuer.

Die Suche mit angepassten Filtern bringt jedoch bei ihrer praktischen Anwendung eine Reihe von Komplikationen mit sich. Zum einen sind die Signalparameter unbekannt, man muss also verschiedene Signalformen in Betracht ziehen. Zudem entspricht das Hintergrundrauschen der Interferometer nicht dem klassischen, sogenannten »Gaußschen Rauschen«. Dieses hört man beispielsweise, wenn man den Verstärker einer schlechten Stereoanlage weit aufdreht, ohne dass ein Tonsignal anliegt.

Bei Gravitationswellenempfängern sind »laute« Störungen dagegen bedeutend häufiger als bei gewöhnlichem Rauschen. Diese Ausreißer im Signal könnten leicht dazu führen, dass bei nicht optimalen Filtern echte Signale übersehen werden. Werden die Filter dagegen zu breit eingestellt, erhält man eine unübersehbare Zahl von Falschmeldungen, jede größere Störung würde als mögliches Gravitationswellenereignis gemeldet. Damit wird auch klar, weshalb man zwei Detektoren benötigt: Ein Signal, das beispielsweise nur am LIGO-Standort Hanford empfangen wird, nicht aber in Livingston, ist mit hoher Wahrscheinlichkeit eine lokale Störung.

Das zweite wichtige Kriterium ist die Signalform bzw. ihr zeitlicher Verlauf. Ein Signal kann nicht von einer Gravitationswelle stammen, wenn es einen vollkommen anderen Ablauf zeigt, als jedes denkbare kosmische Ereignis liefern könnte. Die Signalformen sind von vielen Störungen gut bekannt. So erzeugt etwa ein umstürzender Baum ein charakteristisches Signalbild. Wenn dieses am Ausgang des Detektors auftaucht, kann man es klar identifizieren. Zudem werden derartige lokale Signale auch von den anderen Detektoren an den Standorten der Interferometer erfasst. Winzige Erdbeben etwa können durch Vergleiche mit klassischen Seismometern leicht erkannt werden.

Jedem verdächtigen Signal wird eine Art Schulnote zugeordnet: Messwerte, die mit hoher Wahrscheinlichkeit ein Gravitationswellensignal darstellen, erhalten eine »Eins«, und Strukturen, die wie zufällige Ausreißer erscheinen, werden mit einer »Sechs« bewertet. Auf diese Weise erhält man einen guten Überblick über alle Ereignisse und kann sie gegebenenfalls nochmals individuell analysieren.

Ein grundsätzliches Problem ergibt sich aus der Tatsache, dass man Gravitationswellen nicht abschirmen kann. Was für die Erforschung des Weltraums mittels Gravitationswellen ein großer Vorteil ist, erschwert die Analyse der Datenstatistik. Um mit einem Geigerzähler die Radioaktivität einer Substanz sehr genau zu bestimmen, muss man vor der Messung die sogenannte Nullrate erfassen. Dazu wird die zu untersuchende Probe von einer Bleiplatte abgeschirmt. Die anschließende Messung der Zählimpulse stellt das Nullniveau dar. Dieser Wert wird dann von den Messergebnissen mit offener Probe abgezogen.

Bei Gravitationswellenempfängern ist ein solches Vorgehen nicht möglich, da die Hintergrundrate nicht durch Abschirmungsmaßnahmen gegen Gravitationswellensignale bestimmt werden kann. Daher nutzt man die Laufzeitdifferenz zwischen den beiden Interferometern, um auf Hintergrundsignale zu schließen. Treten Ereignisse mit einem zeitlichen Abstand von mehr als zehn Millisekunden auf, so können diese nicht von Gravitationswellen stammen. Denn der Abstand der beiden Detektoren beträgt ziemlich genau 3000 Kilometer und die Lichtlaufzeit für diese Strecke entspricht eben jenen zehn Millisekunden. Signale, die in einem größeren zeitlichen Abstand bei beiden Interferometern eintreffen, sind langsamer als die Lichtgeschwindigkeit, Gravitationswellen scheiden in diesem Fall als Signalursache aus. Mit diesen und ähnlichen Betrachtungen wurden Methoden entwickelt, um das nicht-gaußförmige Rauschen der Empfänger recht gut zu charakterisieren.

Mögliche Ergebnisse und deren Interpretation

Sobald ein interessantes Signal auftaucht, wird es umfangreich analysiert. Bereits bei den ersten Messperioden von LIGO ab dem Jahr 2002 konnte so viel Erfahrung zur Festlegung von Grenzwerten für reale Ereignisse gewonnen werden. Bei jedem Beobachtungslauf wurden alle auffälligen Signale gewissenhaft registriert. Danach erfolgte eine präzise Analyse der Daten mit allen erdenklichen statistischen Methoden. Auf diese Weise konnte ein Maß für die Empfindlichkeitsgrenze des Messsystems errechnet werden. Daraus erhält man zum Beispiel die größte Entfernung, in der ein Signal von einer Verschmelzung Schwarzer Löcher noch gemessen werden könnte. Und es erlaubt das Abschätzen der Wahrscheinlichkeit, ob die beobachteten Signale tatsächlich aus kosmischen Quellen stammen können.

Durch sogenannte Blindsignal-Einspeisungen wurden sowohl die Gesamteigenschaften des Messsystems als auch die Treffsicherheit der Suchalgorithmen charakterisiert. Aus den Modellrechnungen und Simulationen sind die Signalformen der Gravitationswellen, die Schwarze Löcher bei ihrer gegenseitigen Umrundung und finalen Kollision aussenden, bestens bekannt. Diese Wellenformmodelle werden zur Suche nach verschmelzenden Binärsystemen in den LIGO-Daten verwendet.

Die entscheidende Frage ist, wie sich zufällige Rauschsignale sicher von einem Gravitationswellenereignis unterscheiden lassen. Auch ein völlig stochastisches Rauschsignal kann jede nur mögliche Wellenform annehmen. Genau wie ein Affe, der nur lange genug auf einer Schreibmaschine herumtippen muss, um irgendwann zufällig den Satz »Cogito ergo sum« zu schreiben.

Ein Maß für die Wahrscheinlichkeit, dass eine bestimmte Signalform nicht durch zufällige Rauschprozesse erzeugt wurde, ist die sogenannte Standardabweichung. Sie wird meist mit dem griechischen Buchstaben Sigma (σ) bezeichnet. Je höher der Wert von Sigma ist, desto wahrscheinlicher handelt es sich bei einem Signal um ein echtes Ereignis. Liegt die statistische Signifikanz eines Ereignisses nur bei einem Sigma, dann handelt es sich nur mit einer Wahrscheinlichkeit von 68 % um ein echtes Signal. Eine Signifikanz von fünf Standardabweichungen, also »fünf Sigma«, liefert dagegen eine Sicherheit von 99,999942 %. Dieser Wert ist in der Forschung die Mindestanforderung, ab der von einer Entdeckung gesprochen wird. Bei einer Zuverlässigkeit von fünf Sigma tritt ein bestimmtes Ergebnis nur einmal innerhalb von 3,5 Millionen Messungen per Zufall auf.

So wurde beispielsweise auch beim Nachweis des Higgs-Bosons am CERN erst dann von einer Entdeckung gesprochen, als die Messsicherheit von fünf Sigma erreicht worden war. Streng genommen geben fünf Sigma keine völlige Sicherheit. In der Technik wird daher häufig eine Zuverlässigkeit von sechs Sigma gefordert. Erst dann kann eine »Nullfehlerproduktion« erzielt werden; die Toleranzgrenzen des betreffenden Produktes werden in der Praxis so gut wie nie überschritten.

KAPITEL 6

Was lange währt,
wird endlich gut:
der direkte Nachweis

»We have detected gravitational waves. We did it!«

David Reitze,
Pressekonferenz zum Nachweis von Gravitationswellen,
Washington, D.C., 11. Februar 2016

Im September 2015 nahmen die Laserinterferometer an den beiden LIGO-Standorten ihren Betrieb wieder auf. Bis Anfang Oktober wurden die Detektoren justiert und kalibriert. Wie man sich leicht vorstellen kann, ist ein erheblicher Aufwand nötig, um einen Laserstrahl über Entfernungen von mehreren Kilometern hinweg mit höchster Präzision zu justieren. Darüber hinaus müssen eine Vielzahl von optischen und mechanischen Regelungssystemen exakt eingestellt und optimiert werden. Die hochkomplexen Lasersysteme der beiden Interferometer müssen zuverlässig und präzise funktionieren. Diese Arbeiten erfordern den ganzen Einsatz des gesamten Teams und nehmen viele Tage intensiver Arbeit in Anspruch.

Danach erfolgt eine umfassende Analyse des Hintergrundrauschens beider Detektoren. Jeder einzelne Störfaktor erfordert eine genaue Charakterisierung. Alle möglichen Fehlerquellen müssen so weit wie möglich ausgeschlossen werden. Erst dann kann die eigentliche Analyse des Messsignals beginnen.

Chronik eines historischen Ereignisses

Die lange Geschichte des direkten Gravitationswellennachweises fand ihren vorläufigen Höhepunkt im Februar 2016. Die bedeutenden Ereignisse auf diesem Weg sind zahlreich und führen weit in die Vergangenheit zurück.

Vor 1,3 Milliarden Jahren
Zwei Schwarze Löcher verschmelzen in einem gewaltigen, kosmischen Großereignis. Die Masse von drei Sonnen wird innerhalb weniger Sekundenbruchteile in reine Gravitationswellenenergie umgewandelt.

22. Juni 1916
Erste Vorhersage und mathematische Beschreibung von Gravitationswellen durch Albert Einstein.

1960er-Jahre
Die Renaissance der Allgemeinen Relativitätstheorie setzt sich fort. Man ging nun davon aus, dass in den Zentren aller großen Galaxien Schwarze Löcher zu finden sind.

1969

Joseph Weber erklärt, ihm sei der erste experimentelle Nachweis von Gravitationswellen gelungen. Seine Ergebnisse konnten jedoch nie reproduziert werden.

1974

Joseph Taylor und Russell Hulse entdecken einen Binärpulsar. Die präzise Vermessung der Bahnparameter des Systems liefert Daten, die sich nur durch die Abstrahlung von Gravitationswellen erklären lassen. Für diese Entdeckung erhalten die beiden 1993 den Nobelpreis für Physik.

1980er-Jahre

Die Projekte LIGO, VIRGO und der GEO-Detektor, der ursprünglich über eine Armlänge von 3 km verfügen sollte, werden etwa zeitgleich vorgeschlagen. Zunächst war keineswegs klar, welches Vorhaben finanziell unterstützt werden würde. Ursprünglich galt sogar der deutsche GEO-Entwurf als Favorit. Allerdings zog sich dann das Bundesministerium für Forschung und Technologie aus der Gravitationswellenforschung zurück. Damit wurde der Bau eines mehrere Kilometer großen Detektors in Deutschland unmöglich. In den USA dagegen wurden die dortigen Anträge weiter unterstützt. Rainer Weiss, ein seit 2001 emeritierter Physikprofessor des MIT, sowie Kip Thorne und Ronald Drever, zwei inzwischen ebenfalls emeritierte Professoren für Physik am CalTech, konnten schließlich mit Fördermitteln US-amerikanischer Forschungsstiftungen das Großprojekt LIGO auf den Weg bringen.

1987

Joseph Weber behauptet, Gravitationswellensignale der Supernova 1987A empfangen zu haben. Seine Messungen werden abermals sehr skeptisch aufgenommen.

2002

Die beiden LIGO-Detektoren der ersten Generation und der GEO600-Detektor starten zu Probeläufen, gefolgt von wissenschaftlichen Datenaufnahmeperioden. Dabei werden umfangreiche Erfahrungen gesammelt, die eine präzise Charakterisierung der gewaltigen Interferometer ermöglichen.

September 2014

Vom BICEP2-Experiment wurden angeblich Hinweise auf Gravitationswellen aus dem frühen Universum gefunden. Allerdings zeigt sich rasch, dass exakt identische Signale auch von galaktischem Staub hervorgerufen werden.

Mai 2014

Die LIGO-Detektoren der zweiten Generation nehmen ihren Betrieb auf. Erstmals gelingt es, alle Kontrollsysteme vollständig auf ihre optimalen Arbeitspunkte zu justieren.

Anfang September 2015

Der erste Testlauf von Advanced LIGO wird vorbereitet. In einer Vollversammlung der LIGO-Wissenschaftlergruppe wird davon gesprochen, man sei nun bereit für einen ersten Gravitationswellennachweis und solle sich auf Überraschungen gefasst machen ...

14. September 2015

Kurz vor Mitternacht sollten noch einige Tests an LIGO durchgeführt werden, die aufgrund verschiedener Verzögerungen aber auf den nächsten Tag verschoben wurden.

Die Wissenschaftler und Techniker stellen abschließend fest, dass alle Messeinrichtungen des Interferometers zufriedenstellend arbeiten und man die Interferometer für die Nachtstunden sich selbst überlassen könne.

14. September 2015, 09:50:45 Weltzeit, Livingston, Louisiana

Eine Gravitationswelle, die später als Ereignis »GW150914« Weltruhm erlangen sollte, läuft durch die Messeinrichtung in Livingston.

0,007 Sekunden später

Die Welle wird auch im Interferometer in Hanford aufgezeichnet. Die Zeitdifferenz entspricht exakt der Signallaufzeit zwischen den beiden Detektoren. Anschließend läuft die Gravitationswelle, zunächst unbemerkt von allen Erdbewohnern und nahezu ungeschwächt, weiter in die unermesslichen Weiten des Universums.

14. September 2015, 09:53:51 Weltzeit

Ein Analyse-Algorithmus erkennt GW150914. Das Ereignis wird in der zentralen Datenbank erfasst. Obwohl die Messdaten zunächst als Ausreißer erscheinen, wird die Untersuchung des Signals fortgesetzt. Dadurch werden verschiedene Informationen zu diesem Ereignis per E-Mail versendet.

14. September 2015, kurz vor 12:00 Uhr MESZ, Hannover

Im Albert-Einstein-Institut in Hannover trifft eine der automatisch erstellten E-Mail-Nachrichten ein und besagt, dass in den Detektoren in den USA ein Ereignis registriert wurde. Dies ist zunächst keine besondere Überraschung, denn die Alarmschwelle der Empfänger war so justiert, dass etwa ein Ereignis pro Tag gemeldet wurde. Man geht daher davon aus, dass es sich wieder einmal um eine typische Rauschspitze im Hintergrundsignal handelt. Doch der erste Blick auf die Messdaten offenbart die deutliche Ähnlichkeit des Rohsignals mit den Modellwerten eines verschmelzenden Binärsystems. Aufgrund seiner Stärke sind die diensthabenden Wissenschaftler jedoch davon überzeugt, dass es sich um ein Testsignal handeln muss.

Die Kollegen in den USA werden informiert. Da dort noch Nacht herrscht, ist nur eine Rumpfmannschaft vor Ort. Sie können den Normalbetrieb des Detektors bestätigen und haben keine Kenntnis von der geplanten Einspeisung eines Testsignals.

Ab 15. September 2015
Das Einspeisen von künstlichen Signalen in das System wird zunehmend ausgeschlossen. Erste mutige LIGO-Teammitglieder wagen die Vermutung, es könne sich bei den Messwerten von GW150914 um echte Gravitationswellen handeln. Aufgrund der Erfahrungen aus anderen Projekten wird jedoch absolute Geheimhaltung vereinbart. Noch ist eine bislang unentdeckte Störquelle als Signalverursacher nicht völlig auszuschließen. In Anbetracht der Tatsache, dass mehrere hundert Wissenschaftler an den Arbeiten zur Bestätigung der Echtheit des Signals beteiligt waren, funktioniert die Geheimhaltung hervorragend.

Ende September 2015
Über den Nachrichtendienst Twitter werden erste Gerüchte über den möglichen direkten Gravitationswellennachweis verbreitet. Sie stammen nicht von einem der unmittelbar am Projekt beteiligten Wissenschaftler, sondern von einem Mitarbeiter der Arizona State University, der die Vorgänge selbst nur vom Hörensagen kennt.

Januar 2016
Die Gerüchte verdichten sich. Es heißt, Informationen bezüglich des Gravitationswellennachweises seien von unabhängigen Quellen bestätigt worden.

11. Februar 2016, 10:30 Ortszeit, Washington, D. C.
»We have detected gravitational waves. We did it!« sind die Worte, mit denen David Reitze, Direktor am LIGO, auf der Pressekonferenz

in Washington die Entdeckung offiziell verkündet. Die Nachricht geht um die ganze Welt.

12. Februar 2016

Einen Tag nach der Pressekonferenz erscheint in der renommierten Fachzeitschrift *Physical Review Letters* ein Artikel, dessen Autorenliste über 1000 Namen umfasst. In diesem Fachbeitrag wird die Entdeckung mit allen Details beschrieben.

Was wurde wirklich bewiesen?

Man kann die Frage stellen, was mit dem Gravitationswellenereignis GW150914 erreicht oder damit »bewiesen« wurde. Dazu muss man zunächst festlegen, was ein Beweis im naturwissenschaftlichen Sinn überhaupt sein soll.

In der Mathematik ist die Antwort relativ klar. Die reine Mathematik lebt von Beweisen. Jede Vorlesung über Mathematik verläuft im Stil »Satz – Beweis, Satz – Beweis, …« Es werden also möglichst allgemeine mathematische Sätze aufgestellt und dann bewiesen. Ein Sachverhalt wird auf bekannte oder allgemein akzeptierte Grundlagen, sogenannte Axiome, zurückgeführt. Ein Beispiel ist der bekannte Satz von der Winkelsumme im Dreieck. Sie beträgt auf einer ebenen Fläche stets exakt 180°. Der Satz kann zurückgeführt werden auf das Grundaxiom, dass sich zwei parallele Geraden niemals schneiden.

In der Physik dagegen liegen die Dinge etwas anders. Hier kann prinzipiell eine Tatsache niemals im mathematischen Sinne bewiesen werden. Vielmehr geht es um das Erstellen von Modellen. Wenn ein Modell mit realen Daten übereinstimmt, dann beschreibt es den Sachverhalt offenbar gut. Aber damit ist noch nicht bewiesen, dass das Modell wirklich »stimmt«.

Tauchen Daten auf, die nicht mit den Vorhersagen eines Modells in Einklang zu bringen sind, dann muss das Modell verworfen werden. Oder die Daten selbst sind als zweifelhaft zu betrachten, falls das Modell bereits durch andere Untersuchungen in umfassender Weise gestützt wird. Eine Theorie, die bereits durch viele experimentelle Daten bestätigt wurde, genießt ein hohes Vertrauen, und man geht davon aus, dass es die Realität hervorragend beschreibt.

Klassische Beispiele für allgemein akzeptierte Modelle sind die beiden großen Theorien der Physik: Die Relativitätstheorie und die Quantenmechanik. Für beide gibt es umfassende Messdaten, und bislang wurden keine ernstzunehmenden experimentellen Ergebnisse bekannt, die im Widerspruch zu den beiden Theorien stünden. In diesem Sinne bildet auch der Gravitationswellennachweis nur einen weiteren Stützpfeiler für die Allgemeine Relativitätstheorie.

Bei strenger Betrachtung hat LIGO die Existenz von Gravitationswellen also nicht bewiesen. Auch war es nicht der erste Nachweis von Gravitationswellen überhaupt. Bereits im Jahr 1993 erhielten Hulse und Taylor den Nobelpreis für Physik für den Existenznachweis von Gravitationswellen, als sie zeigen konnten, dass die Umlaufzeit des Doppelpulsars PSR 1913+16 kontinuierlich abnimmt.

Was war also so neu an der Entdeckung vom 14. September 2015? Gravitationswellen wurden dort erstmals »direkt« nachgewiesen. Was genau ist eine direkte Messung? Beobachtet wurde die unfassbar kleine relative Bewegung von Spiegeln, die vier Kilometer voneinander entfernt waren. Genau wie Atome kann man auch Gravitationswellen nicht direkt »sehen«. Allerdings ist die Beweislast erdrückend. Die Signale entsprachen genau jenen Wellenformen, die man für das Verschmelzen entsprechend massiver Schwarzer Löcher erwartet. Die Messungen stimmen mit ausgezeichneter Genauigkeit mit den Vorhersagen der Allgemeinen Relativitätstheorie überein.

Man kann also nicht umhin, das Ereignis »jenseits allen vernünftigen Zweifels« als großartige Entdeckung zu akzeptieren. Alles an-

dere hieße, eine diesbezügliche Debatte auf das Niveau der phäno-
menologischen Diskussion in John Carpenters Kultfilm »Dark Star«
zu reduzieren. Zusätzlich untermauert wird der Nachweis durch ein
solides Fundament statistischer Aussagen.

Stimmt es diesmal? – Statistik und Datenanalyse

Nach den vielen, sich über Jahrzehnte erstreckenden Falschmeldungen musste man jetzt auf Nummer sicher gehen. Die Signale wurden
einer umfassenden Analyse unterzogen. Jede mögliche Fehlinterpre-
tation sollte ausgeschlossen werden. Natürlich wollte man soweit wie
möglich auch ausschließen, dass allein ein Wackelkontakt an einer
Steckverbindung zu einer scheinbaren Sensationsmeldung führt ...

Die Anlagen liefern im laufenden Betrieb eine riesige Datenmen-
ge. Das Herausfiltern von echten Signalen aus dem Untergrundrau-
schen ist daher keine triviale Aufgabe, sondern eine große Herausforderung. Umfangreiche und ausgeklügelte Signalverarbeitungs-
methoden sind erforderlich, um die Spreu vom Weizen zu trennen.

Schließlich wurde das Ereignis GW150914 von zwei verschiedenen Suchalgorithmen erkannt. Die erste Methode zielte darauf ab,
Signale aus der Verschmelzung von kompakten Objekten zu erfassen. Die zu erwartenden Wellenformen sind dabei aus der Allgemeinen Relativitätstheorie bekannt. Das andere Suchverfahren stützte
sich auf ein breites Spektrum von allgemeinen, zeitlich begrenzten
Signalen. Dabei werden nur minimale Annahmen über die Wellenform vorausgesetzt. Die beiden Suchalgorithmen verwenden also
weitgehend unabhängige Methoden. Auf diese Weise sind sie in der
Lage, unterschiedliche Signalformen im Detektorrauschen zu erkennen. Starke Signale, wie sie die Fusion von Schwarzen Löchern
erzeugt, können jedoch von beiden Suchmethoden erfasst werden.

Die Algorithmen akzeptieren nur Ereignisse, die an beiden Detektoren gemessen werden. Dabei wird die Laufzeit des Gravitationswellensignals zwischen den Interferometern, die maximal eine Hundertstelsekunde betragen kann, berücksichtigt. Jedem verdächtigen Signal wird ein bestimmter Wert zugeordnet, der die Wahrscheinlichkeit charakterisiert, dass es sich um eine Gravitationswelle handelt. Zudem werden mit aufwändigen Verfahren gleichzeitig alle möglichen Störquellen erfasst, die zum Hintergrundrauschen beitragen.

So haben einige Rauschquellen eine charakteristische Signatur und man kann sie daher relativ gut aus dem Signal herausfiltern. Periodische Störungen, etwa die 60-Hertz-Frequenz des amerikanischen Stromnetzes, sind so leicht zu identifizieren. Aber auch der Einfluss des Brandungsrauschens einer entfernten Küste oder der LKW-Verkehr auf einem nahegelegenen Highway kann so erkannt werden. Über aufwändige Analyseverfahren wird das Hintergrundrauschen der gesamten Anlage vermessen und entsprechend charakterisiert. Da man Gravitationswellen nicht abschirmen kann, ist es nur auf diese Weise möglich, das Nullsignal möglichst exakt zu bestimmen.

Basierend auf all diesen Erkenntnissen lieferte die Suchmethode, welche ohne spezielle Annahmen über Signalformen auskommt, eine Signifikanz von 4,6 Sigma; statistisch gesehen tritt bei diesem Suchverfahren nur alle 22.500 Jahre ein Fehlalarm auf.

Legt man den Algorithmen wie in der zweiten Suchmethode bekannte Signalformen zugrunde, dann wird es sogar noch unwahrscheinlicher, dass die Werte vom 14. September 2015 nur fälschlicherweise als echte Gravitationswellensignatur erkannt wurden. In diesem Fall ergibt sich eine Fehlalarmrate von einem Ereignis in über 200.000 Jahren; das entspricht einer statistischen Signifikanz von 5,1 Sigma. Damit übertraf das Ereignis also die für eine Anerkennung als echte Entdeckung notwendige Grenze von fünf Sigma.

Wie ernst die Forschergruppen die wissenschaftliche Sorgfalt dieses Mal nahmen, zeigt sich auch an der Zeit, bis die Entdeckung offiziell bekannt gegeben wurde. Die berühmt gewordene Messperiode begann Anfang September 2015. Erst am 5. Oktober war das Hintergrundrauschen der beiden Detektoren in Hanford und Livingston ausreichend charakterisiert. Danach startete die Datenanalyse. Es dauerte somit fast ein halbes Jahr, bis die Entdeckung im Februar 2016 den Weg an die Öffentlichkeit fand.

Ganz bemerkenswert ist in diesem Zusammenhang auch, wie gut die Geheimhaltung funktionierte. Denn am Gravitationswellenprojekt sind über 1000 Wissenschaftler und Techniker beteiligt, die seit der Entdeckung im September 2015 Zehntausende E-Mails ausgetauscht haben, in denen das Signal und seine Auswirkungen erwähnt wurden. Nur über den Mitarbeiter einer US-amerikanischen Universität drangen via Twitter wenig konkrete Gerüchte an die Öffentlichkeit, alle direkt involvierten Personen behielten eisern Stillschweigen.

Vermutlich hatte man aus schlechten Erfahrungen gelernt. Insbesondere seit dem peinlichen Missgriff der BICEP2-Beteiligten und ihren vorschnellen Behauptungen war man wohl sehr vorsichtig geworden.

Das Milliarden-Dollar-Signal

Insgesamt wurden in das Gravitationswellenprojekt weit über eine Milliarde Dollar investiert. Diese enormen Kosten hatten LIGO eine sehr schwere Geburt beschert. Von Anfang an war klar, dass hier hunderte Millionen Dollar auf dem Spiel standen. Ein Budget dieser Größenordnung kann sich auch auf andere Forschungsbereiche auswirken. Diese mussten, falls LIGO genehmigt würde, mit finanziellen Kürzungen rechnen. Als sich LIGO schließlich noch als geplantes »Observatorium« bezeichnete, fühlten sich viele beobachtende Astronomen auf den Schlips getreten. Sie konnten förmlich fühlen, wie die neue Konkurrenz finanzielle Mittel aus ihren eigenen Projektkonten absaugte. Auch renommierte Forscher aus anderen astrophysikalischen Fachgebieten hielten es zudem für sehr unwahrscheinlich, dass ein Gravitationswellensignal nennenswerte Informationen liefern würde, sofern man es überhaupt jemals empfangen könnte.

Viele Wissenschaftler waren der Meinung, man sollte besser abwarten, bis preisgünstigere Verfahren zur Verfügung stünden. Kilometerlange Interferometer erschienen einfach zu teuer und zu aufwändig für diese Art von Messung. Frühzeitig setzte man auch Hoffnungen auf radioastronomische Verfahren. Deren Messeinrichtungen waren in Form von riesigen Radioteleskopen immerhin bereits vorhanden und man musste »nur noch« neue Methoden finden, um damit Gravitationswellen nachzuweisen.

Anfang der 1990er-Jahre wurde dem LIGO-Projekt sogar die Aufnahme in eine Liste der zukünftigen astronomischen Projekte mit hoher Priorität verweigert. Auch die National Science Foundation der USA lehnte zunächst alle Entwürfe für LIGO ab. Erst nach jahrelangen, zähen Verhandlungen erhielt man das erforderliche Startbudget.

Angesichts der enormen Kosten kann man sich auch im Nachhinein die Frage stellen, ob dieser Aufwand gerechtfertigt war. Zunächst ist allein der direkte Nachweis von Gravitationswellen eine hervorragende wissenschaftliche Leistung. Schließlich wurde damit eine der letzten großen Voraussagen der Allgemeinen Relativitätstheorie bestätigt. Allerdings wäre der hohe Aufwand sicher nicht gerechtfertigt, wenn das alleinige Ziel der Gravitationswellenforschung der direkte Nachweis gewesen wäre. Diese Entdeckung markiert somit keinesfalls das Ende der Bemühungen, sondern ist ein Startpunkt für eine neue Ära in der Astrophysik.

In der inzwischen berühmten Veröffentlichung vom 12. Februar 2016 ist das zentrale Ereignis, also das »Milliarden-Dollar-Signal«, in einer einzigen Grafik zusammengefasst. Die Abbildung auf Seite 150 zeigt diese im Original.

Diese Abbildung ist aufgrund der Fülle von Informationen in mehrere Einzelgrafiken unterteilt. In der linken Spalte sind die Ergebnisse des Detektors in Hanford, in der rechten Spalte die aus Livingston zusehen.

In der oberen linken Grafik zeigt eine rote Kurve einen Signalausschnitt aus Hanford. Hier ist die relative Längenänderung der Messstrecke in ihrem Zeitverlauf dargestellt. Die zugehörige Zeitachse ist ganz unten im Bild angegeben. Deren Nullpunkt wurde auf den Ankunftszeitpunkt des Signals gelegt. Dafür wählte man den Zeitpunkt 9:50:45 Uhr Weltzeit am 14. September 2015. Diese Festlegung ist etwas willkürlich, da das Signal ja keinen exakt definierten Anfangspunkt hat. Zunächst erkennt man im Signal auch nur das Hintergrundrauschen des Detektors. Dann aber wird ein zunehmend deutlicher Wellenzug sichtbar. Die Signalamplitude nimmt zu, die Frequenz wird höher. Schließlich bricht das Signal relativ schnell ab.

Die Messwerte aus Livingston sind rechts daneben in Blau dargestellt. Zusätzlich wurde hier das Hanford-Signal in hellerem Rot unterlegt. Das Hanford-Signal ist in der Zeit verzögert eingezeichnet, da die Signale, bedingt durch die Signallaufzeit zwischen den beiden Empfängern, um etwas weniger als sieben Millisekunden auseinanderlagen. Das Hanford-Signal ist in diesem Diagramm zudem invertiert dargestellt. Dies war erforderlich, da die Detektoren ihre jeweiligen Signale bedingt durch ihre Ausrichtung zueinander und aufgrund der Erdkrümmung unter verschiedenen Winkeln empfangen.

Unter den Originalsignalen folgen numerische Simulationen. Diese wurden auf Basis der Allgemeinen Relativitätstheorie erstellt. Die in den ursprünglichen Farben der Messsignale dargestellten Resultate der relativistischen Simulationen wurden dabei zusätzlich mit

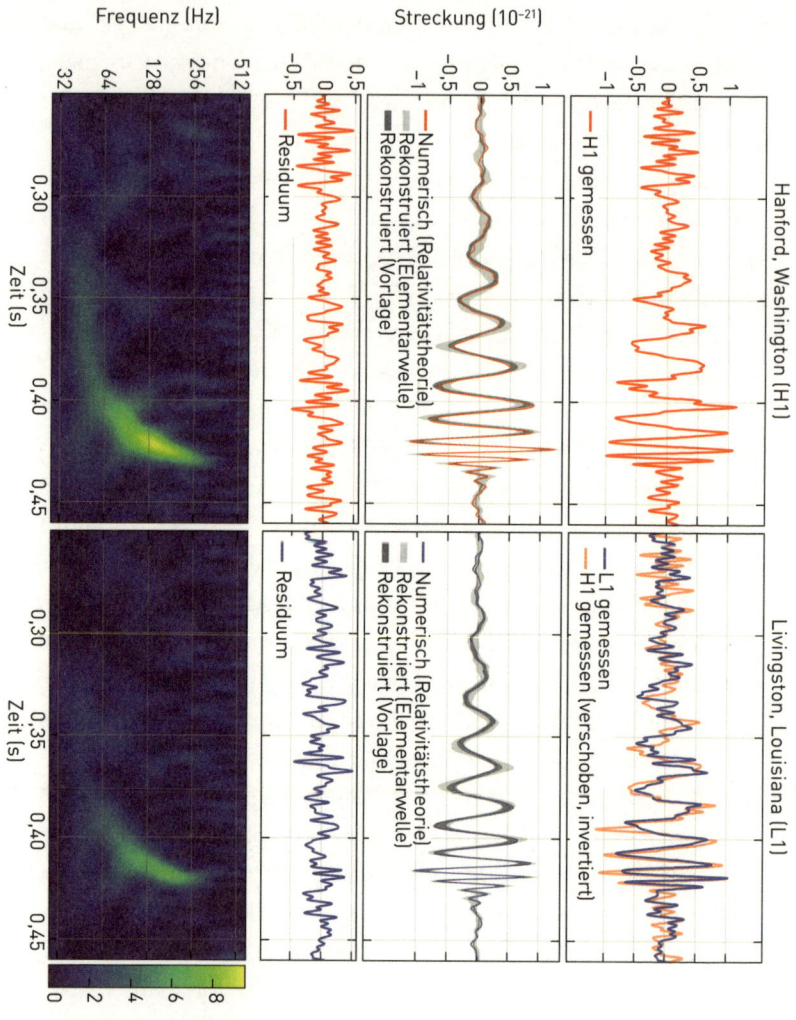

Abbildung 27: Die Originalsignale der Gravitationswelle GW150914

grauen Signalrekonstruktionen hinterlegt. Dabei wurde mit jeweils unterschiedlichen mathematischen Verfahren versucht, die Simulationsergebnisse optimal an den gemessenen Wellenzug anzupassen. Darunter folgen die Signalformen, die sich ergeben, wenn man die simulierten Wellenformen von den Originalsignalen subtrahiert. Hiermit soll demonstriert werden, dass in diesem Falle nur noch das statistische Hintergrundrauschen erkennbar ist.

Für die Signalrekonstruktionen wird angenommen, dass ein spezielles Signal auf den Detektor trifft. Dann wird versucht, dieses Signal als Summe von genau definierten Teilsignalen darzustellen. Dabei greift man im ersten Fall, der sogenannten Wavelet- oder Elementarwellen-Analyse, auf bestimmte Basisfunktionen zurück, die speziell für die Suche nach Gravitationswellen erstellt wurden. Diese sind hellgrau unterlegt eingezeichnet. Die andere Methode ist als dunkelgraue Hinterlegung zu sehen und in der Grafik mit »Vorlage« bezeichnet. Hierfür wurden allgemeinere Basisfunktionen genutzt. Zusätzlich fließen auch noch die statistischen Modellierungen für das Detektorrauschen in die Analysen mit ein.

Die Aufgabe besteht nun darin, herauszufinden, wie die Basisfunktionen aussehen müssen, damit sie das Signal einschließlich des Hintergrundrauschens am besten wiedergeben. Diese Methode wird auch als Maximum-Likelihood-Abschätzung bezeichnet. Aus den damit bestimmten Basisfunktionen wird dann das Originalsignal rekonstruiert. So wird die hervorragende Übereinstimmung mit dem roten Wellenzug, also der numerischen Simulation der Kollision, deutlich sichtbar. Der unterste Teil des Bildes zeigt eine sogenannte Zeit-Frequenz-Darstellung. Hier ist die Signalfrequenz gegen den Zeitverlauf aufgetragen. Die Farbe gibt die Amplitude des Signals an, von dunklem Blau für 0 % bis zu hellem Gelb für 100 %. Auf diese Weise ist das Ereignis deutlich vom Rauschuntergrund zu unterscheiden. Zudem erkennt man, dass das Maximum des Signals bei einer Frequenz von 130 Hz erreicht wurde.

Das Milliarden-Dollar-Signal enthält eine erstaunliche Vielfalt an Informationen. Noch eindrucksvoller wird das Ergebnis allerdings, wenn man sich genauer ansieht, welche weitreichenden Erkenntnisse die beteiligten Wissenschaftler aus diesem Signal gewinnen konnten.

Astrophysikalische Detektivarbeit

Aus dem nur 0,2 Sekunden lang währenden Gravitationswellensignal konnte eine große Menge an Informationen extrahiert werden. Bei dieser kurzen Zeitspanne fühlt man sich an die Methode des Kaffeesatzlesens erinnert. Denn es waren ja nur wenige Wellenzüge, die aus dem Meer des Hintergrundrauschens auftauchten. Aber das Signal war glücklicherweise so deutlich ausgeprägt, dass man es mit bloßem Auge im Datenstrom des Interferometers hätte erkennen können. Im Gegensatz zu Messungen an Teilchenbeschleunigern, etwa zum Nachweis des Higgs-Bosons, ist es bei einem Gravitationswelleninterferometer möglich, das Empfangssignal direkt anzuzeigen. Ein geschultes Auge kann bereits im unverarbeiteten Messsignal erkennen, dass der Fingerabdruck von zwei verschmelzenden Schwarzen Löchern eingefangen wurde.

Das Signal von GW150914 sah fast zu gut aus, um wahr zu sein. Zunächst vermutete man, es könnte zu Testzwecken in die Detektoren eingespeist worden sein. Mit unangekündigten Testsignalen überprüfen die beteiligten Physiker, ob alle Instrumentenkomponenten und Datenanalysemechanismen wie gewünscht funktionieren. Nur eine kleine Gruppe von Wissenschaftlern hat die Möglichkeit, diese Signale im System zu erzeugen. Und die Prüfer informieren den Rest der Arbeitsgruppe über die Einspeisung des Testsignals erst dann, wenn es ihnen bei der Signalauswertung aufgefallen ist. So wird sichergestellt, dass allen Signalen stets die notwendige Aufmerksamkeit zukommt. Doch nach eingehender Untersuchung stand schließlich fest, dass das Signal GW150914 seinen Ursprung tatsächlich in den Tiefen des Universums hatte. Damit begann die Arbeit für die Signalformspezialisten. Unter Verwendung numerischer Simulationen und all den Möglichkeiten, die moderne Supercomputer bieten, wurden die Signale analysiert.

Für die Suche selbst werden die bereits beschriebenen speziell angepassten Filter verwendet. Diese gestatten es, auch weniger deutliche Signale aus dem Datenstrom der Messungen herauszufiltern. Die Methode der angepassten Filter ist jedoch nur für die erste Identifizierung interessanter Signale optimiert; sie liefert ungefähre Schätzungen für die Parameter einer Gravitationswellen-Quelle. Ist das Signal also erst einmal erkannt, muss man andere Verfahren einsetzen. Man greift dann auf präzise und auf der Allgemeinen Relativitätstheorie basierende Modelle zurück.

Mit Anpassungen an die numerischen Simulationen wird es möglich, Aussagen über die ursprüngliche Masse der beteiligten Schwarzen Löcher zu machen. Auch die Bahndaten in den letzten Sekunden vor der eigentlichen Verschmelzung können so exakt ermittelt werden. Schließlich wird daraus die Masse des neu entstandenen Objekts bestimmt. Auch der Eigendrehimpuls bzw. seine Rotationsdauer können berechnet werden. Aus dem Massenunterschied zwischen den beiden ursprünglichen Objekten und dem finalen Schwarzen Loch ergibt sich die bei der Verschmelzung freigesetzte Energie. Ein erster Schritt in dieser Signalanalyse ist die Extraktion eines Kurvenverlaufs aus.den Rohdaten des Messsignals. Die Abbildung auf Seite 154 zeigt einen solchen Kurvenzug.

In diesem unscheinbaren Signal sind alle Daten enthalten. Der Massenverlust des Systems wurde daraus zu drei Sonnenmassen bestimmt. Im Vergleich zu den 62 Sonnenmassen des dabei entstandenen Schwarzen Lochs mag dies gering erscheinen. Bedenkt man jedoch, dass diese Masse vollständig in Energie umgewandelt wurde, ergibt sich eine nahezu unvorstellbare Energiemenge.

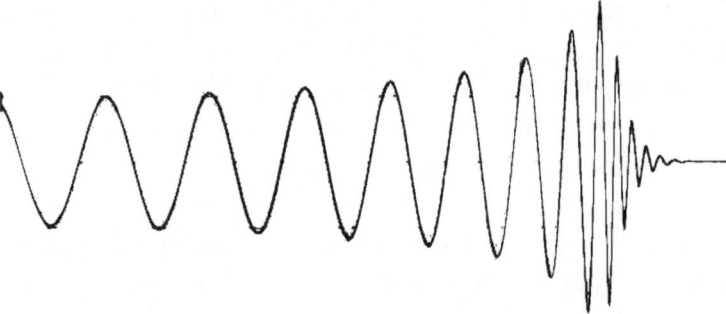

Abbildung 28: Der aus dem Messsignal extrahierte Kurvenverlauf

In der letzten Sekunde vor der eigentlichen Fusion setzte das Ereignis mehr Energie frei als alle anderen bis dahin bekannten kosmischen Katastrophen. Die größte Strahlungsleistung trat innerhalb von nur 0,2 Sekunden auf und hat in diesem kurzen Zeitraum mehr Energie abgestrahlt als alle Sterne des Universums zusammen im gleichen Zeitabschnitt! Das System erreichte eine Spitzen-Gravitationswellen-Leuchtkraft von $3,6 \times 10^{56}$ erg/s, das entspricht rund 4×10^{49} Watt. Die Tabelle auf Seite 155 fasst die wichtigsten Kenngrößen des gigantischen Ereignisses zusammen.

Mit dem Ereignis GW 150914 wurde somit auch die Existenz von stellaren Schwarzen Löchern mit mehr als 25 Sonnenmassen nachgewiesen. Derartige Massen konnten bislang, wenn überhaupt, nur sehr schwer durch indirekte astronomische Beobachtungen erfasst werden. Entsprechend groß waren die Messunsicherheiten. Von einem klaren Nachweis konnte daher bislang kaum gesprochen werden.

Auch die Tatsache, dass Schwarze Löcher innerhalb einer sogenannten Hubble-Zeit, also innerhalb der Zeit, die seit dem Urknall vergangen ist, verschmelzen können, wurde so erstmals klar. Sicherlich war dieses Ereignis nicht das einzige seiner Art, das jemals im ge-

Masse des größeren Schwarzen Lochs	36 Sonnenmassen
Masse des kleineren Schwarzen Lochs	29 Sonnenmassen
Masse des entstandenen Schwarzen Lochs	62 Sonnenmassen
Emittierte Strahlungsenergie	Äquivalent zu 3 Sonnenmassen
Eigenrotation des entstandenen Schwarzen Lochs	0,67
Entfernung zur Erde	410 Megaparsec = 1,3 Milliarden Lichtjahre
Rotverschiebung	0,09

Kennzahlen zum Ereignis GW150914

samten Universum stattgefunden hat. Realistische Abschätzungen gehen eher davon aus, dass diese kosmische Katastrophe sogar relativ häufig auftritt. Mit dem zweiten Ereignis vom Dezember 2015 kann man sogar erste, wenn auch noch recht unzuverlässige Statistiken über die Häufigkeit solcher Verschmelzungen wagen.

Falls in naher Zukunft noch weitere Ereignisse beobachtet werden, lässt sich auch die Anzahl umeinander kreisender Schwarzer Löcher abschätzen. Wenn diese ausreichend groß sein sollte, dann werden diese Systeme aus Schwarzen Löchern einen nachweisbaren Beitrag zur stochastischen Hintergrund-Gravitationsstrahlung liefern. Sofern Signale von einer solchen Hintergrundstrahlung gemessen würden, könnten sie wertvolle Informationen über die Entwicklung derartiger Binär-Systeme und darüber hinaus über die Geschichte des Universums selbst liefern.

Die ermittelten Massen der zwei Komponenten von GW150914 vor der Verschmelzung liefern ein starkes Argument dafür, dass beide tatsächlich Schwarze Löcher waren. Die enorme Geschwindigkeit und der extrem geringe Abstand zwischen den beiden Komponenten lassen keine andere Interpretation zu. Die Umlaufgeschwindigkeiten erreichten annähernd 60 % der Lichtgeschwindigkeit, ihre minimale Entfernung vor der Verschmelzung war kaum größer als die Schwarzschild-Radien der beteiligten Objekte. Kurz vor ihrer Verschmelzung waren die beiden Massen weniger als 1000 Kilometer voneinander entfernt. Als das Gravitationswellensignal für LIGO sichtbar wurde, umkreisten sich die beiden Komponenten des Systems bereits mehr als 15 Mal in einer einzigen Sekunde. Im Moment der Verschmelzung steigerte sich die Gravitationswellen-Frequenz bis auf 150 Hertz. Da die Frequenz einer Gravitationswelle doppelt so groß ist wie die Umlauffrequenz des Binärsystems, haben sich die beiden supermassiven Objekte in der Endphase des Spiralsturzes 75 Mal pro Sekunde umkreist.

»Heller« als 70 Trilliarden Sterne

Es ist schon ein nahezu unfassbarer Vorgang: Zwei Objekte, die jeweils etwa 30-mal so schwer sind wie unsere gesamte Sonne, aber nur einen »Durchmesser« von einigen hundert Kilometern besitzen, umkreisen sich in engstem Abstand. In der Endphase umrunden sie sich mit der Drehzahl eines Flugzeugpropellers! Nach einer nur 0,2 Sekunden langen »Ballettvorstellung« stürzten sie dann mit nahezu Lichtgeschwindigkeit ineinander.

Schwarze Löcher sind die einzigen bekannten astrophysikalischen Objekte, die für eine enge Annäherung ohne vorherige Verschmelzung kompakt genug sind. Von der aus den Messungen bestimmten Gesamtmasse des Binärsystems ausgehend, wäre selbst ein Paar von Neutronensternen nicht massiv genug; ein System aus einem Neutronenstern und einem Schwarzem Loch wäre bereits bei einer niedrigeren Frequenz als 150 Hz verschmolzen.

Die beteiligten Wissenschaftler haben mit diesem Ereignis sozusagen den Hauptgewinn gezogen. Erstmals wurde klar bestätigt, dass gravitativ gebundene Paare aus Schwarzen Löchern tatsächlich existieren. Zudem übertrafen die Massen der beiden beteiligten Objekte alles, was an Schwarzen Löchern stellaren Ursprungs bislang bekannt war. GW150914 bestätigte so unzweifelhaft, dass stellare Schwarzer Löcher mit über 25 Sonnenmassen tatsächlich im Kosmos existieren. Derart massive Objekte waren zwar seit langer Zeit in den Tiefen des Alls vermutet worden, ein klarer Nachweis allerdings konnte bis zum September 2015 nicht erbracht werden. Schwarze Löcher dieser Art können entstehen, wenn sehr massereiche Sterne am Ende ihres Lebens als Supernova explodieren. Dass der Überrest einer derartig gewaltigen Explosion aber eine so gigantische Masse haben kann, hatten Fachleute bisher oftmals bezweifelt.

Im sichtbaren Licht verraten sich diese Objekte nur indirekt, etwa durch ihre Wirkung auf andere Sterne. Sie können beispielsweise geringe Positionsänderungen ihrer Begleitsterne hervorrufen, die mit modernen Teleskopen gerade noch nachweisbar sind. Zudem sind sie in der Lage, die Materie eines normalen Sterns abzusaugen. Entsprechende Beobachtungen sind allerdings nur schwer durchzuführen, deshalb blieben sie bislang weitgehend unentdeckt. Dementsprechend wurde die Existenz Schwarzer Löcher auch in Fachkreisen noch lange in Zweifel gezogen, obwohl die Argumente für ihre Existenz immer stärker wurden.

Mit GW150914 wurde alle vernünftige Skepsis beseitigt. Die Frequenzzunahme bis zur Verschmelzung ist ein präzises und zuverlässiges Maß für die Massen der beteiligten Objekte. In der Phase, in der das Gravitationswellensignal sichtbar wurde, umkreisen sich diese Massen bereits extrem schnell. Aus den gemessenen Daten lässt sich zweifelsfrei berechnen, wie weit die beiden beteiligten Schwarzen Löcher zu diesem Zeitpunkt voneinander entfernt waren.

Wissenschaftler gehen davon aus, dass nirgendwo im Universum vergleichbare Bedingungen anzutreffen sind. Selbst in hochaktiven Galaxienkernen, wie sie etwa in Quasaren zu finden sind, oder bei gigantischen Supernova-Explosionen werden keine derartigen Energiemengen freigesetzt oder auch nur ähnliche Gravitationsfeldstärken erreicht. Aus diesem Grunde war es bislang völlig unklar, ob die Einsteinschen Feldgleichungen bei derartigen Katastrophen noch anwendbar sind. Mit GW150914 wurden jedoch alle Zweifel ausgeräumt. Die Allgemeine Relativitätstheorie ist in der Lage, die Vorgänge hervorragend zu beschreiben.

Wie die Ergebnisse von numerischen Simulationen zeigen, ist selbst die Verschmelzungsphase durch die Einsteinschen Feldgleichungen korrekt beschreibbar. Die beiden Objekte hatten vor dem Zusammensturz jeweils knapp unter, beziehungsweise sogar deutlich über 30 Sonnenmassen. In Summe waren ursprünglich 65 Sonnenmassen beteiligt. Das finale Schwarze Loch enthielt dagegen nur noch 62 Sonnenmassen. Gemäß der weltberühmten Einstein-Formel $E = mc^2$ sind Masse und Energie äquivalent. Es wurden also drei Sonnenmassen in Sekundenbruchteilen in reine Energie umgewandelt. Direkt vor dem Verschmelzen wurde für eine sehr kurze Zeit sogar ein Spitzenwert erreicht, der einem Energieumsatz von unfassbaren 200 Sonnenmassen pro Sekunde entsprach! Damit ist GW150914 das gewaltigste kosmische Ereignis, das jemals beobachtet wurde.

Bereits aus diesen Überlegungen ergibt sich die gewaltige Strahlungsleistung, die kurzzeitig den Energieausstoß sämtlicher Sterne in allen Galaxien des sichtbaren Universums übertraf. Einige Abschätzungen gehen sogar davon aus, dass die Energieabstrahlung kurzfristig bis zu 50-mal höher war als die aller Sterne im Universum zusammen. Die Gesamtzahl der Sterne im Kosmos liegt aktuellen Schätzungen zufolge bei mindestens 70 Trilliarden. Das Ereignis GW150914 war rein energetisch betrachtet also »heller« als 70 Trilliarden Sterne zusammen, obwohl im optischen Wellenlängenbereich nicht das Geringste erkennbar war.

Die Sonne selbst verliert pro Sekunde vier Millionen Tonnen Masse in Form von Strahlungsenergie. Trotzdem kann sie voraussichtlich zehn Milliarden Jahre lang Energie abstrahlen und hat am Ende doch nur etwa ein Prozent ihrer ursprünglichen Masse verloren. Die Umwandlung von drei Sonnenmassen in weniger als einer Sekunde liefert also eine unfassbar große Energiemenge. Trotz des gewaltigen Energieumsatzes konnte vermutlich weder im Bereich des sichtbaren Lichts noch in irgendeinem anderen Teil des elektromagnetischen Spektrums ein Signal beobachtet werden. Die unvorstellbaren Energiemengen wurden allein durch Gravitationswellen ins Universum abgestrahlt.

Ein kosmischer Tango der Superlative

Das Abklingen des Signals deutet auf die Entstehung eines extrem schnell rotierenden Schwarzen Lochs hin. Nach Modellrechnungen rotiert das finale Schwarze Loch sogar mit einer Geschwindigkeit, die etwa 70 % des maximal möglichen Drehimpulses entspricht.

Da Schwarze Löcher »keine Haare« haben, zählen sie im Prinzip zu den simpelsten Objekten im Universum. Wie in früheren Kapiteln bereits diskutiert wurde, lassen sie sich durch lediglich drei Größen vollständig charakterisieren: ihre Masse, die auch ihre Größe in Form des Schwarzschildradius bestimmt; ihren Eigendrehimpuls, der auch ein Maß dafür ist, wie stark die betreffenden Schwarzen Löcher die Raumzeit verwirbeln; und ihre elektrische Ladung, die jedoch in den meisten Fällen sehr nahe bei null liegen dürfte, da sich größere Ladungen mit umgebender Materie ausgleichen müssten.

Hat man zwei Schwarze Löcher vor sich, ergibt sich bereits ein deutlich komplexeres Bild. Besonders interessant wird in diesem Fall das Verhalten der Eigendrehimpulse. Sie sind nun nicht mehr starr im Raum ausgerichtet, sondern führen eine auch als Präzession bekannte Kreiselbewegung aus. Dieses Verhalten kann man leicht nachvollziehen, wenn man einen Kinderkreisel oder das Laufrad eines Fahrrads in Schwung bringt und dann die Achse auf einem Finger balanciert. Falls die Rotationsachse nicht genau senkrecht steht, beschreibt sie einen langsamen Umlauf auf dem Mantel eines gedachten Kegels.

Wie stark eine Gravitationswelle auf der Erde ankommt, hängt auch von der Ausrichtung der Drehachsen der beiden Schwarzen Löcher ab. Die Präzession hinterlässt also eine nachweisbare Signatur im Gravitationswellensignal. In GW150914 wurden allerdings so gut wie keine Anzeichen dafür gefunden, dass die ursprünglichen Objekte über eine nennenswerte Eigenrotation verfügten. Beim zweiten Ereignis vom Dezember 2015 gibt es dagegen Anhaltspunkte dafür, dass zumindest eines der beiden beteiligten Schwarzen Löcher bereits vor der Kollision vergleichsweise schnell rotierte.

Die Hauptphasen des Gravitationswellensignals waren dagegen in beiden Fällen deutlich beobachtbar. Wie in der Simulation vorausberechnet wurde, kann man die drei Abschnitte, die Phase des Zusammensturzes, die Verschmelzung selbst und die Abklingphase, unterscheiden. Jede dieser drei Phasen muss mit speziellen Verfahren modelliert werden. Für den Zusammensturz setzt man zunächst die klassische Mechanik an. Dann werden zusätzliche, meist vergleichsweise kleine Korrekturen berücksichtigt, die sich aus der Allgemeinen Relativitätstheorie ergeben.

Die Abklingphase kann mittels der sogenannten Störungstheorie erfasst werden. Hier startet man mit dem einfachsten Fall, einem vollkommen kugelsymmetrischen Schwarzen Loch, und prüft, wie sich dieses verhält, wenn man es kleinen Veränderungen unterwirft. Prinzipiell kann man sich die Abklingphase vorstellen wie das Läuten einer großen Kirchenglocke. Wird diese einmalig mit dem Klöppel angeschlagen, entsteht ein harmonischer, langsam abklingender Ton. Ähnlich verhält es sich mit einem Schwarzen Loch. Wird es durch einen äußeren Einfluss, etwa die Kollision mit einem anderen Schwarzen Loch gestört, entstehen nahezu harmonische Schwingungen, die im Laufe der Zeit abklingen. Im Gegensatz zur Glocke werden dabei aber natürlich keine Schallwellen abgestrahlt, sondern eben Gravitationswellen. Außerdem ist die Abklingphase mit nur wenigen Sekundenbruchteilen deutlich kürzer als bei einer Glocke.

Der komplexeste Teil ist der eigentliche Verschmelzungsprozess. Hier lässt es sich nicht vermeiden, die Methoden der relativistischen Numerik einzusetzen. Wie bereits im Kapitel »Schwarze Löcher im Supercomputer« dargelegt wurde, erfordert die numerische Lösung der Allgemeinen Feldgleichungen enormen Rechenaufwand. Nur die leistungsfähigsten Supercomputer sind in der Lage, in vernünftigen Zeiträumen Ergebnisse zu liefern. Obwohl diese Methoden erst seit etwa einem Jahrzehnt zur Verfügung stehen, konnten damit die letzten und komplexesten Teile im gesamten Signalverlauf einer Verschmelzung kosmischer Objekte vollständig berechnet werden.

Verschmelzen beispielsweise zwei Neutronensterne, wäre das entstehende Signal in der Spiralphase dem empfangenen Signal recht ähnlich. Anschließend würden sich deutliche Unterschiede zeigen. Die Verschmelzung und die Abklingphase wären wesentlich komplexer. Man geht davon aus, dass die Neutronensterne zerrissen würden, bevor ihre Einzelteile schließlich verschmelzen. Die neu entstandenen Teile würden aber ihre eigenen Signale erzeugen, sodass die Gesamtwelle wesentlich detailreicher wäre als der bei GW150914 beobachtete Wellenzug. Der kosmische Tango bestünde in diesem Fall also nicht mehr nur aus einem einzigen Paar, sondern zwischenzeitlich aus einem ganzen Tanzensemble.

Signale aus den Tiefen des Universums

Die absolute Signalhöhe, die auch als Amplitude bezeichnet wird, hängt natürlich davon ab, wie weit das beobachtete Ereignis von der Erde entfernt ist. Bei einer doppelten Entfernung würde sich die Amplitude halbieren. Man spricht davon, dass die Signalamplitude umgekehrt proportional zur Entfernung des Objekts ist. Dies scheint in Widerspruch zu einem wichtigen Gesetz aus der Optik zu stehen. Hier ist die Lichtintensität umgekehrt proportional zum Quadrat der Entfernung der Quelle: Von einem Stern in doppelter Entfernung erreicht die Erde nur noch ein Viertel seines Lichts. Der scheinbare Widerspruch ergibt sich daraus, dass im einen Fall die Lichtintensität betrachtet wird, im anderen Fall dagegen die Signalamplitude. Da die Lichtintensität proportional zum Amplitudenquadrat der Lichtwelle ist, ergibt sich aber aus dem quadratischen Abstandsgesetz wieder genau die lineare Abhängigkeit von der Wellenamplitude.

Je kleiner die Amplitude eines empfangenen Signals ist, desto aufwändiger wird es zu detektieren und desto weniger Information kann man daraus extrahieren. Zudem hängt die am Empfänger ankommende Amplitude auch von der Ausrichtung der Bahnebene des beobachteten Systems relativ zur Erde ab. Und die Position des Ereignisses am Himmel spielt eine wesentliche Rolle. Bekanntermaßen weisen Interferometer ähnlich wie auch die Aluminiumzylinder-Antennen eine gewisse Richtwirkung auf. Die größte Messempfindlichkeit wird erreicht, wenn das Signal senkrecht zu den beiden Armen einfällt. Daraus ergibt sich der maximale Abstand, aus dem ein bestimmtes Ereignis noch erfasst werden kann. Die Entfernung eines kosmischen Ereignisses wird häufig als sogenannter Luminositätsabstand angegeben. Diese Bezeichnung bezieht sich in der Astrophysik üblicherweise auf die Abstandsberechnung über die Leuchtkraft von Sternen, Galaxien oder anderen Objekten im Universum. Im Falle der Gravitationswellenmessung wurde der Abstand ermittelt, indem die Forscher die Entfernung aus der gemessenen Signalstärke berechnet haben. Aufgrund der Expansion des Universums werden entsprechende Abstände auch auf die mit der jeweiligen Entfernung korrespondierenden Rotverschiebungen bezogen. Sie beträgt für die Quelle des GW150914-Ereignisses 0,09.

Die Rotverschiebung ist ein alternatives System zur Entfernungsangabe in der Kosmologie. Auf kosmischen Skalen ist die Distanzmessung, etwa zu Quasaren oder weit entfernten Galaxienhaufen, nur noch mit dieser Methode möglich. Daher gibt man bei gigantischen Distanzen statt des klassischen Entfernungsmaßes die Rotverschiebungsentfernung an. Aus dem oben angegebenen Wert ergibt sich nach dem kosmologischen Standardmodell der bereits in der Tabelle erwähnte Wert von 1,3 Milliarden Lichtjahren oder 410 Megaparsec, da ein Megaparsec einer Million Parsec oder 3,26 Millionen Lichtjahren entspricht.

Das Ereignis fand also selbst nach kosmischen Maßstäben gemessen in den Tiefen des Alls statt. Der Abstand unserer Heimatgalaxis zur nächstgelegenen Andromeda-Galaxie beträgt etwa 2,5 Millionen Lichtjahre. Die Verschmelzung der gewaltigen Schwarzen Löcher war etwa 500-mal weiter entfernt als die nächste Nachbargalaxie der Milchstraße. Grundsätzlich könnten Schwarze Löcher auch in deutlich geringerer Entfernung zur Erde vorkommen. Man stelle sich nur die Schlagzeilen vor, wenn ein derartiges kosmisches Großereignis in »der Nähe« der Erde oder zumindest innerhalb der Milchstraße entdeckt worden wäre. Vermutlich hätten findige Politiker in diesem Fall unverzüglich Gesetze verabschiedet, die eine weitere Annäherung dieser Objekte an die Erde untersagen ...

Neben der Entfernung hat die Gesamtmasse des Systems einen Einfluss darauf, wie gut beziehungsweise wie lange ein bestimmtes Ereignis beobachtet werden kann. Sind sehr große Massen beteiligt, reagiert das System sozusagen träger und alle Veränderungen nehmen größere Zeiträume in Anspruch. Die resultierenden Frequenzen der Gravitationswellen sind entsprechend niedriger. Bei den gegenwärtigen Gravitationswellen-Antennen wird dann nur die letzte Phase des gesamten Vorgangs aus dem Rauschen hervortreten. Weniger massive Systeme erzeugen entsprechend höherfrequente Signale, die leichter erfasst werden können. In diesen Fällen ist es möglich, die Spiralphase über einen längeren Zeitraum hinweg zu beobachten. Deshalb konnte das zweite Gravitationswellenereignis GW151226 mit 55 Signalzyklen und einer Dauer von etwa einer Sekunde wesentlich länger beobachtet werden als das erste. Hier waren die beteiligten Massen deutlich geringer als bei GW150914.

Die Masse des Systems hat auch einen Einfluss darauf, welche Parameter am besten bestimmt werden können. Für extrem massive Systeme ist die Gesamtmasse am besten zu berechnen, da in diesem Fall hauptsächlich die Verschmelzung und die Abklingphase beobachtet werden können. Bei leichten Systemen ist dagegen das Chirp-Signal einfacher zu erfassen. Entsprechend präzise können dann die Bahnparameter der Binärobjekte berechnet werden. Beim Zusammensturz zweier Neutronensterne stehen vor allem diese Messwerte im Fokus der Beobachtung.

Auch in dieser Beziehung hatten die Wissenschaftler Glück. GW150914 lag etwa in der Mitte zwischen den beiden Extremwerten der Massenskala. So war es möglich, sowohl für die Bahnparameter als auch für die Gesamtmasse des Systems erstaunlich präzise Werte zu berechnen.

Durch den Einsatz mehrerer Empfänger kann man die Quelle der Gravitationswellen am Himmel genauer lokalisieren. Sie ergibt sich prinzipiell aus der genauen Differenz der Empfangszeiten. Der

Effekt ist im Wesentlichen der gleiche wie beim räumlichen Hören. Durch minimale Laufzeitdifferenzen des Schalls bei der Ankunft am linken oder rechten Ohr kann das menschliche Gehirn auf den Ort der Schallquelle zurückschließen. Deshalb braucht man für den Genuss eines Stereo-Musikstücks auch mindestens zwei Lautsprecher. Aus den Laufzeitdifferenzen der beiden Quellen kann dann das Klangvolumen eines ganzen Orchestersaals zusammengesetzt werden.

Allerdings sind für eine vollständige Richtungsbestimmung zwei Interferometer nicht ausreichend. Weitere Effekte wie die Abhängigkeit der Signalstärke und Signalphase von der Ausrichtung der Interferometer bieten aber doch die Möglichkeit, die Quelle am Himmel, zumindest in groben Zügen, zu lokalisieren. Da beide Detektoren aufgrund ihrer Orientierung und der Erdkrümmung in verschiedenen Raumrichtungen ausgerichtet sind, ergeben sich unterschiedliche Signalstärken, je nachdem, aus welcher Richtung am Himmel die Wellen auf die Erde treffen. Auch die exakte Phase der Welle in den einzelnen Empfangsorten liefert weitere Detailinformationen.

Der Detektor in Livingston registrierte das GW150914-Signal sieben Millisekunden vor dem Detektor in Hanford. Daraus und aus den unterschiedlichen Signalstärken und Phasenlagen konnten die Wissenschaftler schließen, dass die Quelle auf der südlichen Himmelshalbkugel, etwa in Richtung der Großen Magellanschen Wolke liegen muss.

Gemäß der Allgemeinen Relativitätstheorie sollten sich Gravitationswellen mit Lichtgeschwindigkeit im Raum ausbreiten. In einer künftigen einheitlichen Feldtheorie oder einer Quantentheorie der Gravitation könnten die Wellen aber auch durch Teilchen beschrieben werden. Diese bislang rein hypothetischen Partikel, die oft als Gravitonen bezeichnet werden, könnten eine Ruhemasse haben. Dass diese Masse extrem gering sein muss, ist bereits seit längerem bekannt. Durch den Empfang der Gravitationswellen auf der Erde wurde die Obergrenze für die Masse von Gravitonen nochmals deutlich reduziert. Hätten die Gravitonen eine größere Masse als diese Obergrenze, müsste das Signal auf seinem 1,3 Milliarden Lichtjahre langen Weg zur Erde förmlich zerfließen. Dieses Verhalten wird auch als Dispersion bezeichnet: Unterschiedliche Wellenfrequenzen wären zu verschiedenen Zeiten angekommen und das Signal hätte niemals die deutliche Form haben können, mit der es detektiert wurde.

Aus den Daten konnte auch der Drehimpuls des neuen Schwarzen Lochs bestimmen werden. Er hat einen extrem hohen Wert von 0,67. Der theoretische Maximalwert von 1,0 würde bedeuten, dass das Objekt mit der höchsten von der Relativitätstheorie erlaubten Geschwindigkeit rotiert. Allerdings ist bei dieser Aussage in mehrfacher Hinsicht Vorsicht geboten. Zum einen existieren in der direkten Umgebung massiver rotierender Körper keine klar definierbaren Referenzpunkte. Durch das enorme Gravitationsfeld wird die Raumzeit um das Schwarze Loch gewissermaßen verwirbelt. Man hat es hier mit einer extremen Version des Lense-Thirring-Effekts zu tun. Anschaulich gesprochen bewirkt der Effekt, dass die Raumzeit in der Umgebung massiver und schnell rotierender Massen mit herumgezogen wird wie zäher Leim beim Umrühren.

Zudem haben Schwarze Löcher keine Oberfläche im klassischen Sinn. Vielmehr ist ihre Größe über den bereits diskutierten Schwarzschildradius definiert. An dieser Stelle befindet sich zwar ein Ereignis-Horizont, aber keine feste materielle Oberfläche. In diesem Sinne kann man auch nicht davon sprechen, dass dort etwas Materielles mit einer bestimmten Geschwindigkeit rotiert. Dennoch ist der Eigendrehimpuls oder Spin eines Schwarzen Lochs im Rahmen der Relativitätstheorie genau definiert und es ergibt deshalb auch Sinn, wenn dieser mit 67 % des theoretischen Maximalwertes beziffert wird.

Simulation und Realität

Einen nicht unwesentlichen Teil ihrer Überzeugungskraft beziehen die Messdaten von GW150914 aus der hervorragenden Übereinstimmung der Messwerte mit den theoretischen Vorhersagen. Bereits das unverarbeitete Rohsignal der Detektoren ist mit geschultem Auge sofort als Verschmelzungsprozess zu erkennen. Deshalb ging man in den ersten Stunden nach dessen Entdeckung ja auch davon aus, dass es sich bei dem Signal um eine künstliche Einspeisung handeln müsse.

Die Analyse des Signals ist geradezu ein Musterbeispiel dafür, wie mit modernen Simulationsmethoden neue wissenschaftliche Erkenntnisse gewonnen werden. So ergeben sich aus den Gleichungen der Allgemeinen Relativitätstheorie für das Ineinanderstürzen von Schwarzen Löchern verschiedene Randbedingungen. Im Wechselspiel mit numerischen Simulationen und der Anpassung von Parametern kann so das Signal mit hoher Präzision rekonstruiert werden. Damit erhält man zum einen die Bestätigung dafür, dass es sich bei dem gemessenen Ereignis definitiv um eine Gravitationswelle handeln muss. Andererseits führen die auf diese Weise gefundenen Werte aber auch auf die zentralen Parameter des Systems, wie die Massen oder die Umlaufbahndaten der beteiligten physikalischen Objekte.

Aus der Umlauffrequenz und ihrer zeitlichen Zunahme können beispielsweise die Massenverhältnisse der beteiligten Komponenten errechnet werden. Dazu kann man für verschiedene Massenverteilungen das zugehörige Signal im Supercomputer berechnen lassen. Diese Rechnungen zeigen, dass bei GW150914 ein System aus einem Schwarzen Loch mit ursprünglich 36 Sonnenmassen und einem Partner mit 29 Sonnenmassen die beste Übereinstimmung mit dem Messsignal ergibt. Außerdem zeigen die Simulationen, dass sich die Partner sehr eng umkreisen, sonst wären die hohen Frequenzen im Signal nicht möglich. Damit kann ausgeschlossen werden, dass Neutronensterne an diesem Ereignis beteiligt waren.

Die maximale Umlauffrequenz der Partner lag bei 75 Hz, entsprechend der Hälfte der Gravitationswellen-Frequenz. Die Objekte müssen sich also vor dem Verschmelzen sehr nahe gewesen sein. Dies ist nur möglich, wenn sie sehr massereich und gleichzeitig extrem kompakt sind. Für Punktmassen, die sich mit dieser Frequenz umkreisen, würde sich ein Abstand von weniger als 400 Kilometer ergeben. Ein Neutronensternpaar hätte nicht die erforderliche Masse. Ein Paar bestehend aus einem Schwarzen Loch und einem Neutronenstern könnte zwar eine sehr große Gesamtmasse erreichen, würde aber bereits bei einer deutlich niedrigeren Umlauffrequenz verschmelzen. Beschränkt man sich auf bekannte astrophysikalische Objekte, bleiben nur zwei Schwarze Löcher als mögliche Quelle für das beobachtete Signal. Nur diese sind kompakt und massiv genug, um eine Umlauffrequenz von 75 Hz erreichen zu können ohne sich zu »berühren«.

Dass sich als Fusionsprodukt zweier Schwarzer Löcher nur ein neues, massiveres Schwarzes Loch ergeben kann, ist leicht einzusehen. Die Wellenform der Abklingphase entspricht einer gedämpften Schwingung, wie sie bei einem Schwarzen Loch nach einer Verschmelzung erwartet wird. Aus der Untersuchung des abklingenden Signals kann die Masse des neu entstandenen Objektes abgeleitet werden. Die passenden Parameter liefern einen Wert von 62 Sonnenmassen für das neu entstandene Objekt. Es ergibt sich also eine Massendifferenz von drei Sonnenmassen gegenüber der Summe der ursprünglichen Schwarzen Löcher.

Die Abbildung auf Seite 169 zeigt das Ergebnis der Simulation, die am besten auf die beobachtete Kurvenform des Signals passt. Die Parameter dieser Simulation entsprechen exakt den bereits angegebenen Werten für die ursprünglichen Objekte und das neu entstandene Schwarze Loch. Die Übereinstimmung mit dem gefilterten,

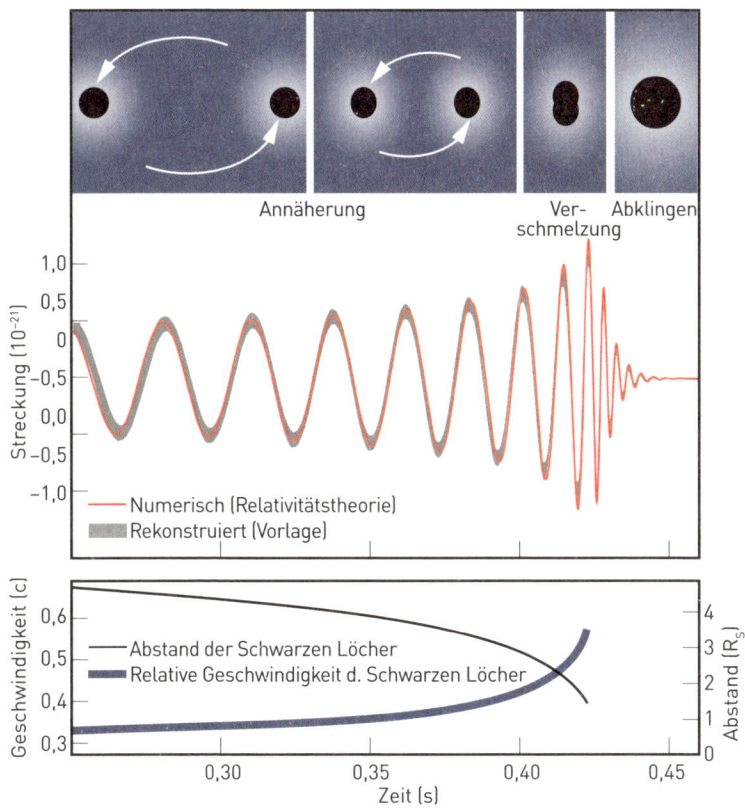

Abbildung 29: Das Simulationsergebnis zum Signal GW150914

realen Messsignal ist so gut, dass man sogar daran zweifeln könnte, ob die Simulation wirklich seriös ist. Schließlich kann man durch Anpassung von Parametern in einem komplexen System nahezu jede gewünschte Kurvenform erhalten. Man spricht hier auch von Überanpassung (engl.: over-fitting). Allerdings sind diese Zweifel hier nicht gerechtfertigt, da entsprechende Signale bereits vor dem tatsächlichen Nachweis berechnet und veröffentlicht wurden.

Neben dem Simulationsergebnis ist im oberen Teil der Abbildung eine veranschaulichende Realdarstellung der sich umkreisenden Schwarzen Löcher dargestellt. Diese Darstellung sollte aber nicht zu realistisch aufgefasst werden, da sie lediglich die verschiedenen Phasen der Verschmelzung verdeutlicht.

Das untere Diagramm zeigt die Geschwindigkeit der Schwarzen Löcher in Einheiten der Lichtgeschwindigkeit. Hierdurch wird nochmals der detaillierte Verlauf des Ereignisses dargestellt. Zu Beginn beträgt die Umlaufgeschwindigkeit der Objekte umeinander etwas mehr als 30 % der Lichtgeschwindigkeit, wie aus der ansteigenden blauen Kurve abgelesen werden kann. Kurz vor der Verschmelzung werden dann etwa 60 % dieser absoluten Grenzgeschwindigkeit erreicht.

Die abfallende schwarze Kurve zeigt den Abstand der Fusionspartner in Vielfachen des Schwarzschild-Radius des neu entstehenden Schwarzen Lochs. Dieser beträgt etwas über 200 Kilometer. Wenn sich die beiden Partner auf diesen Abstand angenähert haben, beginnt die eigentliche Verschmelzung. Auch das Simulationsergebnis verdeutlicht nochmals, dass die beiden Schwarzen Löcher gegen Ende des Zusammensturzes unfassbar schnell umeinander kreisten, bevor sie zu einem gewaltigen Fusionsprodukt verschmolzen.

Aus der Entstehung derartiger Schwarzer Löcher im Rahmen der Sternentwicklung kann man Aussagen über Vorkommen schwerer Elemente (die sogenannte Metallizität) im Universum ableiten. Es ergeben sich Hinweise darauf, dass die Ursprungssterne der Schwarzen Löcher metallärmer als die Sonne waren.

In der Astrophysik werden alle Elemente schwerer als Helium vereinfachend als Metalle bezeichnet. Diese Metalle im Plasma eines Sterns sorgen dafür, dass mehr Wärme aufgenommen werden kann. Damit werden diese Sterne heißer als solche, die überwiegend aus einem reinen Wasserstoff-Helium-Plasma bestehen. Ist ein solcher Stern am Ende seiner Lebensdauer angelangt, beginnt eine Expansionsphase. Dabei verliert er in Form des sogenannten Sternwinds einen größeren Anteil seiner Masse als andere Sterne. Extrem große und sehr heiße Sterne können somit innerhalb vergleichsweise kurzer Zeit sehr viel Material verlieren. Ein Verlust der mehrfachen Erdmasse pro Jahr durch Sternwinde ist keine Seltenheit. Die stärksten bekannten Sternwinde führen sogar dazu, dass innerhalb von nur wenigen Tausend Jahren eine volle Sonnenmasse ins All abgegeben wird. Die dabei auftretenden »Windgeschwindigkeiten« sind sehr hoch und betragen bis zu 20 Millionen Kilometer pro Stunde.

Schließlich bleibt von dem ehemals sehr großen Stern nur noch ein heißer Kern übrig. Derartige Riesensterne, die nahezu ihre gesamte Hülle in den umgebenden Weltraum abgegeben haben, werden als Wolf-Rayet-Sterne bezeichnet. Sie sind nach Charles Wolf und Georges Rayet benannt, die diese Art von Himmelskörpern bereits im 19. Jahrhundert entdeckt hatten. Dieser Sterntyp ist deutlich schwerer als die Sonne. Wolf-Rayet-Sterne verfügen über das 10- bis über 200-Fache der Sonnenmasse. Darüber hinaus zeichnen sie sich durch eine sehr hohe Oberflächentemperatur aus. Sie kann zwischen 30.000 und über 100.000 Kelvin betragen. Im Vergleich dazu ist die Sonne mit 5500 Kelvin Oberflächentemperatur geradezu kühl.

Wolf-Rayet-Sterne bestehen im Prinzip nur noch aus den nackten Heliumkernen der ehemaligen Riesenobjekte. Entsprechend bleibt weniger Masse für das spätere Schwarze Loch übrig. Diese Klasse von Sternen wird mit der Zeit also immer leichter, da sie durch den Sternwind in erheblichem Maße Materie verlieren.

Durch das Ereignis GW150914 wurde bestätigt, dass Sternwinde auch bei einer Supernova eine bestimme Grenze nicht überschreiten. Nach den neuen Resultaten können auch Sternwinde extrem großer Sterne die Entstehung massereicher Schwarzer Löcher nicht verhindern. Dies ist ein wichtiges Ergebnis, da manche Wissenschaftler vermutet hatten, dass die Bildung massiver Schwarzer Löcher durch intensive Sternwinde unterbunden werden könnte.

Das Paar Schwarzer Löcher des GW150914-Ereignisses ist aus Sternen mit geringem Anteil an schweren Elementen entstanden. Die Metallizität der ursprünglichen Sterne war vermutlich höchstens halb so groß wie die der Sonne. Dieser Parameter liefert wichtige Daten über das Alter eines astronomischen Objekts. Auch die Zugehörigkeit zu einer Sternpopulation kann daraus erschlossen werden. Welche weiteren Informationen für das Ereignis GW150914 daraus gewonnen werden können, wird sich in nächster Zukunft zeigen.

Wann kommt die nächste Welle?

Erwartungsgemäß hat die Nachricht über das Verschmelzen zweier gigantischer Schwarzer Löcher eine umfassende Suche nach elektromagnetischen Signalen ausgelöst, die damit in Verbindung stehen könnten. Eine wichtige Frage ist dabei, ob durch das Ereignis neben Gravitationswellen auch elektromagnetische Strahlung oder Elementarteilchen wie etwa Neutrinos freigesetzt wurden. Entsprechende Signale könnten interessante Erkenntnisse beinhalten. So würden Neutrinos oder Radio- und Gammablitze wichtige Details klären. Insbesondere sind die Forscher daran interessiert, unter welchen Umgebungsbedingungen die Verschmelzungsvorgänge stattfinden.

Das LIGO-Team hatte bereits im September 2015 Kurzmeldungen an verschiedene wissenschaftliche Einrichtungen verschickt, in denen die Richtung angegeben wurde, aus der das Gravitationswellen-Signal stammen könnte. Die Forscherkollegen sollten prüfen, ob sich in ihren Detektordaten ebenfalls Hinweise auf das Ereignis vom 14. September 2015 finden. Allerdings wurden mit verschiedenen Neutrinodetektoren im Mittelmeer und am Südpol keine Signale nachgewiesen, die in Bezug zum Gravitationswellen-Ereignis gebracht werden könnten. Auch im Bereich der elektromagnetischen Strahlung wurden keine auffälligen Messergebnisse gefunden. Lediglich der Empfänger des Fermi-Weltraumteleskops beobachtete etwas weniger als eine halbe Sekunde nach dem Gravitationswellen-Ereignis einen kurzen Gammablitz. Vermutlich handelte es sich dabei aber nicht um ein reales astrophysikalisches Signal, da andere Satelliten keinen solchen Blitz erfasst hatten.

Die Theoretischen Physiker gehen auch nicht davon aus, dass das Gravitationswellenereignis vom 14. September 2015 von nennenswerten Erscheinungen im elektromagnetischen Spektrum begleitet wurde. Für die Erzeugung von Strahlung ist interstellares Gas erforderlich, das bei geeigneter Anregung ein entsprechendes Signal erzeugen könnte. Die Verschmelzung der zwei Schwarzen Löcher ist nach Annahme der Wissenschaftler aber in einer Umgebung erfolgt, die so gut wie kein interstellares Gas oder andere Materie enthält.

Wenn eines Tages Gravitationswellen von zwei verschmelzenden Neutronensternen empfangen werden, sollten sich daraus ganz neue Erkenntnisse ergeben. Solche Ereignisse könnten durchaus für Gammablitze verantwortlich sein, die Beobachtungssatelliten immer wieder detektieren. Durch den gleichzeitigen Nachweis einer Gravitationswelle und eines Gammablitzes ergäben sich zweifellos wichtige Fortschritte für die Astrophysik.

Sobald die LIGO-Detektoren wieder ihren aktiven Betrieb aufnehmen, wird man sicher häufiger Ereignisse wie GW150914 in den Messdaten finden. Sie werden aller Voraussicht nach ihren Ursprung in unterschiedlichen Entfernungen und damit in verschiedenen zeitlichen Epochen des Universums haben. Wenn erst einmal ausreichend große Datenmengen vorliegen, kann man daraus verschiedene Informationen über die geschichtliche Entwicklung solcher Systeme ableiten. Die Astrophysiker sind dann in der Lage, die Eigenschaften und die historische Entwicklung von Gravitationsfeldern auch unter extremen Bedingungen zu untersuchen. Dabei wird sich zeigen, ob die Allgemeinen Feldgleichungen auch in diesen Grenzbereichen konkurrierenden Theorien überlegen sind.

Wissenschaftler können dann auch die dunkle Seite des Universums erforschen. Bislang ist offenbar nur ein winziger Teil des Universums erfassbar. Über 90 % der Materie im Kosmos lassen sich nach aktuellem Wissensstand nicht im elektromagnetischen Spektrum, also als Licht, Radio-, Röntgen-, oder Gammastrahlung beobachten. Kosmologen wissen aber, dass dieser dunkle Anteil dem Wirken der Gravitation unterliegt. Die Hoffnungen der Astrophysiker liegen nun darin, mit den neuen Gravitationswellenobservatorien endlich diesen bislang unbekannten Teil des Universums erforschen zu können.

Mitte Juni 2016 wurde die Entdeckung eines zweiten Signals in den LIGO-Daten bekannt gegeben. Es stammt ebenfalls von einer Verschmelzung Schwarzer Löcher. Das Signal, welches die Detektoren am 26. Dezember 2015 einfingen, wurde von zwei Schwarzen Löchern mit 14 bzw. acht Sonnenmassen erzeugt. Die als GW151226 bezeichnete Welle erreichte zuerst den Detektor in Livingston. Etwa 1,1 Millisekunden später registrierte das Interferometer in Hanford die Raumzeitschwankungen. Die Welle hob sich etwa eine Sekunde lang vom Hintergrundrauschen der Detektoren ab. Ihre Frequenz stieg innerhalb der beobachtbaren 55 Signalperioden von anfänglich 35 Hertz bis auf maximal 450 Hertz an. Die Spitze der Signalamplitude erreichte einen Wert für die relative Raumdehnung, der knapp unterhalb von 10^{-22} lag. Damit war die Welle deutlich schwächer als das Signal vom 14. September. Aus diesem Grund nahmen die genaue Signalanalyse und die erforderlichen Prüfungen auch einen längeren Zeitraum in Anspruch.

Bislang haben wir nur einen allerersten Einblick in die für das Auge unsichtbare Welt des Universums gewonnen. Die nächsten Beobachtungsperioden von LIGO sind bereits fest eingeplant. Dann soll die Detektorempfindlichkeit soweit verbessert sein, dass ein bis zu doppelt so großes Beobachtungsvolumen wie bisher erreicht wird. Auch der Gravitationswellendetektor GEO600 soll bei den neuen Beobachtungsläufen wieder mit dabei sein.

KAPITEL 7

Gravitationswellen-astronomie: Einsteins neues Fenster zum Kosmos

»Das Wesentliche ist für die Augen unsichtbar«

Antoine de Saint-Exupéry
in »Der kleine Prinz«

Die weiteren Forschungsaktivitäten der Gravitationswellenastrono-mie haben die Optimierung der Empfänger zum Ziel. In näherer Zukunft wird es möglich sein, Signale in hoher Qualität zu empfan-gen. Dann können die Wissenschaftler bei LIGO und an den ande-ren Gravitationswellenempfängern die in den Messdaten enthalte-nen Informationen nach allen Regeln der Kunst analysieren.

Gravitationswellen bieten die Möglichkeit, Materie unter den extremsten physikalischen Bedingungen zu studieren. Starke, nichtlineare Gravitationseffekte und relativistische Geschwindigkeiten, extrem hohe Dichten und Temperaturen könnten mit entsprechend detaillierten Messungen untersucht werden. Auch der Einfluss von außerordentlich hohen magnetischen Feldstärken, wie sie etwa bei Pulsaren und besonders bei Magnetaren vorkommen, könnte mit Gravitationswellenmessungen erforscht werden.

Im Vergleich zu den anderen Elementarkräften ist die Gravitation von extrem schwacher Natur. Daher sind vor allem astrophysikalische Systeme mit gigantischen Massenansammlungen und stark beschleunigter Materie die interessantesten Untersuchungsobjekte für Gravitationswellenobservatorien. Nicht nur kollabierende Zwei- und Mehrfachsysteme zählen dazu. Auch die riesigen Schwarzen Löcher in den Galaxienkernen könnten ihre Geheimnisse durch Gravitationswellenanalysen enthüllen. Da sich Gravitationswellensignale im Wesentlichen völlig unbeeinflusst von Staub und Materie ausbreiten, stellen Dunkelwolken oder intergalaktischer Staub für sie nicht das geringste Hindernis dar. Gravitationswellenteleskope können daher direkt bis in die Zentren von Galaxien blicken, auch wenn diese dem optischen Spektralgebiet verschlossen bleiben.

Der Frequenzbereich von 10^{-17} Hz bis hin zu einigen Kilohertz bietet ein weites Spektrum für Messungen aller Art. Die höherfrequenten Signale geben Aufschluss über Neutronensterne, Supernovae und viele weitere Quellen von großer astrophysikalischer Bedeutung.

Ultra-kompakte stellare Binärsysteme, schnell rotierende asymmetrische Neutronensterne, Pulsare oder Magnetare, zusammenstürzende Neutronensternsysteme oder die Wechselwirkung von Schwarzen Löchern untereinander bzw. deren Verschmelzen sind nur einige Beispiele, die mit Hilfe genauer Analysen von Gravitationswellen-Signalen untersucht werden können.

Insbesondere in den niederfrequenten Bereichen kommen dann noch weitere hochinteressante Quellen dazu. Die sogenannten primordialen Wellen könnten sogar Informationen liefern, die direkt mit dem Urknall in Zusammenhang stehen.

Auch hier ist die Eigenschaft der Gravitationswellen, ohne nennenswerte Schwächung dichteste Materieanhäufungen zu durchdringen, von entscheidender Bedeutung. So können optische Signale oder Radiowellen aus dem Frühstadium des Universums nicht von irdischen Empfängern detektiert werden, da das Universum in seiner Frühphase für diese Art von Information vollkommen undurchsichtig war.

Allgemein geht man davon aus, dass die Beobachtung von wellenförmigen Raumzeit-Verzerrungen auch in anderen Bereichen der Physik zu vollkommen unvorhergesehenen Erkenntnissen führen wird. Neben den astronomischen und astrophysikalischen Forschungsergebnissen hofft man daher auch auf neue Denkanstöße in der Elementarteilchenphysik, der Allgemeinen Relativitätstheorie, der Quantenmechanik bis hin zu Vereinheitlichten Feldtheorien wie etwa der Quantengravitation oder der Stringtheorie. In den nächsten Abschnitten werden diese Fachgebiete und ihre Verbindung mit Gravitationswellen etwas näher beleuchtet.

Neue Entdeckungen durch Gravitationswellenobservatorien?

Mögliche Resultate aus Untersuchungen mit Gravitationswelleninterferometern sind bei Weitem nicht nur auf astrophysikalische Fragestellungen begrenzt. Durch die Beobachtung der Gravitationswellensignale aus unterschiedlichen Quellen könnten sogar viele Schlüsselfragen aus verschiedenen Gebieten der modernen Physik geklärt werden.

So ist bereits seit langem klar, dass die Quantenmechanik und die Allgemeine Relativitätstheorie nicht beide gleichzeitig unter allen denkbaren Bedingungen gelten können. Extreme Materiezustände, wie sie etwa kurz nach dem Urknall oder in Schwarzen Löchern vermutet werden, können nicht mit den bisher bekannten Verfahren beschrieben werden. Auch die Physik bei ultra-kleinen Distanzen im Bereich der Planck-Länge führt bislang immer wieder zu unlösbaren Widersprüchen. Die beiden großen Gedankengebäude der Theoretischen Physik passen hier einfach nicht zusammen. Trotz intensiver Bemühungen der Theoretiker wurden in den letzten Jahrzehnten kaum greifbare Fortschritte erzielt. So bleibt nur die Hoffnung, dass experimentelle Ergebnisse neue Impulse für innovative theoretische Ansätze liefern.

Aber auch in der Grundlagenforschung zur Allgemeinen Relativitätstheorie selbst sind immer noch viele Fragen offen:

› Gilt die Allgemeine Relativitätstheorie unverändert im gesamten Kosmos und auch in extremen Gravitationsfeldern oder kommt sie hier an ihre Grenzen?

› Wie verhält sich die Raumzeit bei starker Krümmung oder bei Verwirbelungen im Rahmen des Lense-Thirring-Effekts?

› Wie verhält sich Materie unter außergewöhnlichen Bedingungen wie extremen Dichten und gigantischem Druck?

› Welche Eigenschaften besitzen Gravitationswellen? Gemäß der Allgemeinen Relativitätstheorie zeigen Gravitationswellen nur zwei Polarisationszustände. Alternative Gravitationstheorien sagen dagegen bis zu sechs Polarisationsvarianten voraus.

Naturgemäß könnten insbesondere Kosmologie und Astrophysik in umfangreicher Weise von den Ergebnissen der Gravitationswellenastronomie profitieren. Seit Jahren warten wichtige und grundlegende Probleme auf belastbare experimentelle Daten:

› Wie massereich können stellare Schwarze Löcher werden? Was passiert, wenn extrem massive Sterne kollabieren?
› Welche Bedingungen herrschen in ultra-dichten Galaxienkernen? Wie können sich massive Schwarze Löcher innerhalb einer Galaxie bilden?
› Können schnell rotierende Neutronensterne und Magnetare aufgrund unsymmetrischer Masseverteilungen Gravitationswellen aussenden?
› Wie läuft eine Supernova ab und wie massiv können die dabei entstehenden Neutronensterne werden?
› Was steckt hinter den häufig beobachteten Gammablitzen?

Bereits die Daten aus der allerersten jemals direkt beobachteten Gravitationswellenquelle führten zu einer Fülle von Erkenntnissen. Das Ereignis GW150914 konnte bestätigen, dass Sternwinde auch bei Riesensternen gewissen Limitierungen unterworfen sind. Auch die Sternwinde von sehr großen Riesensternen, die als Supernova explodieren, sind also nicht so stark, dass sie die Entstehung extrem massereicher Schwarzer Löcher verhindern könnten. Das wurde durch die am GW150914-Ereignis beteiligten Komponenten mit jeweils über 25 Sonnenmassen zweifelsfrei bestätigt. Theoretische Modelle, welche die Existenz derartig massiver Schwarzer Löcher ausgeschlossen hatten, sind damit widerlegt.

Auch Betrachtungen, die die Existenz von Paaren aus Schwarzen Löchern mit geringem Abstand als unmöglich ansahen, sind nicht mehr haltbar. So wurde beispielsweise argumentiert, dass eine Supernova-Explosion in einem Doppelsternsystem unweigerlich zur Auflösung des gravitativ gebundenen Paares führen müsste. Der gigantische Explosionsdruck würde jedes engere System auseinanderfliegen lassen.

Weitgehend unklar dagegen ist noch die Entstehungsgeschichte der beiden an GW150914 beteiligten Schwarzen Löcher. Es wäre denkbar, dass die beiden Objekte bereits in der Anfangsphase des Kosmos entstanden sind und sich über Milliarden Jahre hinweg einander angenähert haben.

Eine andere Theorie vermutet die Entstehung des Systems erst relativ kurz vor dem Zusammensturz. Falls sich aber die beiden Schwarzen Löcher aus entsprechend massiven stellaren Objekten bildeten, dann können diese nur vergleichsweise geringe Metallizität aufgewiesen, also nur relativ wenig schwerere Elemente als Wasserstoff und Helium enthalten haben. Ansonsten wäre die Entstehung von so massereichen Schwarzen Löchern nicht möglich gewesen. Diese Tatsache spricht somit eher für eine frühe Entstehung im Universum und eine langsame Annäherung bis zum finalen Spiralkollaps.

Neben den oben genannten relativ speziellen Fragestellungen gibt es auch noch eine Reihe grundlegender Probleme, zu deren Lösung die Beobachtung von Gravitationswellen beitragen könnte. Einige der Wichtigsten sind:

› Wie sieht es im Zentrum der Milchstraße aus?
› Was geschah in der Frühphase des Universums und wie verliefen die ersten Sekundenbruchteile nach dem Urknall?
› Wie kann es zu einer beschleunigten Expansion des Universums kommen?
› Welche Geheimnisse verbergen sich hinter der Dunklen Energie und der Dunklen Materie?
› Gibt es Kosmische Strings im Universum?

Für Antworten auf diese großen Fragen könnte eine umfangreiche und detaillierte Gravitationswellenastronomie von größtem Nutzen sein. Hierzu sind aber weitere Geräte und Standorte notwendig.

Mindestens zwei Detektoren sind erforderlich, um Messfehler, die durch lokale Störungen verursacht werden, ausschließen zu können. Bereits mit nur zwei Empfängern kann man gewisse Informationen über die Lage der Quelle gewinnen; diese Information ist allerdings recht ungenau und nicht sicher. Bei GW150914 konnte man lediglich einen Bereich an der südlichen Hemisphäre der Himmelskugel angeben.

Eine genauere Lokalisierung der Quelle hätte mehrere Vorteile. Insbesondere könnte man dann mit anderen Beobachtungseinrichtungen, etwa optischen Teleskopen, Radioantennen oder Gamma- und Röntgendetektoren, gezielt nach Spuren des Ereignisses suchen. Man erwartet zwar bei der Kollision massiver Schwarzer Löcher keine spektakulären Ergebnisse in elektromagnetischen Wellenlängenbereichen, bei kollabierenden Neutronensternen dagegen ist durchaus mit intensiven Begleiterscheinungen zu rechnen. Um die Richtung der Quelle genau anzupeilen, sind jedoch mindestens drei möglichst weit voneinander entfernte Detektoren erforderlich. Allein aus diesem Grund ist die Inbetriebnahme mindestens eines weiteren Detektors sehr wünschenswert.

Von besonderem Interesse ist aber auch die Möglichkeit, die grundlegenden Eigenschaften der Raumzeit-Kontraktionen genau zu bestimmen. Dann könnte man auch die Theorie der Gravitationswellen selbst weiteren Tests unterziehen. Daraus ergäben sich sogar neue Möglichkeiten, die Allgemeine Relativitätstheorie gegenüber ihren Alternativen zu prüfen. Unter anderem die Polarisation der Wellen spielt hier eine entscheidende Rolle. Dazu ist dann aber bereits ein vierter Detektor notwendig.

Weltweit sind mehrere Forschungsteams mit der Entwicklung und dem Aufbau entsprechender Systeme befasst. Die Chancen stehen also gut, dass in nächster Zukunft mehrere Interferometer zur Verfügung stehen werden. Sowohl die Astronomie als auch die Grundlagenphysik werden gleichermaßen von diesen Detektoren profitieren. Darüber hinaus wird durch die Forschung und Entwicklung in diesen Bereichen auch die Entwicklung hochpräziser und stabiler Laserquellen sowie die Konstruktion vielfältiger optischer und elektronischer Geräte vorangetrieben.

Wie sich bereits in der Vergangenheit zeigte, führen die Entwicklungen im Bereich der hochpräzisen Lasermesstechnik, wie sie für die Gravitationswelleninterferometer benötigt wird, auch in benachbarten Gebieten zu wertvollen Ergebnissen. Neben dem eigentlichen wissenschaftlichen Fortschritt sind es diese Resultate, welche die Gravitationswellenastronomie für viele Forschergruppen attraktiv erscheinen lassen. So hat es sich immer wieder gezeigt, dass Nationen, die in der Grundlagenforschung führend sind, auch bei technischen Anwendungen und Entwicklungen in der Spitzengruppe auftauchen.

Weltweit werden Anlagen geplant und aufgebaut, die hauptsächlich der Gravitationswellenforschung dienen, aber auch den allgemeinen Fortschritt beschleunigen und zudem Lehre und Ausbildung auf höchstem Niveau ermöglichen.

Aktuell stehen neben LIGO noch vier weitere Detektoren im Fokus. Neben GEO600 bei Hannover sind dies die folgenden Einrichtungen:

> das VIRGO-Projekt in Italien
> KAGRA in Japan
> IndIGO in Indien

Wenn alle diese Observatorien in den nächsten Jahren fertiggestellt sind, verfügt die Wissenschaft über ein globales Messsystem. Dann wird der Gravitationswellenastronomie mindestens die gleiche Bedeutung zukommen wie den anderen astrophysikalischen Beobachtungsmethoden.

VIRGO in Europa

Der VIRGO-Detektor in der Nähe von Pisa in Italien ist ähnlich aufgebaut wie die LIGO-Interferometer. Die Armlänge des Laser-Interferometers beträgt drei Kilometer. Durch Mehrfachreflexionen an den Spiegeln verlängert sich die effektive optische Länge in jedem Arm auf einen Lichtweg von bis zu 120 Kilometer.

Der Name des Projekts leitet sich vom Virgo-Galaxienhaufen ab. Dieser liegt in Richtung des Sternbildes Jungfrau (lat.: Virgo). Der Virgo-Haufen könnte aufgrund seiner Nähe zur Erde eine wichtige Quelle für Gravitationswellen sein. In dieser riesigen Anhäufung von Galaxien sollten viele zusammenstürzende Doppelsysteme existieren, die detektierbare Signale aussenden.

Der nutzbare Frequenzbereich von VIRGO erstreckt sich von zehn Hertz bis 6000 Hertz. Am VIRGO-Projekt sind hauptsächlich italienische und französische Wissenschaftler beteiligt. Sie haben verschiedene Techniken auf dem Gebiet der Hochleistungslaser entwickelt, um mit VIRGO ähnliche Empfindlichkeiten zu erreichen wie die LIGO-Detektoren. Auch hier kommen ultrahoch reflektierende Spiegel und ausgefeilte seismische Isolationen zum Einsatz. Eine spezielle optische Beschichtungsanlage ermöglicht es, Spiegel mit einem Reflexionsgrad von über 99,999 % herzustellen.

Eine Besonderheit des VIRGO-Detektors sind die 10 m hohen seismischen Isolationsstufen. Diese sollen insbesondere Messungen bei vergleichsweise niedrigen Frequenzen ermöglichen. Die Rohre der beiden drei Kilometer langen Interferometerarme in Italien besitzen einen Durchmesser von 1,2 m. Sie gehören damit zu den größten Ultrahochvakuumbehältern der Welt.

Das Interferometer wurde im Juni 2003 fertig gestellt. Allerdings konnten damit bislang auch in längeren Messphasen keine Gravitationswellen empfangen werden. Unterbrochen von Wartungsintervallen soll der Detektor in naher Zukunft wieder seinen Regelbetrieb aufnehmen. Wie bei LIGO wird die Empfindlichkeit dann nochmals deutlich größer sein als in früheren Jahren. Auch bei VIRGO werden alle Signale erfasst, aufgezeichnet und durch ein Online-Computersystem analysiert. Diese Daten werden dann weltweit wissenschaftlichen Einrichtungen zur weiteren Analyse zur Verfügung gestellt.

Die VIRGO-Forschung wird von der Virgo Collaboration vorangetrieben, die aus mehr als 250 Physikern und Ingenieuren aus verschiedenen europäischen Forschungsgruppen besteht.

Indien und Japan: LIGO-India und KAGRA

Der Erfolg von LIGO wird sicherlich den Bau weiterer Interferometer beschleunigen. Bis September 2015 war ja keineswegs klar, ob diese milliardenteuren Anlagen überhaupt jemals Ergebnisse liefern würden. Entsprechend zurückhaltend waren die Regierungen und Forschungsminister vieler Länder. Niemand konnte wirklich sagen, ob man in einem, in zehn oder erst in 100 Jahren Erfolg haben würde. Nun liegen die Dinge anders. Es besteht kein Zweifel mehr daran, dass man mit kilometerlangen Interferometern wissenschaftliche Ergebnisse auf Nobelpreis-Niveau gewinnen kann.

Die indische Regierung gab daher kurz nach dem LIGO-Erfolg die Mittel für den Bau von LIGO-India frei. Der indische Detektor ist ein Projekt von IndIGO, der **Ind**ian Initiative for **G**ravitational-Wave **O**bservatories. Bereits am 17. Februar 2016, also nur eine Woche nach der Bekanntgabe der LIGO-Messung, wurden entsprechende Verträge unterzeichnet. Einige der optischen und mechanischen Komponenten, die im US-amerikanischen Hanford lagern, sind bereits für das neue indische Interferometer vorgesehen.

Ein weiteres Observatorium, mit einem etwas anderen Design, ist in Japan geplant: KAGRA (**Ka**mioka **Gra**vitational Wave Detector). Es wird mit einer Armlänge von drei Kilometern etwas kleiner sein als die LIGO-Geräte. Dafür soll es sich in der Kamioka-Mine unter der Erde befinden und damit Aufgrund der Abschwächung von seismischen Oberflächenwellen in der Tiefe deutlich empfindlichere Messungen bei niedrigeren Frequenzen ermöglichen.

Der indische Detektor wird sich dagegen weitgehend an das LIGO-Design anlehnen. Der Vorschlag zum Bau eines Interferometers wurde der Regierung bereits im Jahr 2012 vorgelegt. In der Zwischenzeit haben die Wissenschaftler auch zwei mögliche Standorte ins Visier genommen. Design und Empfindlichkeit der Messstationen sollen weitgehend den LIGO-Einrichtungen entsprechen, der nutzbare Frequenzbereich zwischen 30 und 1000 Hertz liegen. Wenn der aktuelle Zeitplan eingehalten wird, sollte es etwa acht Jahre dauern, bis das Projekt die erste Beobachtungsphase starten kann.

LIGO-Indien soll nahtlos in das weltweite Gravitationswellennetzwerk integriert werden. Die geografische Lage in Indien ist im Hinblick auf einen möglichst großen Abstand zu anderen Observatorien nahezu optimal. LIGO-Indien wird als Kooperationsprojekt zwischen einem Konsortium aus indischen Forschungseinrichtungen und dem LIGO-Labor in den USA geplant. Mit im Spiel sind auch die anderen internationalen Partner wie Australien, Deutschland und Großbritannien.

Das vorgeschlagene LIGO-Indien-Projekt hat im Prinzip das Ziel, die Technik eines Advanced LIGO-Detektors nach Indien zu transferieren. Die LIGO-Wissenschaftler würden das komplette Design und alle wichtigen Detektorkomponenten liefern. Indische Wissenschaftler stellen die notwendige Infrastruktur zur Verfügung. Die Inbetriebnahme des Detektors an einem geeigneten Standort in Indien fällt in den Verantwortungsbereich der indischen Wissenschaftler. Das vorgeschlagene Observatorium würde gemeinsam von IndIGO und LIGO betrieben. Zusammen mit den LIGO-Detektoren in den USA und dem VIRGO-Projekt in Italien entsteht so ein erstes Netzwerk aus vier Empfängern.

Der wissenschaftliche Nutzen der IndIGO-Anlage ist nicht zu unterschätzen. Durch das Hinzufügen eines neuen Detektors in das bestehende Netz wird die Anzahl der erfassbaren Gravitationswellenereignisse deutlich erhöht. Zudem wird die aktive Messzeit erweitert. Muss etwa ein LIGO-Detektor wegen Wartungsarbeiten abgeschaltet werden, dann stehen immer noch mehrere unabhängige Messeinrichtungen im aktiven Betrieb zur Verfügung. Ausfallzeiten durch Wartungen, optische bzw. mechanische Upgrades oder technische Probleme werden damit deutlich reduziert. Die dramatischste Verbesserung durch einen Detektor in Indien liegt aber in der Möglichkeit, die Quellen der Gravitationswellen zu lokalisieren. Die Himmelsposition der Ereignisse kann präzise berechnet werden, indem Wissenschaftler die Daten von geografisch weit voneinander entfernten Detektoren kombinieren. Man spricht hier auch von einer sogenannten Apertur-Synthese. Dabei handelt es sich um ein Verfahren, bei dem die Ausgangssignale der einzelnen Empfänger direkt und phasenrichtig miteinander verglichen werden. Ähnlich wie bei Radioteleskopen kann man so eine sehr gute Ortsauflösung erzielen.

Da das IndIGO-Interferometer geografisch gut vom bestehenden LIGO-VIRGO-Detektorarray getrennt ist, wird der neue Empfänger in Indien die Ortsauflösung dramatisch verbessern. Die Lokalisierungsgenauigkeit wird fünf- bis zehnmal besser werden. Dadurch wird ein großer Schritt in Richtung eines globalen astronomischen Beobachtungsnetzwerkes ermöglicht. Zudem wird das vorgeschlagene IndIGO-Projekt der indischen Wissenschaft helfen, ein wichtiger Akteur im aufstrebenden Forschungsgebiet der Gravitationswellenastronomie zu werden. Es ist davon auszugehen, dass eine Initiative wie diese weitere Forschungs- und Entwicklungsprojekte in Indien nach sich zieht. Aufbau und Betrieb von Laserinterferometern dieser Größe erfordern multidisziplinäre Teamarbeit. Wissenschaftler und Ingenieure aus verschiedenen Bereichen wie Optik, Lasertechnik, Gravitationsphysik, Astronomie und Astrophysik, Kosmologie und Computertechnik sind erforderlich, um derartige Projekte erfolgreich umzusetzen.

Um das Potenzial interdisziplinärer Forschung voll auszuschöpfen, wird der IndIGO-Detektor mit mehreren indischen Astronomie-Projekten zusammenarbeiten. Potenzielle Kollaborationen umfassen das Astrosat-Projekt, das in Indien ansässige Neutrino-Observatorium und die Zusammenarbeit mit optischen Beobachtungsstationen sowie mit Radioteleskopen.

Die High-End-Engineering-Anforderungen des Projekts, etwa eine der größte Ultrahochvakuum-Anlagen der Welt, werden für die indische Industrie neue Möglichkeiten schaffen. Auch das LIGO-Projekt hat wichtige Partnerschaften aus Industrie und akademischen Forschungseinrichtungen hervor gebracht. Sowohl in den USA als auch in Europa entstanden mehrere wichtige technologische Spin-offs. In ähnlicher Wiese erwartet man sich auch in Indien neue Möglichkeiten in diesen Bereichen.

Darüber hinaus soll IndIGO Studenten und junge Wissenschaftler inspirieren. Das Projekt umfasst High-Tech-Instrumente und wird damit das Interesse von Nachwuchswissenschaftlern wecken. Man hofft, dass eine große Anzahl von talentierten und motivierten jungen Forschern und Studenten für das Programm gewonnen werden kann, ähnlich wie es in anderen Ländern der Fall ist. Das Observatorium wird eine der wenigen Forschungseinrichtungen in Indien dieser Größenordnung sein. Dadurch wird das internationale Renommee Indiens in der globalen wissenschaftlichen Gemeinde deutlich steigen.

Etwas anders liegen die Dinge in Japan. Hier wurde bereits in früheren Jahren ein kleinerer Detektor mit 300 m Armlänge betrieben, der wie alle anderen Einrichtungen dieser Größe keinen direkten Nachweiserfolg erbringen konnte. Allerdings kann Japan im Gegensatz zu Indien auf eine lange Geschichte erfolgreicher Großforschungsprojekte zurückblicken. Tief unter einem japanischen Gebirge, in dem sich auch das Kamioka-Erzbergwerk befindet, existieren bereits viele Forschungseinrichtungen der Spitzenklasse. Dazu zählen die international bekannten Neutrinodetektoren Kamiokande und Super-Kamiokande. Hier gelang auch der Nachweis von Neutrinos aus einer Supernova. Für diese wissenschaftliche Spitzenleistung wurde Professor Masatoshi Koshiba im Jahr 2002 mit dem Nobelpreis ausgezeichnet.

Acht Jahre später startete in direkter Nachbarschaft zu den anderen Forschungslaboren das neue wissenschaftliche Projekt KAGRA. Um die Empfindlichkeit dieses Interferometers zu optimieren, kommen fortschrittlichste Technologien wie eine Hochleistungs-Laserquelle mit großer Apertur und Superspiegel mit ultrageringen optischen Verlusten zum Einsatz. Ähnlich wie LIGO wird die Anlage in einem Ultrahochvakuum betrieben, um seismische Störungen und Lichtbrechungen der Laserstrahlen an Gasmolekülen bestmöglich zu unterdrücken.

Die Armlänge des Interferometers wird drei Kilometer betragen. Eine Besonderheit des Projekts besteht darin, dass es in einer unterirdischen Mine aufgebaut wird. Darüber hinaus werden die Spiegel auf −250 Grad Celsius (etwa 20 Kelvin) abgekühlt. Dadurch sollen thermische Vibrationen des Spiegelmaterials reduziert werden.

Die Spiegel selbst sollen aus reinem Saphir bestehen. Dieses Material wurde ausgewählt, da es insbesondere bei den angestrebten extrem niedrigen, kryogenen Temperaturen ausgezeichnete optische und thermische Eigenschaften aufweist. Da KAGRA das erste große Interferometer mit kryogenen Spiegeln sein wird, wurde zunächst eine Machbarkeitsstudie durchgeführt. Bereits im Februar 2006 konnte der Detektor erfolgreich bei kryogener Temperatur mit den Saphir-Spiegeln betrieben werden. In einem nächsten Schritt wird die Kühlung der Spiegel reaktiviert, um die Reduktion des thermischen Rauschniveaus weiter zu optimieren.

Nach seiner voraussichtlichen Fertigstellung im Jahr 2018 soll das KAGRA-Interferometer voll in den globalen Detektorverbund integriert werden. Zusammen mit LIGO, VIRGO und LIGO-India werden schließlich fünf große Interferometer über den Globus verteilt sein, die dann ab etwa 2020 ein weltumspannendes Netzwerk aus hochtechnisierten Observatorien bilden.

Neben VIRGO und GEO600 existieren in Europa auch noch weitere Pläne für erdgebundene Gravitationswellenobservatorien. So denkt man über eine Interferometer-Anordnung in Dreiecksform nach. Die Seitenlänge des Dreiecks soll bei 10 km liegen. Die Baukosten dieses Projekts mit dem vorläufigen Namen »Einstein-Teleskop« werden auf ca. 1,5 Milliarden Euro geschätzt. Obwohl es dazu bereits erste Studien gibt, liegt die Umsetzung aber sicherlich noch weit in der Zukunft.

Neues Spiel, neues Glück, neue Messbereiche

Eine große Anzahl von starken Quellen soll Gravitationswellen mit Frequenzen unterhalb von etwa einem Hertz aussenden. Dieser Frequenzbereich kann aber trotz des technischen Aufwands von der Erdoberfläche aus und auch mit unterirdischen Empfängern wie dem in Japan geplanten KAGRA-System kaum erfasst werden. Zu groß sind die seismischen Störungen und andere unerwünschte Einflüsse.

Doch hier gibt es alternative Detektor-Technologien. Sie reichen von Polarisationsmessungen des kosmischen Mikrowellenhintergrundes über die Präzisionsvermessung von Pulsar-Signalen bis hin zur genauen Bahnvermessung unbemannter Raumsonden. Alle diese Methoden haben gemeinsam, dass sie über riesige Messstrecken verfügen. Im Vergleich dazu sind die vier Kilometer langen Arme der LIGO-Detektoren geradezu winzig. Diese Technologien haben letztendlich das Ziel, das Gravitationswellen-Spektrum möglichst vollständig abzudecken, denn analog zu den elektromagnetischen Wellen wächst der Informationsgehalt mit der Breite des erfassbaren Wellenlängenbandes stark an.

Auch die optische Astronomie wurde nach und nach um weltraumbasierte Infrarot- und Ultraviolett-Teleskope erweitert. Radioteleskope, Röntgen- und Gammastrahlensatelliten sind allgemein betrachtet nur spezielle Teleskope, die den erfassbaren elektromagnetischen Wellenlängenbereich erweitern.

Durch theoretische Überlegungen gelangte man zur Schlussfolgerung, dass der Frequenz- bzw. Wellenlängenbereich der Gravitationswellen mehr als 20 Größenordnungen überdeckt. Von einer Größenordnung spricht man, wenn sich ein Messbereich verzehnfacht. Damit ist die größte vermutete Wellenlänge 10^{20} oder 100 Trillionen mal länger als die Kürzeste.

Ähnlich wie in der optischen Astronomie muss man aber auch hier die Erdoberfläche verlassen und sich in den Weltraum begeben, wenn man diesen gewaltigen Wellenlängenbereich abdecken will. Mit dem Projekt »LISA Pathfinder« wurden bereits erste Schritte in diese Richtung unternommen.

Das erste Weltrauminterferometer: LISA

Mit dem Projekt LISA (Laser Interferometer Space Antenna) wurde die Idee eines weltraumbasierten Gravitationswellendetektors ins Leben gerufen. Diese riesige interferometrische Weltraumantenne soll das niederfrequente Gravitationswellen-Fenster von circa 0,1 Millihertz bis etwa ein Hertz erschließen.

Damit rücken viele Quellen von Gravitationswellen in den Empfangsbereichen – neben Doppelpulsaren auch supermassive Schwarze Löcher mit mehreren Millionen Sonnenmassen. Extrem massive Schwarze Löcher sind aller Voraussicht nach in den Zentren vieler

Galaxien und auch in der Milchstraße zu finden. Verschmelzen sie miteinander, weil ihre Heimatgalaxien kollidieren oder fusionieren, können Gravitationswellen mit Frequenzen unterhalb des Millihertz-Bereichs entstehen. Eine volle Schwingungsperiode dieser Welle würde mehr als 1000 Sekunden, also knapp 17 Minuten andauern. Die zugehörige Wellenlänge ist entsprechend gigantisch, sie würde mehrere Milliarden Kilometer umfassen. Derartige Signale können nicht mit terrestrischen Systemen empfangen werden. Im Vergleich zu den erdgebundenen Gravitationswellenobservatorien wie LIGO und VIRGO wird LISA die vielversprechenden niedrigen Frequenzbereiche abtasten können. Diese sind auf der Erde aufgrund von Armlängenbeschränkungen und seismischem Störeffekten nicht zugänglich.

Die Forscher hoffen, dass sich die weltraumbasierten und bodengestützten Instrumente ebenso ergänzen wie optische Teleskope und Röntgensatelliten. Denn ähnlich wie dort sind auch im Gravitationswellenbereich komplementäre Informationen und Daten zu erwarten, die sich zu einem gemeinsamen Bild ergänzen.

LISA genießt auf dem weiten Gebiet der astrophysikalischen Großprojekte hohe Priorität und die Erfolge von LIGO werden sicher dazu beitragen, dass diese Weltraummission noch intensiver gefördert wird. Neben LISA existiert das Projekt DECIGO (**DE**-**C**i-hertz-**I**nterferometer **G**ravitational wave **O**bservatory). Dabei handelt es sich um eine von Japan vorgeschlagene weltraumbasierte Gravitationswellenantenne. Der Start dieser Mission soll allerdings erst mehrere Jahre nach LISA erfolgen.

In einem noch längeren Zeitrahmen bewegt sich der »Big Bang Observer«, der bereits als Nachfolgemission für LISA konzipiert wurde. Damit soll gezielt nach Gravitationswellen gesucht werden, die direkt beim Urknall erzeugt wurden. Daneben hofft man auf Signale aus der Frühphase des Universums. Auch mögliche Hinweise auf die Inflationstheorie sollten sich damit finden lassen.

Unterhalb von einem Millihertz wird LISA voraussichtlich so viele Quellen sehen, dass der Detektor sie nicht mehr einzeln auflösen kann. Die Interferometer werden dort nur noch einen stochastischen Gravitationswellenhintergrund empfangen. Dann wird es wieder vom Geschick der Analytiker und ihren numerischen Simulationen abhängen, welche Informationsfülle daraus gewonnen werden kann.

Das Konzept eines weltraumbasierten Gravitationswellendetektors wird seit über 20 Jahren gemeinsam von den europäischen und US-Raumfahrtagenturen, ESA und NASA, untersucht. Aufgrund von Finanzierungsproblemen seitens der NASA prüft die ESA derzeit eine Variante des ursprünglichen LISA-Konzepts. Diese Version wurde als eLISA bekannt und ist so ausgelegt, dass die ESA sie alleine finanzieren könnte. Das zusätzliche »e« im Akronym eLISA stand dabei für »evolved«, also eine weiterentwickelte Version des ursprünglichen Vorhabens. Inzwischen ist man aber wieder dazu übergegangen, die anfängliche Bezeichnung LISA weiter zu verwenden.

Zu den Aufgaben von LISA wird es gehören, Signale von der heißen Frühphase unseres Universums zu erfassen, die aus den ersten Sekundenbruchteilen der kosmischen Entwicklung stammen. Darüber hinaus ist LISAs primäres Ziel die Erfassung und Analyse von Gravitationswellen von massiven Schwarzen Löchern, die in den Zentren vieler Galaxien vermutet werden. Aber auch die Signale von tausenden kompakten Doppelsternsystemen in der Milchstraße sollen mit LISA empfangen und ausgewertet werden. Die stärksten Quellen, die LISA sehen wird, dürften verschmelzende Schwarze Löcher mit 10.000 bis zehn Millionen Sonnenmassen sein. Diese kann man in die Zeit bis rund 300 Millionen Jahre nach dem Urknall zurückverfolgen und damit auch jene Epoche untersuchen, in der die ersten Galaxien entstanden sein dürften.

Im Universum wird es dann nur noch wenige Gravitationswellensender geben, die LISA nicht erfassen kann. Dazu zählen Objekte mit einer Milliarde und mehr Sonnenmassen. Die elliptische

Galaxie M 87 scheint ein solches Schwarzes Loch mit bis zu sieben Milliarden Sonnenmassen zu enthalten, dessen Schwarzschildradius in etwa den Ausmaßen des gesamten Sonnensystems entsprechen könnte. Gravitationswellen aus einer derartig massiven Quelle können voraussichtlich nur, wenn überhaupt, mit den gigantischen Armlängen eines Pulsar-Timing-Arrays erfasst werden.

Die LISA-Sonden werden durchlaufende Gravitationswellen durch die Messung winziger Abstandsänderungen von Testmassen direkt beobachten. Das Messprinzip ist also durchaus den bekannten erdgebundenen Verfahren ähnlich. Allerdings befinden sich diese Testmassen nicht in Hochvakuumröhren, sondern innerhalb einer Raumsonde. Die wichtigsten Funktionen von LISA sind interferometrische Messungen über riesige Entfernungen hinweg. Die nur im Weltraum möglichen extrem langen Basislinien werden durch Raumsonden in entsprechenden Abständen erreicht. Bei LISA werden dafür drei Satelliten mit jeweils einer Million Kilometer Abstand voneinander eingesetzt. So entsteht ein Laser-Interferometer mit entsprechend großen Armlängen.

Ein wesentliches Merkmal des LISA-Konzepts besteht darin, dass die drei Satelliten eine nahezu gleichseitige Dreiecksformation bilden werden. Diese spezielle Konfiguration ermöglicht es, auf eine aktive Bahnstabilisierung der Raumsonden zu verzichten. Das ambitionierte Ziel ist es, die drei Satelliten etwa 70 Millionen Kilometer von der Erde entfernt zu positionieren. Diese Entfernung markiert die äußerste Grenze für eine zuverlässige Kommunikationsverbindung mit erdgebundenen Empfangsstationen. Die Raumsonden werden also nicht wie Wettersatelliten um die Erde kreisen. Die gesamte Anordnung soll sich vielmehr auf einer eigenen, sogenannten heliozentrischen Bahn um die Sonne bewegen. Das Zentrum der Anordnung wird sich dabei in der Ebene der Erdbahn um die Sonne, der sogenannten Ekliptik, befinden. 70 Millionen Kilometer Abstand bedeuten, dass die Sonden von der Sonne aus betrachtet in einer Winkeldistanz von 20° hinter der Erde herfliegen. Die Ebene des Dreiecks selbst wird eine Neigung von 60° gegenüber der Ekliptik aufweisen. Diese spezielle heliozentrische Umlaufbahn wurde gewählt, damit die Dreiecksanordnung in der gesamten Umlaufbahn um die Sonne stabil bleibt. Das Dreieck rotiert dabei langsam um seinen Zentralpunkt.

Die LISA-Sonden werden das Dehnen und Stauchen der Raumzeit kontinuierlich aufzeichnen. Damit lassen sich Frequenz, Phase und Polarisation der gesuchten Wellen präzise vermessen. Die Ausrichtung des Dreiecks ändert sich bei jedem Umlauf. Damit wird bis zu einem gewissen Maße die Lokalisierung von Gravitationswellensendern möglich sein. Spezielle Messverfahren sollen zudem die Erfassung von überlappenden Signalen ermöglichen. Die angestrebte Messempfindlichkeit von LISA soll bei 10^{-21} liegen. Es mag überraschen, dass dies in etwa mit dem Wert für die erdgebundenen Interferometer übereinstimmt. Man könnte sich also die Frage stellen, wozu man den gesamten Aufwand treibt, wenn die Messempfindlichkeit nicht in entsprechendem Maße gesteigert wird.

Des Rätsels Lösung liegt im zu erfassenden Frequenzbereich. Hier spielt die seismische Isolation der Testmassen auf der Erde eine herausragende Rolle. Besonders deutlich wird dies bei den kaskadierten Stufen in den 10 m hohen Türmen des VIRGO-Interferometers. Bei sehr geringen Frequenzen wird eine effektive Isolation praktisch völlig unmöglich. Man muss also die unruhige Erde verlassen und die Tiefen des Weltalls aufsuchen, um auch die niedrigen Frequenzen des Gravitationswellenspektrums empfangen zu können. Nur dort können die Beobachtungen in der völlig ungestörten Umgebung des Weltraums durchgeführt werden, fernab von allen seismischen Störungen. Damit wird LISA im wichtigen Niederfrequenzbereich eine unvergleichliche Empfindlichkeit erreichen. Sowohl Quellen innerhalb der Galaxis als auch Objekte am Rand des sichtbaren Universums rücken in greifbare Nähe.

Das breite Frequenzband findet wieder in der Radioempfangstechnik seine Analogie. Während man im UKW-Bereich mit kurzen Stabantennen auskommt, benötigt man für Langwellen bereits große Sende- bzw. Empfangsanlagen mit über 100 m hohen Sendetürmen. Dafür kann man mit einem UKW-Radio auch nur das Programm von Stationen in der näheren Umgebung hören. Auf Langwelle dagegen ist es möglich, auch Sender über tausende Kilometer hinweg zu empfangen.

Das Frequenzband von LISA soll vier Größenordnungen umfassen, von einem Hertz bis zur 10.000-mal kleineren Frequenz von 0,1 Millihertz. Im Vergleich dazu ist der gesamte sichtbare Frequenzbereich des Lichts geradezu winzig. Hier spielt sich alles innerhalb einer einzigen Oktave, d. h. in einer einzigen Frequenzverdoppelung, ab. Alle sichtbaren Farben, vom tiefsten Dunkelrot bis zum hellsten Himmelblau, liegen in diesem schmalen Band. Um wie viel intensiver unsere visuellen Eindrücke sein könnten, wenn sie sich über vier Frequenzgrößenordnungen erstreckten, kann man sich nur mit viel Fantasie ausmalen.

Für LISA ist die direkte Reflexion von Laserlicht, wie sie in einem normalen Michelson-Interferometer verwendet wird, nicht durchführbar. Laserlicht ist zwar allgemein für seine hervorragende Bündelung bekannt – die millimeterdünnen Strahlen aus den inzwischen allgegenwärtigen Laserpointern erzeugen auch in größeren Entfernungen noch einen scharf fokussierten Lichtfleck. Allerdings ist auch dieser Bündelung eine natürliche Grenze gesetzt. Beugungserscheinungen weiten selbst optimal gebündelte Laserstrahlen auf Entfernungen von einer Million Kilometer deutlich auf. So kommt von der Lichtleistung, die ein Laserstrahl in einer Raumsonde aussendet, nur ein geringer Bruchteil bei der anderen Sonde an. Dies hätte zu Folge, dass nur noch einzelne Photonen empfangen werden könnten. Daher werden spezielle Verfahren eingesetzt, um die Armlängen genau zu vermessen. Obwohl LISA ähnlich arbeitet wie ein Michelson-Interferometer, gibt es doch einige Unterschiede. Im Gegensatz zum Interferometer wird hier kein Lichtstrahl in zwei Teilstrahlen aufgeteilt. Stattdessen sendet ein Satellit jeweils einen separaten Laserstrahl zu seinem Nachbarn. Wegen der großen Entfernung ist die Strahlintensität, die bei den entfernten Satelliten ankommt, viel zu schwach, um sie zurück zu reflektieren. Deshalb sind in den Satelliten keine Spiegel, sondern aktive optische Verstärker eingebaut. Diese verstärken alles Laserlicht, das sie erreicht, und senden es dann phasenrichtig zum Ursprungssatelliten zurück.

Durch Vergleich des ursprünglichen Laserstrahls und des verstärkten Antwortsignals können nun, ähnlich wie in der klassischen Interferometrie, Entfernungsvariationen zwischen den Satelliten präzise erfasst werden. Auf diese Weise wird es möglich, Abstandsänderungen mit einer Genauigkeit in der Größenordnung von Bruchteilen eines Pikometers zu messen. Zusammen mit der Basislänge von einer Million Kilometern, also 10^9 m, ergibt sich so die bereits erwähnte Empfindlichkeit von 10^{-21}.

Hierfür ist es von entscheidender Bedeutung, dass die frei schwebenden Testmassen in den Satelliten nicht durch äußere Einflüsse gestört werden. Ein solcher Störfaktor ist beispielsweise der sogenannte Sonnenwind. Dabei handelt es sich um einen stetig von der Sonne emittierten Teilchenstrom, der die Messungen in erheblichem Maße beeinflussen könnte. Eine wichtige Aufgabe der Satelliten besteht also darin, die Testmassen vor diesem Einfluss zu schützen.

Zudem muss, wie bei den erdgebundenen Messstationen, auch beim LISA-Projekt das Frequenzrauschen des Lasers unterdrückt werden. Das verwendete Verfahren macht es erforderlich, dass der eine Million Kilometer lange Abstand zwischen den Raumsonden bis auf einen Meter genau vermessen wird. Dies ist jedoch nur eine der vielen technologischen Herausforderungen die mit diesem höchst anspruchsvollen Projekt verbunden sind.

Bei seiner Fertigstellung wird LISA das Ergebnis von Jahrzehnten der Entwicklung im Bereich der Laserinterferometrie, der Raketen-Antriebstechnik und der Ultra-Präzisionssensorik sein. Diese neuen und extrem herausfordernden Technologien werden aktuell im Rahmen der LISA-Pathfinder-Mission im Weltraum getestet. Der Start der LISA-Mission ist für 2034 geplant. Das Max-Planck-Institut für Gravitationsphysik wird sowohl bei der Mission selbst als auch bei der Vorbereitungsphase eine führende Rolle spielen.

LISA Pathfinder und der ruhigste Ort im Sonnensystem

Da mit LISA wissenschaftliches und technisches Neuland betreten wird, wurde zunächst das Demonstrationsprojekt LISA Pathfinder entwickelt. In dieser Weltraum-Mission kommen bereits viele Technologien für das geplante LISA-Observatorium zum Einsatz. Der Hauptzweck von LISA Pathfinder ist also der Test neuer Technologien unter realistischen Bedingungen im All.

Der Pathfinder-Satellit wurde von EADS Astrium gebaut. Der Start war zunächst für 2008 vorgesehen, musste aber mehrfach verschoben werden. Schließlich hob am 3. Dezember 2015 eine Vega-Rakete vom Weltraumbahnhof Kourou in Französisch-Guayana ab. Nach ihrem Start wurde die LISA-Pathfinder-Sonde zunächst in eine elliptische Transferbahn eingeschossen. Von dort aus ist sie in eine Halobahn um den Lagrangepunkt L1, der rund 1,5 Millionen Kilometer von der Erde entfernt ist, eingeschwenkt. An diesem ganz speziellen Ort ist die Restanziehung der Sonne exakt so stark, dass ein Testkörper auf eine erdsynchrone Umlaufbahn gezwungen wird. Vor dem Einschwenken in die endgültige Bahn und dem Beginn der wissenschaftlichen Experimente wurde das Antriebsmodul von der Nutzlasteinheit abgetrennt. Damit ist sichergestellt, dass alle störenden Einflüsse auf ein

Minimum reduziert werden. Die Halobahn um den Lagrange-Punkt wurde ausgewählt, um die hohen Anforderungen bezüglich konstanter Sonneneinstrahlung und geringer gravitativer Störungen zu erfüllen. Die Testmassen und ihre Umgebung befinden sich dort an einem der ruhigsten Orte im Sonnensystem.

Die zwei Meter lange, ein Meter breite und 430 Kilogramm schwere LISA-Pathfinder-Sonde ist ein ambitioniertes Gemeinschaftsprojekt von sieben europäischen Nationen, darunter Deutschland, Frankreich, Italien und die Schweiz. Bei LISA Pathfinder begnügt man sich mit einer gegenüber LISA deutlich geringeren Messgenauigkeit. Während LISA Distanzmessungen zwischen Satelliten durchführt, misst der Pathfinder lediglich den Abstand zweier Würfel, die sich innerhalb der Sonde befinden. Diese mit einer Gold-Platin-Legierung beschichteten Würfel besitzen eine Kantenlänge von knapp 5 cm und einen Abstand von 38 cm. Die Masse der beiden Würfel beträgt jeweils etwa zwei Kilogramm. Während der Messphase schweben die beiden Testkörper frei im Inneren der Raumsonde. Ein Laserinterferometer vermisst den Abstand der beiden Würfel. Zur exakten Lageregelung des Satelliten werden sehr schwache Ionentriebwerke eingesetzt, die mit elektrisch beschleunigten Cäsiumatomen arbeiten und eine Schubkraft von nur wenigen Mikronewton liefern. Trotz ihrer geringen Leistung dürfen die Triebwerke nur außerhalb der aktiven Messzeiten arbeiten.

Seit dem 22. Februar 2016 befinden sich die beiden Testmassen im »freien Fall« innerhalb der Messapparatur, ohne jegliche Beeinflussung von außen. Nach dem Lösen der mechanischen Verbindungen waren sie bis dahin mit elektrostatischen Kräften auf Position gehalten worden.

Neben seiner Wegbereiter-Funktion für LISA hat das Pathfinder-Projekt noch einige andere Ziele. So soll in einer realen Weltraumumgebung gezeigt werden, dass frei fallende Körper tatsächlich geodätischen Linien folgen. Diese Linien sind in der Allgemeinen

Abbildung 30: Der LISA-Pathfinder-Satellit (Illustration)

Relativitätstheorie das Äquivalent von geraden Linien in einer gekrümmten Raumzeit. Die Messgenauigkeit soll dabei um mehr als
zwei Größenordnungen besser sein als bei allen bisher durchgeführ-
ten Projekten. Unabhängig von Gravitationswellenmessungen wird
damit ein weiterer wichtiger Nachweis für die Richtigkeit der Allgemeinen Relativitätstheorie erwartet.

Das optische Messsystem an Bord des LISA-Pathfinder-Satelliten
ist in der Lage, die Position der beiden Testmassen mit hoher Präzision zu bestimmen. Unter Verwendung einer ultra-stabilen optischen
Bank und eines sehr rauscharmen Lasersystems werden Änderungen der optischen Weglängen aufgrund von Massenbewegungen exakt vermessen. Die Resultate werden direkt an die Computersysteme
weitergeleitet und dort in Echtzeit verarbeitet. Aus diesen präzisen
Messungen können die Kräfte berechnet werden, die Störungen der
Testmassen auf ihrer geodätischen Bahn verursachen. Als Lichtquelle kommt ein Nd:YAG-Laser mit einer Wellenlänge von 1064
Nanometern und einer Leistung von etwa 40 Milliwatt zum Einsatz.

Nach sorgfältigen Tests im Rahmen der LISA-Pathfinder-Mission wird dieser Laser als Standard-System für viele zukünftige Weltraum-Missionen zur Verfügung stehen.

Viele Experimente in der Gravitationsphysik erfordern die Messung der relativen Beschleunigung zwischen frei fallenden Referenzmassen. In Lunar-Ranging-Experimenten sind die Testobjekte die Erde und der Mond. In erdgebundenen Gravitationswellenmessungen sind die Testmassen die an Pendeln aufgehängten Spiegel eines Michelson-Interferometers. Für LISA werden die Testmassen aus 2 kg schweren Würfeln bestehen, die in Raumsonden mit einer Entfernung von einer Million Kilometer untergebracht sind.

Bei LISA Pathfinder befinden sich die Testmassen hingegen innerhalb derselben Sonde in einem Abstand von nur 38 cm. Trotzdem kann so eine ganze Reihe von wichtigen Untersuchungen durchgeführt werden. Insbesondere die Beiträge verschiedener Störungen sollen genauestens charakterisiert werden. Zudem wird der Pathfinder Einsteins geodätische Bewegung auf einem bislang nicht dagewesenen Niveau bestätigen können und einen ersten Blick auf die Ziele erlauben, die mit LISA erreicht werden könnten.

Die notwendige Freiheit der Testmassen von Störkräften lässt sich auf der Erde nicht erreichen. Wegen der Größe der Störeffekte, insbesondere der irdischen Schwerkraft und ihrer Variationen, sind die notwendigen Untersuchungen auf der Erde nicht möglich. Daher verfolgt LISA Pathfinder als notwendige technologische Vorgängermission von LISA das Ziel, die Schlüsseltechnologien des Systems im Weltraum zu testen. Diese Aufgaben umfassen insbesondere

› den Test der Inertialsensoren zur Messung der Positionen der Testmassen relativ zum Satelliten
› die Charakterisierung des »Drag-Free-Control-Systems« zur Steuerung der Kompensation von Störkräften mittels Inertialsensoren und Mikronewton-Triebwerken

› die Überprüfung der Laserinterferometrie zur hochgenauen Bestimmung der gegenseitigen Positionen und der Orientierung der Testmassen
› Tests zur Durchführbarkeit der Laserinterferometrie mit Pikometer-Auflösung bei niedrigen Frequenzen
› Zuverlässigkeitstest der verschiedenen Instrumente in realer Weltraumumgebung

Das System soll sich in Bezug auf die Störungsfreiheit der Testmassen der späteren LISA-Mission möglichst weit annähern. Seit Mitte 2016 liegen erste Ergebnisse vor, die zeigen, dass die zwei Testmassen im Inneren des Satelliten frei im Weltall fallen und nur dem Einfluss der Schwerkraft unterliegen. Die Isolation von äußeren Störkräften ist fünfmal besser als ursprünglich erwartet. Neueste Datenanalysen ergeben zudem, dass die Testmassen nahezu bewegungslos sind. Darüber hinaus konnten die meisten der verbleibenden minimalen Störkräfte mit bisher nicht erreichter Genauigkeit identifiziert werden.

Diese Ergebnisse belegen, dass die Kontrolle über die Testmassen auf dem für ein Gravitationswellen-Observatorium im All notwendigen Niveau liegt. LISA Pathfinder hat damit die Tauglichkeit der wichtigsten Schlüsseltechnologien nachgewiesen und den Weg für die LISA-Hauptmission frei gemacht. Die Leistung des Laserinterferometers kann die vorausberechnete Messgenauigkeit für ein zukünftiges Gravitationswellen-Observatorium im All mindestens erreichen, wenn nicht sogar noch übertreffen. Die Forscher sehen sich in ihrer Hoffnung bestätigt, dass mit der von LISA Pathfinder erreichten Messgenauigkeit ein späteres Weltraumobservatorium Gravitationswellen von verschmelzenden, extrem massereichen Schwarzen Löchern in Galaxien des gesamten Universums nachweisen kann.

All diese Technologien sind aber nicht nur wichtig für LISA. Sie bilden auch die Grundlage für künftige weltraumgestützte Tests der

Allgemeinen Relativitätstheorie. Eine mögliche Missionserweiterung würde es sogar erlauben, einige Messungen durchzuführen, die die Allgemeine Relativitätstheorie weiter bestätigen könnten. So zeigen die bereits erwähnten Alternativen zur Einsteinschen Theorie oft charakteristische Abweichungen bei sehr geringen Gravitationsfeldern. Ein Ort, an dem die Gravitationskräfte auf sehr geringe Werte absinken, ist der Erde – Sonne-Sattelpunkt, der nicht identisch ist mit dem L_1-Lagrange-Punkt. Trotzdem bestünde die Möglichkeit, diesen Punkt mit dem Pathfinder zu erreichen. Beim Durchfliegen eines Sattelpunktes, an dem sich die Gravitationswirkungen von Erde und Sonne aufheben, könnte die Sonde prüfen, ob die Einsteinsche Theorie auch noch gilt, wenn alle vorhandenen Gravitationsbeschleunigungen extrem gering sind. Ist dies der Fall, könnten theoretische Alternativen der allgemeinen Relativitätstheorie, wie die **Mo**difizierte **N**ewtonsche **D**ynamik (MOND) und ähnliche Hypothesen, experimentell widerlegt oder aber auch bestätigt werden.

Detektoren, so groß wie das Universum selbst: Pulsar Timing Arrays

Neben den Weltraumsonden steht noch eine ganz andere Detektorart für den Gravitationswellenempfang im Weltall zur Verfügung. Hierzu kommen wieder die bereits aus dem ersten Gravitationswellennachweis bekannten Pulsare in Betracht. Pulsare können als hochgenaue Uhren im Universum angesehen werden. Sie liefern die präzisesten Zeitsignale, die der Wissenschaft zur Verfügung stehen. Schon minimalste Abweichungen von wenigen Nanosekunden lassen sich messen. Diese Unregelmäßigkeiten können Hinweise auf verschiedene Ereignisse, wie etwa Gravitationswellen, liefern.

Pulsare, die erst vor relativ kurzer Zeit entstanden sind, rotieren häufig noch etwas unregelmäßig. Die Neutronenmaterie, aus der sie bestehen, ist noch nicht vollständig kugelsymmetrisch. Deshalb kann es bei diesen Objekten in gewissen Zeitabständen zu geringfügigen Masseverschiebungen kommen. Dies führt zu sogenannten Sternbeben, welche die Rotationsgeschwindigkeit der Pulsare beeinflussen können. Dies hat zur Folge, dass die ansonsten äußerst regelmäßigen Pulse minimale zeitliche Schwankungen aufweisen.

Bei sehr alten Pulsaren dagegen haben sich im Allgemeinen alle Asymmetrien weitgehend ausgeglichen. Sie rotieren daher extrem gleichmäßig. Wenn ihre Radiopulse variieren, muss es dafür andere Gründe geben. Eine Ursache für Unregelmäßigkeiten in der Pulsfrequenz alter Pulsare können Gravitationswellen sein. Diese Strecken oder Stauchen den Raum zwischen der Erde und der Pulsar minimal und verursachen so Variationen der Signallaufzeit.

Mit modernen Radioteleskopen sind die intensiven Pulsarsignale leicht zu empfangen und zu vermessen. Wie wichtig diese Leuchttürme des Universums für die Gravitationswellenforschung und Tests zur Allgemeinen Relativitätstheorie sind, wurde schon für die Quellen PSR 1913+16 und PSR J0737-3039 ausführlich diskutiert. Bereits die Arbeiten von Hulse und Taylor haben gezeigt, dass sich die kosmischen Leuchttürme als Messlabor für Effekte der Allgemeinen Relativitätstheorie eignen. Damit sind aber nicht alle Messmöglichkeiten ausgeschöpft. Pulsare können noch auf ganz andere Weise als kosmische Gravitationswellen-Detektoren eingesetzt werden. So ist es auch möglich, mit Pulsaren Gravitationswellen nachzuweisen, die nicht von den betreffenden Objekten selbst ausgestrahlt werden. Sie lassen sich eventuell sogar als gigantische Gravitationswellen-Antennen verwenden.

Das Grundprinzip einer derartigen Messung ist vergleichsweise einfach. Man muss dazu nur die extrem konstanten Frequenzen der Radiopulse sehr genau vermessen. Wenn die Ankunftszeiten dieser Signale geringfügig schwanken, weil eine langwellige Gravitationswelle durch das All läuft, lassen sich aus diesen Laufzeitvariationen genaue Informationen über die Gravitationswellen gewinnen. Das Verfahren funktioniert ähnlich wie bei den LIGO-Detektoren. Auch dort wird geprüft, ob sich die Lichtlaufzeit auf einer bestimmten Strecke durch eine durchlaufende Welle verändert. Allerdings erreicht man aufgrund der immensen Abstände der Pulsare von der Erde entsprechend gigantische »Armlängen«. Genau wie die Arme der Laserinterferometer werden die Abstände zu den Pulsaren beim Durchlauf einer Gravitationswelle verkürzt oder verlängert. Dadurch gelangen die Pulse etwas schneller oder langsamer zum Empfänger. Dies führt zu einer messbaren Variation in der Pulsfrequenz der einzelnen Pulsarsignale. Prinzipiell spielen also Pulsare bei diesem Verfahren die gleiche Rolle wie die Spiegel bei LIGO. Durch die Vermessung von Radiosignalen ferner Neutronensterne könnten Wissenschaftler künftig vielleicht Gravitationswellen mit ähnlicher Empfindlichkeit nachweisen wie mit den Laserinterferometern von LIGO.

Diese alternative Messmethode wäre in der Lage, die Kollision und Verschmelzung supermassereicher Schwarzer Löcher zu detektieren. Zudem ist sie im Prinzip jetzt schon einsatzbereit, da die erforderlichen Radioteleskope zum größten Teil bereits verfügbar sind. Das Verfahren erlaubt es, Radiosignale zu verfolgen, die nicht nur, wie die Lasersignale von LISA, ein paar Millionen Kilometer unterwegs sind, sondern viele Lichtjahre quer durch die gesamte Galaxis zurückgelegt haben. Diese Idee des Gravitationswellennachweises ist auch als **P**ulsar **T**iming **A**rray (PTA) bekannt. Prinzipiell wäre es natürlich genauso gut möglich gewesen, dass nicht LIGO, sondern die Kollegen aus der Radioastronomie diesen Gravitationswellennachweis als Erste erbracht hätten. Allerdings wären in diesem Falle wieder nur eher »indirekte« Signaturen der eigentlichen Gravitationswellen detektiert worden und keine direkte Raumzeit-Fluktuation. Der Preis für den ersten indirekten Nachweis geht aber aufgrund der Messungen am Doppelneutronenstern PSR 1913+16 ohnehin an die Radioastronomie.

Um Gravitationswellen nachzuweisen, muss man Pulsare über viele Jahre hinweg beobachten und dabei auch geringste Frequenzschwankungen aufzeichnen. Die Erfolgschancen dieses Verfahrens erhöhen sich mit der Anzahl der untersuchten Objekte. Je mehr Pulsare erfasst werden und je mehr Messdaten vorliegen, desto höher wird die Wahrscheinlichkeit, dass auch hier der Gravitationswellennachweis gelingt. Aktuell werden die präzisesten bekannten Pulsare, derzeit etwa 30 Objekte, regelmäßig mit den größten Radioteleskopen der Welt beobachtet und kontinuierlich vermessen. Man hofft, damit auch langwellige Gravitationswellensignale erfassen zu können. In vielfacher Hinsicht ergänzen sich radioastronomische Methoden und boden- bzw. weltraumgestützte Laserinterferometrie. Die Radioastronomie wird höchstwahrscheinlich innerhalb der nächsten Jahre zur Beobachtung von Gravitationsstrahlung führen, die weder mit boden- noch mit weltraumgestützten Interferometern möglich sind.

Zweifellos wurde der erste direkte Nachweis von Gravitationswellen Anfang Februar 2016 zu Recht als wissenschaftliche Sensation betrachtet und war deshalb weltweit in Nachrichtensendungen und Internetdiensten präsent. Es war ein herausragendes Ereignis und hat neue Möglichkeiten eröffnet, das Universum zu beobachten und hoffentlich auch besser zu verstehen. Letztlich war es aber nur der Anfang einer künftigen Gravitationswellenastronomie. Dieses neue Forschungsfeld könnte das Verständnis der Physiker vom Aufbau des Universums grundlegend verändern.

Will man das große Ziel einer umfassenden und globalen Gravitationswellenastronomie wirklich realisieren, so darf man diesen ersten Erfolg natürlich nur als weiteren Ansporn betrachten. Die erste Beobachtung eines kosmischen Großereignisses im »Licht« der Gravitationswellen zu beobachten war ohne jeden Zweifel ein entscheidender Fortschritt für die moderne Physik. Allerdings wäre der Aufwand nicht gerechtfertigt, wenn es dabei bleiben sollte. Mit Sicherheit werden die Forscherteams daher in den kommenden Monaten und

Jahren alles daran setzen, weitere Messergebnisse zu erhalten. Damit es aber eine echte Gravitationswellenastronomie geben kann, sollten möglichst unterschiedliche Detektoren eingesetzt werden. Zudem ist eine kontinuierliche Beobachtung wünschenswert. Von größtem Interesse wäre es, wenn man möglichst verschiedenartige Phänomene detektieren könnte, um damit ein umfassendes Bild aller erfassbaren Gravitationswellensender im Kosmos zu erhalten.

Das berühmte Signal vom 14. September 2015 entstand, als zwei Schwarze Löcher von jeweils etwa 30 Sonnenmassen ineinander stürzten. Das Ereignis ist auch deshalb so interessant, weil sich das Verhalten dieser Art von Schwarzen Löchern und die dabei entstehenden Gravitationswellen durch numerische Simulationen auf Basis der Allgemeinen Relativitätstheorie ausgezeichnet berechnen lassen. Gerade deshalb war es auch möglich, die Messung entsprechend zu interpretieren und eine Fülle von Daten daraus zu gewinnen. Obwohl bislang die Existenz von Schwarzen Löchern dieser Größenordnung nur vermutet werden konnte, war der Signalverlauf aufgrund numerischer Simulationen dennoch bis zu einem gewissen Maße schon im Voraus bekannt. Zwar wurde das Ereignis von einem Suchalgorithmus gefunden, der nicht auf eine bekannte Signalform angewiesen war. Im Wesentlichen suchen die Algorithmen dabei nach Mustern, die in den beiden 3000 Kilometer voneinander entfernten Detektoren simultan auftauchen. Dennoch war der prinzipielle Mechanismus des Ereignisses recht gut bekannt und man wusste, dass verschmelzende Binärsysteme Gravitationswellen in Form eines Chirp-Signals aussenden.

Nach allgemeiner Auffassung gibt es im Universum aber noch wesentlich mehr Ereignisse, die Gravitationswellen erzeugen, und nicht alle davon lassen sich mit Observatorien wie LIGO oder VIRGO beobachten. Dies ist in Abbildung 22 auf Seite 111 gut zu erkennen. Dort ist die Empfindlichkeitsgrenze für die LIGO-Interferometer dargestellt. Darüber hinaus sind die Frequenzen bzw. Wellenlängen der Gravitationswellen von unterschiedlichen Ereignissen eingezeichnet. Daneben finden sich die verschiedenen Nachweismethoden, die geeignet sind, diese kosmischen Ereignisse zu beobachten. Ganz rechts liegen die Laser-Interferometer wie LIGO, VIRGO und künftig auch IndIGO und KAGRA. Die maximale Empfindlichkeit dieser Instrumente liegt im Frequenzbereich von ca. zehn Hertz bis etwa einem Kilohertz. Gravitationswellen mit diesen Frequenzen werden von vergleichsweise nahen Schwarzen Löchern stellaren Ursprungs ausgelöst. Im kosmischen Maßstab handelt es sich dabei um eher »kleine« Objekte, auch wenn ihre Masse wie im Fall von GW150914 das 30-Fache der Sonnenmasse betrug.

Denn neben diesen »kleinen« Schwarzen Löchern gibt es auch noch supermassereiche Exemplare, die vor allem in den Zentren von Galaxien vermutet werden. Zudem ist es durchaus nicht ungewöhnlich, dass Galaxien kollidieren oder miteinander verschmelzen. Auch unsere Milchstraße wird in etwa vier Milliarden Jahren mit der Andromeda-Galaxie zusammenstoßen. Wenn ganze Galaxien kollidieren, kann es zur Fusion ihrer zentralen Schwarzen Löcher kommen. Die damit verbundenen Gravitationswellen haben ganz andere Dimensionen als das zarte Vibrieren der Raumzeit, wie es bei der Verschmelzung von stellaren Schwarzen Löchern entsteht. Die Schwingungsperioden liegen hier im Bereich von Mikro- oder Nanohertz und darunter. Eine einzige Schwingung der entstehenden Gravitationswelle kann hier Wochen, Monate oder gar Jahre andauern. Die Wellenlängen reichen von Millionen von Kilometern bis hin zu Tausenden von Lichtjahren. Um diese gewaltigen Wellen zu erfassen, braucht man andere Messmethoden, vor allem Detektoren mit gigantischen Armlängen.

Mit dem Projekt LISA ist bereits geplant, das Konzept von LIGO in den Weltraum zu verlagern. Mit Laserinterferometern kann man Gravitationswellen nachweisen, da Licht in zwei unterschiedliche Richtungen abgestrahlt und von Spiegeln in mehreren

Kilometern Entfernung reflektiert wird. Wenn nicht gerade eine Gravitationswelle durch das System läuft, treffen beide Teilstrahlen phasengleich den optischen Messempfänger, da sie genau die gleiche Strecke mit der gleichen Geschwindigkeit zurückgelegt haben. Wie bereits ausführlich diskutiert wurde, verändert eine durch den Detektor laufende Gravitationswelle die Länge dieser beiden Arme relativ zueinander. Da die Lichtgeschwindigkeit aber unverändert bleibt, kommen die beiden Strahlen nicht mehr mit der gleichen Phase zurück und am Ausgang des Interferometers entsteht ein messbares Signal.

Verlängert man die Strecke, die das Licht durchläuft, erhöht man auch die Genauigkeit des Detektors, da die Gravitationswellen nun über eine längere Strecke hinweg das Laserlicht beeinflussen können. Zudem passen dann auch längere Gravitationswellenlängen, also tiefere Signalfrequenzen besser zur Messstrecke. Auf der Erde ist der verfügbare Platz jedoch naturgemäß eingeschränkt. Bereits der Bau von vier Kilometer langen Vakuumröhren ist mit erheblichem organisatorischem Aufwand verbunden. Darüber hinaus gibt es überall seismische Störungen, und auch technisch wird es immer aufwändiger, kilometerlange Vakuumröhren zu bauen, in denen sich ein Laserstrahl möglichst ungestört ausbreiten kann. Eine Möglichkeit zur deutlichen Erweiterung der Armlängen besteht im Bau eines Weltrauminterferometers wie LISA; damit kann man bereits Armlängen von über einer Million Kilometer erreichen. Will man dagegen noch gewaltigere Armlängen erziehen, so muss man natürliche astronomische Objekte für die Messungen heranziehen. Von Menschenhand geschaffene technische Einrichtungen können innerhalb vernünftiger Zeiträume keine ausreichend großen Entfernungen zur Erde erreichen. Die Beobachtung von Pulsaren eröffnet jedoch einen gangbaren Weg.

Das International Pulsar Timing Array hat den Auftrag, entsprechende Möglichkeiten auszuloten. In Rahmen dieser multinationalen Kollaboration haben sich mehrere Radioobservatorien zusammengeschlossen:

› das European Pulsar Timing Array mit fünf Radioteleskopen der 100-m-Klasse, zu dem auch das deutsche Radioteleskop in Effelsberg gehört;
› das North American Nanohertz Observatory for Gravitational Waves mit dem Riesen-Radioteleskop in Arecibo mit einem Antennendurchmesser von über 300 m und anderen Einrichtungen;
› das Parkes Pulsar Timing Array und das 64-m-Teleskop in New South Wales in Australien.

Dieser Forschungsverbund beobachtet über 30 Pulsare und zeichnet deren Signale mit größter Präzision auf. Bislang konnten Radioastronomen mit dieser Methode noch keine positiven Ergebnisse verbuchen. Aber auch bei LIGO hat es über ein Vierteljahrhundert gedauert, bis man echte Erfolge vorweisen konnte. Der erste direkte Nachweis von Gravitationswellen wird aber definitiv auch die Radioastronomen zu neuen Höchstleistungen anspornen.

In Südafrika und Australien soll in naher Zukunft das sogenannte Square Kilometre Array (SKA) entstehen. Dieses Radioobservatorium wird auf seiner Gesamtfläche von rund einem Quadratkilometer auch die Genauigkeit des Pulsar-Timings erheblich verbessern. Dazu werden bis zu 3000 Parabolantennen mit je zwölf Meter Durchmesser zusammengeschaltet. Das Antennenarray wird die Erfolgschancen eines radioastronomischen Gravitationswellendetektors deutlich verbessern. Mit der Empfindlichkeit einer solchen Antennenanordnung lassen sich voraussichtlich so gut wie alle Pulsare in unserer Heimatgalaxis erfassen. Ein ganzes Netzwerk aus Pulsaren macht es möglich, Gravitationswellen bis in den Nanohertz-Bereich hinein aufzuspüren. Diese Methode kann vielleicht bald ihren Beitrag zur Gravitationswellenastronomie leisten.

KAPITEL 8

Gravitationswellen und Kosmologie

> »Es gibt für uns Physiker nur noch die Kapitulation vor der Wirklichkeit.«
>
> Friedrich Dürrenmatt, »Die Physiker«

Bis zum 14. September 2015 wurden so gut wie alle Erkenntnisse über das Universum durch Beobachtung elektromagnetischer Strahlung gewonnen. Diese umfassende Informationsquelle erstreckt sich über ein weites Gebiet, angefangen von niederfrequenten Radiowellen über Infrarot und sichtbares Licht bis zum Ultravioletten. Dazu kommt der Röntgenbereich und die Gammastrahlung mit extrem kurzer Wellenlänge. Die einzigen Informationsträger aus dem All, die nicht aus dem elektromagnetischen Spektrum stammen, sind die Partikel der kosmischen Strahlung und Neutrinos. Gravitationswellen öffnen nun ein weiteres, völlig neuartiges Fenster zum Universum. Nach allem, was man über sie weiß, breiten sie sich nahezu ungehindert durch Materie im gesamten Kosmos aus. Sie werden weder durch dunkle Staubwolken im Zentrum der Galaxien, noch durch die Erdatmosphäre wesentlich geschwächt oder gestört. Die mit dem Ereignis vom 14. September 2015 begonnene Ära der Gravitationswellenastronomie erlaubt daher einen neuen Blick auf das Universum.

Der direkte Gravitationswellennachweis mit einem terrestrischen Interferometer kann durchaus mit der bahnbrechenden Idee von Galileo Galilei vor über 400 Jahren verglichen werden. Als dieser erstmals eines der gerade von Hans Lippershey erfundenen Linsenfernrohre auf den Himmel richtete, brach eine neue Ära in der Astronomie an. Mit den neuen Teleskopen erkannten die Wissenschaftler nach und nach, dass die Erde nicht den Mittelpunkt des Weltalls darstellt. Neue Planeten wurden entdeckt, die Mondberge wurden als solche erkannt, ominöse »Nebelflecken« und Galaxien erforscht. Die antiken und mittelalterlichen Vorstellungen vom Aufbau der Welt und des gesamten Universums galten mit einem Schlag als veraltet. Das moderne naturwissenschaftliche Zeitalter war nicht mehr aufzuhalten.

Seit Galileos Zeiten wurden immer größere und bessere Beobachtungsinstrumente erfunden und eingesetzt. Aber nicht nur die Teleskope wurden größer und leistungsfähiger, auch der beobachtete Spektralbereich ist enorm gewachsen. Wurde anfangs nur das für menschliche Augen sichtbare Licht beobachtet, können inzwischen mit Radioteleskopen, Infrarot- und Röntgensatelliten auch alle anderen Arten der elektromagnetischen Strahlung erfasst und präzise vermessen werden. Welche neuen Erkenntnisse die Gravitationswellenforschung in näherer Zukunft mit sich bringt, ist momentan kaum abschätzbar. Neuartige Beobachtungsinstrumente und Messmethoden führten in der Geschichte der Naturwissenschaften fast immer zu ungeahnten Revolutionen und bahnbrechenden Entdeckungen.

Die Gravitationswellenastronomie wird aller Voraussicht nach auch für bislang geradezu utopisch anmutende Hypothesen und Modelle neue Erkenntnisse liefern. Insbesondere die Kosmologie steht vor großen Herausforderungen. Das allgemein bekannte Expansionsmodell des Universums hat einen Wildwuchs an Theorien hervorgerufen. All die Erkenntnisse und Messresultate, die in der Abbildung auf Seite 221 zusammengefasst sind, haben in den letzten Jahren mehr Fragen aufgeworfen als Antworten geliefert.

Die folgenden Abschnitte beschäftigen sich mit diesen Theorien. Hier wartet ein weites Gebiet voller Geheimnisse und Überraschungen auf seine gewissenhafte wissenschaftliche Erforschung.

Die großen Unbekannten im Kosmos: Dunkle Materie und Dunkle Energie

Nach aktuellen Schätzungen besteht das Universum zu über 95 % aus einem Stoff, der bisher noch nicht direkt beobachtet werden konnte. Die uns bekannte Materie macht nur 5 % aus, von ihr empfangen wir elektromagnetische Strahlung. Der größte Teil des Kosmos besteht also aus einer bislang völlig unbekannten Substanz bzw. Energie. Was sich hinter dieser dunklen Seite des Universums verbirgt, versuchen Physiker mit verschiedenen Methoden und Verfahren herauszufinden.

Bereits in den 1930er-Jahren wurde entdeckt, dass sich Galaxien in Galaxienhaufen mit größerer Geschwindigkeit bewegen, als es nach dem Gravitationsgesetz der Fall sein sollte. Dabei spielte es praktisch keine Rolle, ob man die klassischen Newtonschen Gesetze anwendet oder Einsteins Gleichungen zugrunde legt. Die zu großen Geschwindigkeiten wurden relativ bald durch dunkle, also der Beobachtung unzugängliche Materie erklärt. Einen weiteren Hinweis auf die Existenz großer, nicht sichtbarer Materieansammlungen lieferten Spiralgalaxien. Auch die Bewegung von Sternen in den Galaxien kann mit klassischen Theorien praktisch nur durch das Vorhandensein unsichtbarer Massen vernünftig erklärt werden.

Noch geheimnisvoller und unverständlicher ist ein weiteres Phänomen, das sich bislang allen wissenschaftlichen Erklärungen entzogen hat. Hier geht es nicht mehr um einzelne Galaxien oder Galaxienhaufen, sondern um das Schicksal des gesamten Universums. Die Beobachtung weit entfernter Supernovae deutet darauf hin, dass sich das Universum mit zunehmender Geschwindigkeit ausdehnt. Da die Theoretiker nicht die geringste Vorstellung davon haben, was sich hinter diesem Phänomen verbirgt, wurde es erst einmal auf den Namen »Dunkle Energie« getauft.

Zwei bislang unbeobachtbare Komponenten beherrschen den Kosmos: Dunkle Materie und Dunkle Energie. Können Dunkle Materie und Dunkle Energie zwei Namen für dieselbe Ursache sein? Schließlich ist seit Einsteins Arbeiten klar, dass Materie und Energie nur zwei Seiten der gleichen Medaille sind. Doch diese Schlussfolgerung führt in die Irre, denn Dunkle Materie wirkt anziehend, während Dunkle Energie die Expansion des Kosmos beschleunigt, also einen abstoßenden Effekt hat. Vielleicht wäre es besser, man würde anstatt von Dunkler Energie von einer »Dunklen abstoßenden Kraft« sprechen.

Die ersten Hinweise auf die Existenz Dunkler Materie in den 1930er-Jahren stammen von Fritz Zwicky. Er beobachtete und vermaß die Bewegungen von Galaxien im sogenannten Coma-Galaxienhaufen mit der damals höchstmöglichen Präzision. Dieser etwa 400 Millionen Lichtjahre von der Erde entfernte Cluster enthält etwa 1000 Galaxien. Zwickys Untersuchungen zeigten, dass sich die einzelnen Mitglieder dieses Galaxienhaufens viel zu schnell bewegen. Die Gravitationswirkung der sichtbaren Materie aus Sternen, Gas und intergalaktischem Staub könnte niemals in der Lage sein, den Galaxienhaufen zusammenzuhalten. Der Coma-Haufen hätte sich längst in einzelne Galaxien auflösen müssen.

Zwicky hatte dieses Phänomen einst als »missing matter« oder »missing mass« bezeichnet. Auch er kam schnell zu dem Schluss, dass große Mengen nicht-sichtbarer Materie existieren könnten, die für den Zusammenhalt des Clusters verantwortlich sind. Bis heute unterstützt die große Mehrheit der Astrophysiker diese Erklärung. Seitdem hat man es in der modernen Kosmologie also mit einem Universum voll mysteriöser Dunkler Materie zu tun. Kein Teleskop konnte sie bisher direkt sichtbar machen. Dennoch ist ihre Existenz in der ein oder anderen Weise für das Verständnis des Universums unentbehrlich. Die Natur dieser geheimnisvollen Masse, die sich offensichtlich nur durch ihre gravitative Wechselwirkung mit sichtbarer Materie offenbart, liegt bis heute im wahrsten Sinne des Wortes im Dunklen.

Der zweite Hinweis auf die Existenz Dunkler Materie stammt aus der genauen Untersuchung von Spiralgalaxien. Entsprechend dem Newtonschen Gravitationsgesetz würde man erwarten, dass die Rotationsgeschwindigkeit dieser Galaxien bei großen Zentrumsabständen abnimmt, ähnlich wie auch im Sonnensystem die äußeren Planeten langsamer um die Sonne laufen als die inneren.

Spektroskopische Messungen belegen aber eindeutig, dass dies nicht der Fall ist. Die Abbildung auf Seite 223 zeigt, dass der gemessene Wert vom berechneten Kurvenverlauf deutlich abweicht. Die spektroskopisch bestimmte Rotationsgeschwindigkeit der Spiralarme bleibt bis an den Rand der Galaxien praktisch konstant.

Auch hier liegt eine der wenigen plausiblen Erklärungen für dieses Verhalten in der Annahme, dass die Galaxien bis zu zehnmal mehr Masse enthalten, als in Form von Sternen, Gas und Staub direkt beobachtbar ist. Eine nahezu kugelsymmetrische Verteilung dieser unsichtbaren Materie, ein sogenanntes dunkles Halo, könnte aufgrund seiner zusätzlichen Schwerkraftwirkung die flachen Rotationskurven erklären.

Ein Erklärungsversuch, der für die Dunkle Materie herangezogen wird, sind die sogenannten »MACHOs«, **M**assive **A**strophysical **C**ompact **H**alo **O**bjects, also massereiche, astrophysikalische, kompakte Halo-Objekte. Hierzu zählen beispielsweise Braune Zwerge, sternähnliche Objekte, die ähnliche Massen besitzen wie die großen Planeten Jupiter oder Saturn. Auch sehr alte, bereits seit langem erloschene und dementsprechend abgekühlte Sterne kommen als MACHOs in Frage. Die bislang aussichtsreichsten Kandidaten sind allerdings Schwarze Löcher. Man kann jedoch inzwischen weitgehend ausschließen, dass diese Objekte allein für die Dunkle Materie verantwortlich sein können. Detaillierte Messungen und Beobachtungen hätten zumindest Hinweise auf diese Objekte ergeben müssen.

Wenn bekannte Materieformen eine Masse enthalten sollen, die zehnmal so groß ist wie die der leuchtenden Materie, dann müssten sich diese durch Prozesse wie Lichtstreuung und Absorption detektieren lassen. Trotz intensiver Suche der Astronomen wurden aber bislang keinerlei Hinweise auf derartige Effekte gefunden. Lediglich dunkle Objekte in einem bestimmten, relativ engen Massenbereich könnten sich der Beobachtung weitgehend entziehen. Abgesehen davon müsste es sich bei der Dunklen Materie aber tatsächlich um eine völlig neue Substanz handeln.

Über die Dunkle Energie ist noch weniger bekannt. Dennoch lassen sich moderne astronomische Messungen nicht ohne dieses geheimnisvolle und unverständliche Phänomen erklären. Ein Rückblick auf die Geschichte der Kosmologie zeigt, wieso die Dunkle Energie heute für so viele Diskussionen sorgt. Noch in den frühen 1990er-Jahren schien das Schicksal des Universums klar zu sein. Bezüglich der Expansion des Weltalls gab es drei Alternativen:

› Im Kosmos könnte genügend Energie und Materie vorhanden sein, um die Expansion zu stoppen. Nach einem langen, aber endlichen Zeitraum würde sich die Expansion in diesem Fall umkehren und der Kosmos müsste gravitationsbedingt wieder in sich zusammenstürzen.

> Die mittlere Materie- und Energiedichte ist so gering, dass die Expansion niemals zum Stillstand kommt. In diesem Fall könnte der »Schwung des Urknalls« durch die Schwerkraftwirkung zu keiner Zeit vollständig abgebremst werden. Das Universum würde sich bis in alle Ewigkeit ausdehnen.

> Im sogenannten asymptotischen Grenzfall wäre die Energie- und Materiedichte gerade so groß, dass die Expansion theoretisch nach unendlich langer Zeit exakt zum Stillstand käme. Dieser Fall ist recht unwahrscheinlich, da es keinen bekannten Grund dafür gibt, warum die Dichte des Universums exakt auf diesen Spezialfall austariert sein sollte.

Wenn das sichtbare Universum überwiegend aus gewöhnlicher Materie besteht, dann übt diese Materie eine Gravitationskraft aus, und diese ist stets anziehend. Abstoßende Gravitationskräfte wurden noch niemals beobachtet. Damit schien absolut klar zu sein, dass sich die Ausdehnung des Universums im Laufe der Zeit auf jeden Fall verlangsamen müsste. Nicht nur die klassische Newtonsche Mechanik führt zu diesem Ergebnis, auch die Lösungen der Einsteinschen Gleichungen liefern das gleiche Resultat.

Auf Basis von Beobachtungen durch Edwin Hubble und Milton Humason erkannte Ende der 1920er-Jahre Georges Lemaître, dass der Kosmos expandiert. In neuerer Zeit wurde jedoch eine Methode entwickelt, die die Entfernungsbestimmungen im Universum deutlich präzisierte. Die bereits im Kapitel »Kosmische Katastrophen« kurz erwähnten Supernovae vom Typ Ia spielen dabei eine zentrale Rolle. Sie zeichnen sich durch eine ganz wesentliche gemeinsame Eigenschaft aus: Die explodierenden Sterne dieses Supernovatyps verfügen über eine Masse, die stets zwischen 1,4 und 1,5 Sonnenmassen liegt. Diese Masse ist auch als sogenannte Chandrasekhar-Grenze bekannt. Hierunter versteht man die theoretische Obergrenze für die Masse eines Weißen Zwergsterns. Diese Grenze wurde 1930 von

Subrahmanyan Chandrasekhar hergeleitet. Nach Chandrasekhars Überlegungen fällt ein Stern am Ende seiner Lebensdauer, nach dem Erlöschen seiner Kernfusionsprozesse, in sich zusammen und bildet einen Weißen Zwerg. Dies ist jedoch nur für Sterne möglich, deren Masse unterhalb der Chandrasekhar-Grenze liegt. Andernfalls reicht der sogenannte Entartungsdruck im Stern nicht aus, um den Weißen Zwerg zu stabilisieren. Je nach Masse erfolgt dann stattdessen ein Kollaps zum Neutronenstern oder sogar zum Schwarzen Loch. Die Massengrenze für ein Schwarzes Loch ist nicht genau bekannt. Die dafür genutzte Tolman-Oppenheimer-Volkoff-Grenze liefert nur Abschätzungen, die im Bereich von 1,5 bis 3,2 Sonnenmassen liegen. Im Gegensatz dazu ist die Chandrasekhar-Grenze von 1,46 Sonnenmassen recht genau berechenbar und allgemein akzeptiert.

Aufgrund dieser exakt definierten Masse stehen bei Supernovae des Typs Ia immer nahezu gleiche Energiemengen zur Verfügung. Die Freisetzung identischer Energiemengen aber bedeutet, dass alle diese Supernovae stets die nahezu gleiche absolute Helligkeit aufweisen. Zumindest kann man aus der genauen Vermessung der Lichtkurve der Supernova die absolute Helligkeit des Ereignisses sehr zuverlässig bestimmen. Deshalb können Supernovae vom Typ Ia zur präzisen Entfernungsbestimmung im Kosmos herangezogen werden. Wie man aus der bekannten Helligkeit einer Lichtquelle, etwa einer Kerze oder einer Taschenlampe, auf ihre Entfernung schließen kann, so kann man auch aus der scheinbaren Helligkeit einer Supernova mit bekannter Leuchtkraft ihre Entfernung von der Erde bestimmen. Diese Supernovae können also wie Kerzen mit bestimmten Standardhelligkeiten zur Vermessung des Kosmos herangezogen werden. Je dunkler eine »Standardkerze« erscheint, desto weiter muss sie entfernt sein.

Die beschleunigte Expansion des Universums

Ab Ende der 1980er-Jahre begannen verschieden Forschergruppen damit, die Expansion des Universums genauer zu untersuchen. Hierfür sollten Supernovae vom Typ Ia möglichst exakt erfasst und analysiert werden, um sie dann als »Standardkerzen« bzw. kosmische Entfernungsmarken verwenden zu können.

Supernovae können ohne Vorankündigung in jeder beliebigen Galaxie im Universum auftauchen. Die Helligkeit des Objekts nimmt innerhalb von Tagen stark zu und geht dann rasch wieder zurück. Einige Supernovae strahlen dabei kurzzeitig heller als der gesamte Rest ihrer Galaxie. Die resultierende Lichtkurve ist charakteristisch für den jeweiligen Supernovatyp. Ist eine Supernova aufgrund ihrer Lichtkurve erst einmal als Typ Ia identifiziert, kann man aus der gemessenen relativen Helligkeit vergleichsweise leicht die tatsächliche Entfernung berechnen. Zusätzlich sind Astronomen in der Lage, über die Rotverschiebung des Lichts die Geschwindigkeit zu ermitteln, mit der sich eine Supernova aufgrund der Ausdehnung des Universums von der Erde entfernt. Beide Informationen zusammen liefern ein Maß für die Expansion des Kosmos.

Die Präzision der Aussagen nimmt mit der Anzahl der in unterschiedlichen Entfernungen vermessenen Supernovae zu. Daraus ergibt sich die anspruchsvolle Aufgabe, möglichst viele Supernovae zu erfassen. Da es aber keine Vorhersagemöglichkeit gibt, an welcher Stelle des Himmels bzw. in welcher Galaxie die nächste Supernova explodieren wird, setzt man spezielle Teleskope ein, die ein großes Himmelsfeld erfassen. So kann man bis zu mehrere Tausend Galaxien praktisch simultan beobachten. Mit dieser Technik fand man allerdings bis Mitte der 1990er-Jahre nur wenige Supernovae. Obwohl sich in diesen noch recht dürftigen Messdaten bereits andeutete, dass das Universum beschleunigt expandieren könnte, blieb man skeptisch.

Abbildung 31: Supernovae vom Typ Ia sind die »Standardkerzen« im Kosmos.

Im Jahr 1998 veröffentlichten schließlich zwei Forschergruppen wissenschaftliche Ergebnisse, die die Kosmologie revolutionieren sollten. Man war sich nun sicher, dass das Universum tatsächlich einer beschleunigten Expansion unterworfen ist. Diese Erkenntnis wollten viele Forscher nicht akzeptieren. Allerdings haben Astrophysiker mit anderen, unabhängigen Methoden die Ergebnisse inzwischen so gut wie zweifelsfrei bestätigt.

Diese Entdeckung führte die Wissenschaftler zurück auf die Spuren von Albert Einstein, der vor fast 100 Jahren im Rahmen seiner Allgemeinen Relativitätstheorie entdeckt hatte, dass die Raumzeit nicht unveränderlich und vollkommen starr ist. Vielmehr führt jede Form von Masse oder Energie zu Krümmungen, Stauchungen oder Dehnungen. Die Folgen dieser Entdeckung wurden in den einführenden Kapiteln bereits ausführlich dargelegt.

Als Georges Lemaître und Alexander Friedmann versuchten, aus den Allgemeinen Feldgleichungen Rückschlüsse auf das Verhalten des gesamten Universums zu ziehen, erhielten sie ein unerwartetes Resultat. Sämtliche Lösungen der Formeln führten auf ein expandierendes oder zusammenstürzendes Universum. Die kosmologischen Lösungen der Einsteinschen Feldgleichungen, die sogenannten Friedmann-Lemaître-Metriken, lassen kein zeitlich unveränderliches Universum zu. Welche der beiden Möglichkeiten, also Kontraktion oder Expansion, tatsächlich zutrifft, hängt von der mittleren Energie- und Materiedichte im Universum ab. Die Größenordnungen dieser Parameter waren damals jedoch noch vollkommen unbekannt. Dennoch wollte Einstein die Vorstellung eines sich stetig verändernden Universums zunächst nicht akzeptieren. Aufgrund dieser Ergebnisse führte er daher in die Gleichungen seiner Relativitätstheorie eine zusätzliche Größe ein, die ein statisches Universum mit konstantem Volumen erlaubte. Die physikalische Bedeutung dieses neuen Wertes in den Gleichungen war jedoch unbekannt. Später wurde diese Größe auch als »Kosmologische Konstante« bezeichnet.

In den 1920er-Jahren zeigten Hubbles umfangreiche Beobachtungen, dass das Universum nicht statisch ist, sondern tatsächlich expandiert. Als Folge dieser Erkenntnis revidierte Einstein die Abänderung seiner Feldgleichungen. Bekanntermaßen bezeichnete er angeblich später die Kosmologische Konstante als »größte Eselei« seines Lebens. Im Zuge der Diskussion um ein beschleunigt expandierenden Universums ist die ominöse Konstante aber wieder aus der Versenkung aufgetaucht und mit ihr die fast 100 Jahre alten Fragen nach ihrem physikalischen Ursprung.

Nach der Entdeckung der Ausdehnung des Kosmos galt es als selbstverständlich, dass die Expansionsgeschwindigkeit mehr oder weniger langsam abnimmt. Der Urknall als erster Anstoß für die Expansion des Universums war allgemein akzeptiert. Danach jedoch sollte die Materie mit ihrer Gravitationswirkung die Ausdehnung des Kosmos stetig abbremsen. Für eine beschleunigte Ausdehnung gab es keinerlei physikalische Ursachen.

Nachdem in neuerer Zeit immer mehr Supernova-Beobachtungen analysiert worden waren, zeichnete sich ein deutlicher Trend ab. Die

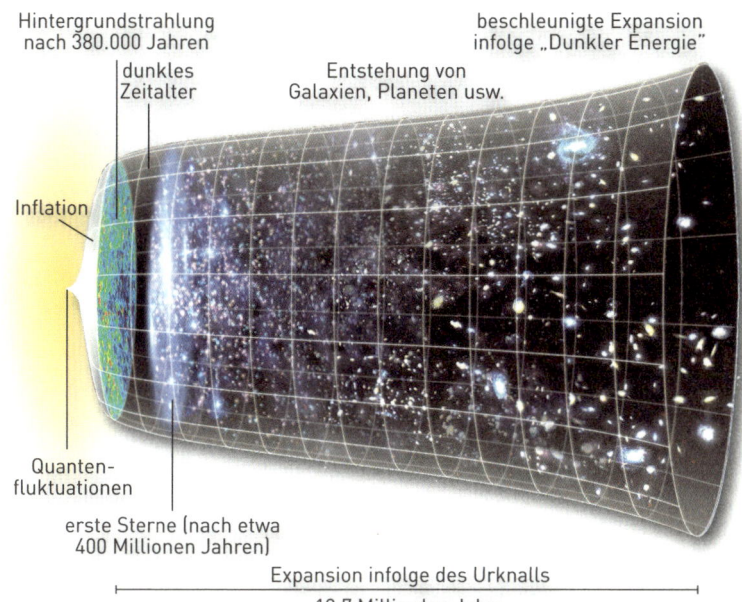

Abbildung 32: Das Expansionsmodell des Universums

scheinbare Helligkeit von Supernovae bekannter Rotverschiebung, also bekannter Entfernung von der Erde, war geringer, als es dieser Entfernung entsprochen hätte. Dieser Effekt ließ sich nur auf eine bis dahin völlig unerwartete Weise erklären. Die Expansion des Universums verlangsamt sich nicht aufgrund der Schwerkraft, wie bislang allgemein angenommen wurde, sondern sie beschleunigt sich.

Das Messverfahren mit den Supernovae vom Typ Ia als Standardkerzen wurde immer weiter verbessert und funktionierte schließlich sehr zuverlässig. Die Wissenschaftler konnten praktisch alle ursprünglichen Zweifel und Kritikpunkte an ihrem Verfahren ausräumen, sodass die Methode allgemein anerkannt wurde. Im Laufe der 1990er-Jahre wurden immer weitere Projekte dazu ins Leben gerufen.

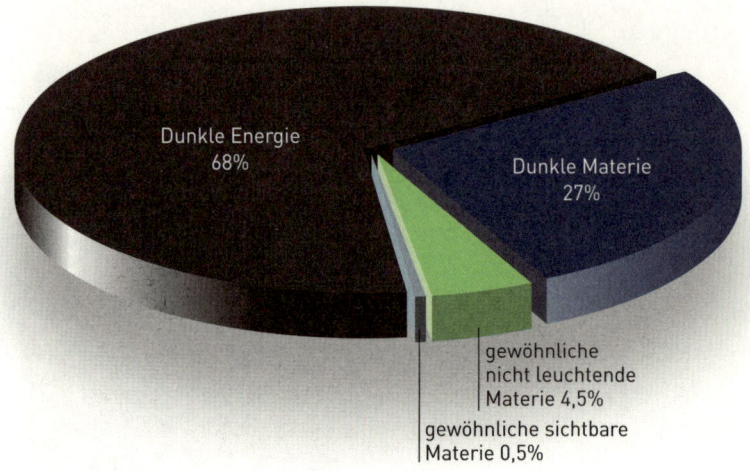

Abbildung 33: Die Zusammensetzung des Universums

Zunehmend positive Resultate führten dazu, dass die Daten, an die die Wissenschaftler ursprünglich nicht glauben wollten, doch noch veröffentlicht wurden. Schließlich reichte eine Arbeitsgruppe die Veröffentlichung auf der Basis von über einem Dutzend Supernovae ein. Später folgte ein zweites Team mit über 40 Supernovae. In beiden Fällen hatte man die gleichen Ergebnisse erhalten. Bis etwa sieben Milliarden Jahre nach dem Urknall, also etwa der Hälfte des Alters des Kosmos, hat die im Universum vorhandene Masse tatsächlich die Ausdehnung des Weltraums abgebremst. Dann allerdings setzte eine unerklärliche Beschleunigung ein. Sie führt dazu, dass das Universum seitdem mit zunehmender Geschwindigkeit expandiert.

Wie bereits erwähnt, wurde für die Entdeckung dieser beschleunigten Ausdehnung des Universums im Jahre 2011 der Nobelpreis verliehen, obwohl die Ursache der Beschleunigung völlig unklar ist. Vielleicht nicht nur aus diesem Grund löste die Verleihung des Nobelpreises einen, eventuell sogar beabsichtigten, Motivationsschub

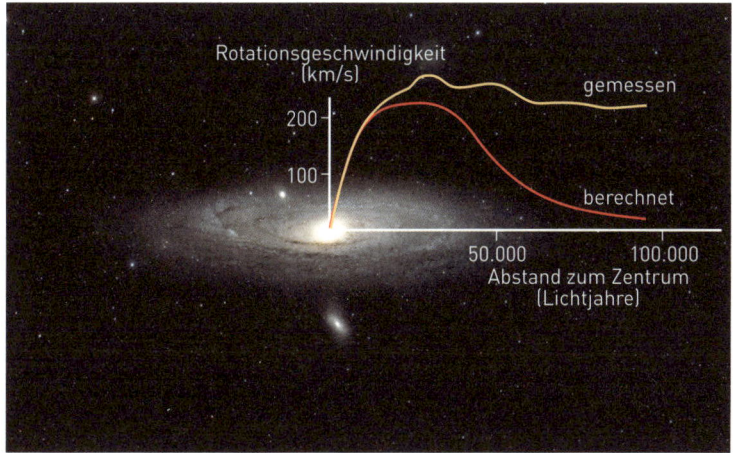

Abbildung 34: Die Rotationskurve einer Galaxis weist auf unsichtbare Materie hin.

aus. Immer mehr Astrophysiker wollten das Problem nun lösen. So empfahl das Wissenschaftskomitee der Europäischen Weltraumorganisation ESA bereits kurz nach der Vergabe des Nobelpreises den Bau eines Weltraumteleskops namens Euclid. Dieses soll in naher Zukunft praktisch ausschließlich der Erforschung der Dunklen Energie dienen.

Der Start der Mission ist für 2020 geplant. Das Projekt ist nach dem Mathematiker Euklid von Alexandria benannt und wird sowohl im sichtbaren Spektralbereich als auch im nahen Infrarotbereich arbeiten. Seine wichtigste Aufgabe wird die Kartierung einer Vielzahl sehr alter Galaxien im Universum sein. Durch die Analyse ihrer Form, ihrer Helligkeit und ihrer räumlichen Verteilung will man neue Erkenntnisse über bislang unbekannte Auswirkungen der Dunklen Energie und der Dunklen Materie gewinnen.

Bis heute wurde das ursprüngliche Ergebnis durch mehr als 1000 vermessene Supernovae immer wieder bestätigt. Auch Messdaten

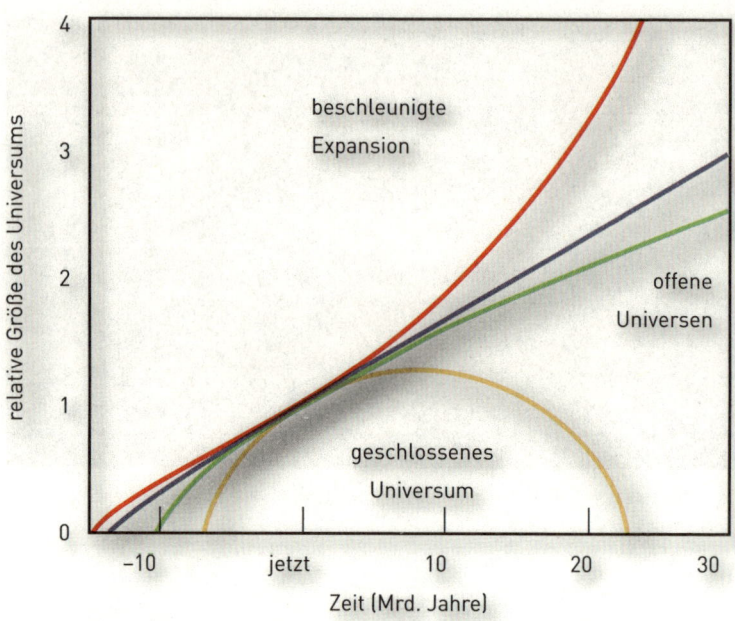

Abbildung 35: Die beschleunigte Expansion des Universums

aus vollkommen anderen Bereichen führen zu ähnlichen Resultaten. So liefert die Beobachtung der Kosmischen Hintergrundstrahlung mit dem Weltraumteleskop WMAP (**Wilkinson Microwave
Anisotropy Probe**) ebenfalls Hinweise auf eine beschleunigte Ausdehnung des Kosmos. Die zeitliche Entwicklung von Galaxienhaufen deutet ebenso darauf hin. Durch diese Beobachtungen konnten
die Ergebnisse der Supernova-Vermessungen wiederholt verifiziert
werden. Zudem lieferte das Hubble-Weltraumteleskop Daten zur
schneller werdenden Expansion des Universums. Beobachtungen
sehr weit entfernter Supernovae mit diesem Instrument zeigten
ebenfalls, dass das Universum tatsächlich in früherer Zeit langsamer
expandierte als heute.

Wie schon angedeutet, kann die Dunkle Energie mit Einsteins Kosmologischer Konstante in Verbindung gebracht werden. Wenn dieser Parameter in den Allgemeinen Feldgleichungen entsprechend groß gewählt wird, treibt er das Universum sozusagen auseinander. Einige Physiker führen die Existenz dieser Konstante auf eine Eigenschaft des Vakuums zurück. Grundlegende Betrachtungen der Quantenmechanik bzw. der Quantenfeldtheorie führen dazu, dass man selbst ein Vakuum nicht als absolut leeren Raum betrachten kann. Bedingt durch die Unschärferelation können auch im »vollkommen leeren« Raum permanent Teilchen entstehen und nach Bruchteilen einer Sekunde wieder zerstrahlen. Dieser virtuelle Teilchenozean kann als eine Art Energiereservoir aufgefasst werden. Die Vakuumenergie ist sozusagen die Energie des »leeren Raumes« bei vollständiger Abwesenheit von realen Teilchen. Man spricht in diesem Zusammenhang auch vom Quantenvakuum. Mit dem Casimir-Effekt wurde die Vakuumenergie und die dadurch bedingten Vakuumfluktuationen experimentell nachgewiesen.

Allerdings führen Abschätzungen zu diesem Phänomen auf Werte, die etwa 100 Zehnerpotenzen über der tatsächlichen Größe der Dunklen Energie liegen. Wohlgemerkt: Nicht um einen Faktor 100, sondern um einen Faktor 10^{100}, also eine Eins mit 100 Nullen! Das ist eine der größten bekannten Unstimmigkeiten in der gesamten Physik. Vielleicht gelingt es in Zukunft, mit neuen theoretischen Ansätzen diese krassen Diskrepanzen zu überbrücken. Ein Ansatz sind geheimnisvolle Stringfelder, die für die Dunkle Energie verantwortlich sein sollen. Sie könnten nur Sekundenbruchteile nach dem Urknall, in der Phase der Inflationären Expansion des Kosmos, in Erscheinung getreten sein. Bislang ist aber keine Theorie in der Lage, wirklich zu überzeugen. Die Dunkle Energie bleibt also eines der fundamentalsten Rätsel der modernen Physik.

Die Dunkle Energie wird aller Voraussicht nach dafür sorgen, dass das Universum bis in alle Ewigkeit mit zunehmender Beschleunigung expandiert. Dadurch wird sich in einer fernen Zukunft jede Struktur im Kosmos auflösen. Atome und Moleküle werden weiter und weiter auseinander driften, die Entstehung neuer Sterne, neuer Galaxien oder anderer Strukturen im Weltall wird dadurch unmöglich. Der Kosmos wird sich deshalb unweigerlich in einen kalten, dunklen und weitgehend materiefreien Raum verwandeln.

Niemand hatte ein derartiges Verhalten erwartet. Kein Wissenschaftler hat bis heute auch nur den Ansatz einer Erklärung für diese beschleunigte Expansion oder gar eine konkrete Idee, wodurch sie hervorgerufen werden könnte. Nach dem Kausalitätsprinzip der Physik hat aber jede Wirkung eine Ursache. Deshalb gab und gibt es immer wieder neue Versuche, den tieferliegenden Grund für die beschleunigte Expansion zu finden. Bislang wurden dazu mehrere Hypothesen vorgeschlagen:

> Die Beschleunigung könnte ein direktes Ergebnis der Allgemeinen Relativitätstheorie sein. Die vieldiskutierte und schließlich von Einstein selbst wieder verworfene Kosmologische Konstante würde hier also eine Renaissance erleben.

> Möglicherweise kann doch noch eine Art von Vakuumenergie für die Expansion des Universums verantwortlich gemacht werden. Es ist denkbar, dass eine unbekannte Form von Energie den gesamten Kosmos erfüllt und das Universum zu einer beschleunigten Expansion antreibt. Hier könnte es Zusammenhänge mit dem Higgs-Feld bzw. dem Higgs-Boson geben. Allerdings sind die Ideen in diesem Bereich noch sehr spekulativ und weit davon entfernt, ernsthaften Untersuchungen standzuhalten.

> Unter Umständen ist die Einsteinsche Gravitationstheorie grundlegend fehlerhaft oder zumindest unvollständig. Vieles deutet darauf hin, dass das Universum nur durch eine Einheitliche Feldtheorie bzw. eine vollständige Theorie der Quantengravitation erklärt werden kann.

Vermutlich sind noch weitere umfangreiche experimentelle Beobachtungen und Entdeckungen notwendig, um das Universum als Ganzes zu beschreiben. So könnte die Kombination der Signale einer Reihe von Fusionen Schwarzer Löcher beispielsweise dazu beitragen, die Natur der Dunklen Energie zu verstehen. Hier kommt wieder die Gravitationswellenphysik ins Spiel.

Aus der Form eines Gravitationswellensignals, aus der Frequenz, der Amplitude und der »Hüllkurve«, also dem Anstieg und Abfall des Signals, kann man die Größe der beteiligten Himmelskörper zuverlässig bestimmen. Daraus ergibt sich die Stärke der Gravitationswelle an ihrem Ursprungsort. Vergleicht man diese mit der Amplitude des empfangenen Signals, kann man daraus schließen, wie weit die Quelle entfernt war. Diese Entfernung wird deshalb auch als Luminositätsabstand bezeichnet (vgl. Kapitel 6). Kombiniert man diese Erkenntnisse mit anderen Beobachtungen, kann man daraus eventuell Informationen über die Verteilung der Dunklen Energie im Universum ableiten.

Auch wenn diese Erkenntnisse noch mit vielen Konjunktiven zu versehen sind, so stellen sie momentan dennoch die besten und zuverlässigsten Möglichkeiten dar, um in der Frage der Dunklen Energie weiter zu kommen. Gravitationswellen könnten sich als bessere Methode zur Erforschung der dunklen Seite des Kosmos herausstellen, als alle anderen experimentellen Hilfsmittel, die der klassischen beobachtenden Astronomie zur Verfügung stehen. Bereits die Erfassung von nur wenigen weiteren Fusionen von Schwarzen Löchern oder Neutronensternen könnte das gesamte Bild wesentlich verändern. Sind dann erst einmal Dutzende von Messungen vorhanden, wird die Gravitationswellenastronomie ohne Zweifel zu einem neuen und eigenständigen Forschungszweig in der Kosmologie aufsteigen.

Viele Forscher hoffen darauf, dass Gravitationswellensignale zu noch strengeren Tests für Einsteins Allgemeine Relativitätstheorie führen. Eine Möglichkeit hierzu wäre, das Äquivalenzprinzip zu untersuchen. Dazu müsste man nachprüfen, inwieweit die Gravitation alle Massen im Universum in gleicher Weise beeinflusst.

Im Zeitalter von GPS und hochpräziser Forschungssatelliten hätten selbst kleinste Abweichungen von der akzeptierten Theorie der Gravitation messbare Konsequenzen. Einige Astronomen sehen in den Gravitationswellen eine Möglichkeit zu testen, ob die Schwerkraft sich auch über große Entfernungen exakt so verhält, wie es die Relativitätstheorie voraussagt. Wenn die Stärke der Gravitation mit dem Abstand auf eine bislang unbekannte Art und Weise abfallen würde, könnte sich das in zukünftigen Messdaten manifestieren.

Wie bereits das Beispiel von LIGO-India gezeigt hat, werden die ersten Erfolge zu einem Finanzierungs- und Innovationsschub beim Bau von neuen Interferometern führen. Weltweit werden neue Gravitationswellendetektoren entstehen. Einige neue Konzepte für die geplanten Interferometer haben auch verbesserte Empfindlichkeiten bei größeren Wellenlängen zum Ziel. Damit rücken die primordialen Gravitationswellen aus der Frühzeit des Universums immer näher an die Messgrenzen heran. Diese Wellen sollen in der Zeit einer bislang hypothetischen Inflation, also einer gewaltigen kosmischen Expansionsphase in den ersten Augenblicken nach dem Urknall, produziert worden sein. Im Gegensatz zum Licht und anderer elektromagnetischer Strahlung konnten sich primordiale Gravitationswellen von Anfang an ungehindert durch das Universum bewegen. Bislang können Forscher nur beobachten, was mindestens 380.000 Jahre nach dem Urknall geschah. Erst nach diesem Zeitraum wurde das Universum für elektromagnetische Strahlung transparent. Gravitationswellenobservatorien würden dieser Einschränkung nicht unterliegen. Aller Voraussicht nach könnte man damit bis in die Frühphase des Universums, eventuell sogar bis direkt zum Urknall selbst zurückblicken.

Die LIGO-Messsysteme sind dazu allerdings nicht in der Lage. Der Erfolg des Projekts wird aber sicher dazu beitragen, dass zukünftig weiter verbesserte Einrichtungen intensiv gefördert werden. Hierzu zählen sowohl neue Gravitationswelleninterferometer auf dem Boden als auch Projekte wie LISA im Weltraum. Da nun tatsächlich bewiesen wurde, dass Gravitationswellen direkten Messungen zugänglich sind, wird es künftig sicher viel leichter sein, die verantwortlichen Geldgeber davon zu überzeugen, weiter in neue Gravitationswellenobservatorien zu investieren.

Wurde Dunkle Materie entdeckt?

Prinzipiell besteht sogar die Möglichkeit, dass mit dem Signal vom 14. September 2015 bereits Dunkle Materie entdeckt wurde.

Schwarze Löcher gelten als Kandidaten für Dunkle Materie, denn Dunkle Materie ist unsichtbar, Schwarze Löcher kann man ebenfalls nicht direkt beobachten. Es klingt also recht plausibel, dass Schwarze Löcher zumindest einen Teil der Dunklen Materie bilden könnten.

Interessanterweise existiert für diese geheimnisvolle Substanz sogar ein Massefenster, das sich von zehn bis 100 Sonnenmassen erstreckt. Dunkle Materie, die aus Objekten mit weniger als zehn Sonnenmassen besteht, müsste längst entdeckt worden sein. Im Rahmen von Himmelsdurchmusterungen wurde dazu gezielt nach Mikro-Gravitationslinseneffekten gesucht. Dabei wird die Helligkeit eines Sterns über eine bestimmte Zeit hinweg genau vermessen. Bewegt sich ein massives Objekt nahe an einem Stern vorbei, dann erscheint der Stern kurzzeitig auf eine charakteristische Art und Weise heller. Aus dieser Helligkeitsveränderung kann die Masse des vorbeiziehenden Objektes berechnet werden. Ende des 20. Jahrhunderts wurde dieser Mikrolinseneffekt intensiv untersucht. Die Resultate der Messungen belegen mit hoher Zuverlässigkeit, dass es bei weitem nicht genug Objekte im Massenbereich unterhalb von zehn Sonnenmassen geben kann, um die beobachteten Auswirkungen Dunkler Materie auch nur annähernd zu erklären.

Kosmische Objekte jenseits der 100-Sonnenmassen-Grenze würden dagegen weit ausgedehnte Doppelsterne, also Systeme mit großem Sternabstand, messbar beeinflussen. Da diese Einflüsse jedoch nicht nachweisbar sind, geht man davon aus, dass auch sehr massereiche Halo-Objekte mit über 100 Sonnenmassen nicht für die Dunkle Materie verantwortlich sein können.

Zwar wurde bereits argumentiert, dass selbst Objekte innerhalb des Massefensters durch die Vermessung des kosmischen Mikrowellenhintergrunds ausgeschlossen werden könnten. Jedoch erfordern diese Messergebnisse die Modellierung von mehreren komplexen physikalischen Vorgängen, wie der Akkretion von Gas um ein sich bewegendes Schwarzes Loch und die Umwandlung der angelagerten Masse in Strahlung. Diesbezügliche Berechnungen sind mit beträchtlichen Unsicherheiten behaftet. Ein sich daraus ergebendes Ausschlusskriterium für die Existenz von Schwarzen Löchern aufgrund fehlender Mikrowellenstrahlung muss daher nicht unbedingt zweifelsfrei sein.

Objekte, die im obengenannten Massefenster liegen, wären also in der Lage, einen wesentlichen Beitrag zur Dunklen Materie zu liefern, da sich dunkle Gebilde in diesem Bereich vielen Beobachtungsmethoden erfolgreich entziehen.

Man kann nun die beiden Schwarzen Löcher, die an GW150914 beteiligt waren, in dieser Hinsicht etwas genauer betrachten. Sowohl die ursprünglichen Objekte als auch das Fusionsprodukt liegen mit ihren jeweiligen Massen im infrage kommenden Fenster. Wenn sich zwei Schwarze Löcher dieser Art in einem galaktischen Halo ausreichend nahe kommen, können sie aufgrund von Gravitationswellenstrahlung genügend Energie verlieren, um ein gravitativ gebundenes

System zu bilden. Das auf diese Weise entstandene System muss aufgrund des Energieverlustes durch Gravitationswellen zwangsläufig spiralförmig zusammenstürzen und schließlich zu einem einzigen Schwarzen Loch verschmelzen. Aus diesen Überlegungen lassen sich plausible Abschätzungen ableiten, die zeigen, dass mit dem Ereignis GW150914 zumindest eine wichtige Komponente der Dunklen Materie entdeckt worden sein könnte.

Fusionen von Schwarzen Löchern dieser Kategorie sind nach gegenwärtigem Kenntnisstand mit keiner optischen Methode beobachtbar. Zudem geht man davon aus, dass bei derartigen Vorgängen auch keine Neutrinoschauer entstehen. Die Verschmelzung von Schwarzen Löchern ist also nicht mit klassischen astronomischen Messgeräten oder Teleskopen erfassbar. Nur das Gravitationswellensignal kann einen Hinweis auf diese Vorgänge liefern. Zudem können Verschmelzungen dieser Art von anderen astrophysikalischen Gravitationswellenquellen sehr gut unterschieden werden, wie bereits ausführlich dargelegt wurde. Die nächste Generation von Gravitationswellenexperimenten mit weiter verbesserten Nachweisgrenzen könnte daher für die Frage nach der Dunklen Materie durchaus von größter Bedeutung sein. Der direkte Nachweis von Gravitationswellen wird sehr wahrscheinlich zu Fortschritten in der Erforschung der Dunklen Materie führen.

Gravitationswellen sind ein Phänomen, das nicht unbedingt an die Existenz Dunkler Materie gebunden sein muss. Es gäbe sie zweifellos auch, wenn im Universum keinerlei Dunkle Materie existierte, da bereits die klassische sichtbare Materie diese Form von Raumzeit-Verwerfungen erzeugt. Dass Wissenschaftler trotzdem intensiv darüber nachdenken, ob es vielleicht einen Zusammenhang zwischen den Wellen und der Dunklen Materie geben könnte, zeigt bis zu einem gewissen Maße, in welcher entmutigenden Situation die Forschung auf diesem Gebiet steckt. Bislang kann etwa 95 % der Masse bzw. Energie im Kosmos durch keinerlei bekannte Materie- oder Energieformen erklärt werden. Man will folglich nichts unversucht lassen, um dieses große Rätsel zu lösen.

Neben den bereits erwähnten MACHOs existieren weitere Hypothesen zur Natur der dunklen Materie. Unter anderem sind dies die sogenannten WIMPs (**W**eakly **I**nteractive **M**assive **P**articles, auch engl. wimp = Feigling, Schlappschwanz). Dabei soll es sich um eine bislang noch nicht nachgewiesene Art von Elementarteilchen handeln. Diese könnten nicht elektromagnetisch, sondern nur gravitativ oder über die Schwache Kernkraft mit normaler Materie in Wechselwirkung treten. Damit sind sie mindestens ähnlich schwer detektierbar wie Neutrinos. Bislang blieben entsprechend alle Nachweismethoden erfolglos und man ist gezwungen, weiterhin alternative Theorien in Erwägung zu ziehen.

Allerdings ergibt sich aus der Idee, die Dunkle Materie durch Schwarze Löcher zu erklären, ein weiteres Problem. Die Objekte, die hier betrachtet werden, müssen einen Ursprung haben. Nach der allgemein akzeptierten Theorie kommen hierfür vor allem große Sterne in Frage, die das Ende ihres Lebenszyklus erreicht haben. Diese Sterne aber bestanden vor ihrem Zusammensturz in ein Schwarzes Loch aus gewöhnlicher stellarer Materie. Gemäß dem aktuellen Verständnis muss jedoch mindestens fünf- bis zehnmal mehr Dunkle als normale Materie im Universum existieren. Wenn die Dunkle Materie tatsächlich zu einem nennenswerten Teil aus Schwarzen Löchern bestehen soll, die aus ehemaligen Sternen entstanden sind, geraten die Wissenschaftler in Erklärungsnöte.

In aktuellen kosmologischen Modellen deutet nichts darauf hin, dass das Universum früher einmal wesentlich mehr Sterne und damit deutlich mehr normale Materie enthalten haben könnte als heute. Diese Modelle stimmen ansonsten mit den Beobachtungsdaten bestens überein. Die meisten theoretischen Betrachtungen zur Entwicklung des Universums und die überwiegende Mehrheit aller astronomischen Beobachtungen zeigen, dass niemals auch nur annähernd ausreichend Materie vorhanden war, um so viele Schwarze Löcher entstehen zu lassen, wie für die Erklärung der Dunklen Materie erforderlich wären.

Allerdings könnte es im Kosmos nicht nur Schwarze Löcher geben, die im Laufe der Zeit aus erloschenen Sternen entstanden sind. Eine Alternative dazu bilden die sogenannten primordialen Schwarzen Löcher. Das sind große Materieansammlungen, die in der Anfangsphase des Universums bzw. sogar beim Urknall selbst entstanden sein könnten. Diese Variante benötigt also keine Sterne aus sichtbarer Materie als Vorgänger. Ob dieser Typ von Schwarzen Löchern tatsächlich existiert, ist bislang nicht bekannt. Falls es aber so ist, könnten sie durchaus etwas mit den Objekten, die LIGO jetzt nachgewiesen hat, zu tun haben.

Mit statistischen Methoden kann man abschätzen, wie oft primordiale Schwarze Löcher mit Massen, die zur LIGO-Beobachtung passen, miteinander kollidieren würden. Wenn solche Kollisionen sehr häufig wären, hätte LIGO in seiner ersten Beobachtungsphase mehr als nur ein oder zwei Ereignisse erfassen müssen. Sind diese Ereignisse dagegen extrem selten, dann wäre es auch höchst unwahrscheinlich, dass LIGO gerade diese wenigen kosmischen Verschmelzungen innerhalb des doch recht kurzen Beobachtungszeitraums erfasst hätte.

Entsprechende Abschätzungen zeigen, dass die Wahrscheinlichkeit recht gut zu der beobachteten Häufigkeit passt. Allerdings liefern die beiden bislang beobachteten Ereignisse keine hohe statistische Zuverlässigkeit. Man wird also weitere Messperioden abwarten müssen, wenn man entscheiden will, ob primordiale Schwarze Löcher tatsächlich als Erklärungsmodell für die Dunkle Materie herangezogen werden können.

Solange fast nichts über die Natur der geheimnisvollen Dunklen Komponenten im Universum bekannt ist, kann man auch nicht ausschließen, dass sie zumindest teilweise aus primordialen Schwarzen

Löchern bestehen könnte. In der Wissenschaft gilt aber »Ockhams Rasiermesser« als ungeschriebenes Gesetz, wonach man zur Erklärung von Phänomenen nicht mehr spekulative Hypothesen aufstellen sollte als unbedingt notwendig.

Die Messergebnisse der LIGO-Interferometer lassen sich hervorragend mit dem Zusammenstürzen von Schwarzen Löchern in Einklang bringen. Die Entstehung dieser Schwarzen Löcher wiederum ist durch die bestens bekannten Sternentwicklungsphasen gut erklärbar, auch wenn ihre Masse vergleichsweise groß war. Andererseits lässt sich auch die Existenz von primordialen Schwarzen Löchern mit den beobachteten Massen nicht sicher ausschließen. Ebenso wenig kann man aber aus hypothetischen Objekten definitive Rückschlüsse auf die Zusammensetzung einer unbekannten Materie schließen. Darüber hinaus wäre auch eine Dunkle Materie, die sich zu einem nennenswerten Anteil aus primordialen Schwarzen Löchern zusammensetzt, durchaus nicht mit allen aktuellen kosmologischen oder teilchenphysikalischen Theorien vereinbar.

Man wird daher abwarten müssen, wie sich die Wissenschaft in dieser Hinsicht entwickeln wird. Schließlich hat die Ära der Gravitationswellenastronomie mit den Ereignissen GW150914 und GW151226 gerade erst begonnen. Es ist zu hoffen, dass in den nächsten Jahren und Jahrzehnten weitere aussagekräftige Daten mit Hilfe von LIGO und anderen Gravitationswellenobservatorien gewonnen werden können.

Auch Nachweisversuche zu bisher unbekannten Partikeln in teilchenphysikalischen Experimenten werden irgendwann Erfolge bringen. Sollte zwischen den kollidierenden Schwarzen Löchern und der Dunklen Materie tatsächlich ein Zusammenhang bestehen, werden dies zukünftige Nachweismethoden mit ausreichender Sicherheit belegen können. Vielleicht liefern diese neuen Methoden und Verfahren dann sogar den Schlüssel zu einem der größten Rätsel der modernen Physik.

Bringen Gravitationswellen Licht ins Dunkel?

Mit der Dunklen Materie und der Dunklen Energie existieren zwei noch völlig unerklärte Phänomene im Kosmos, die sich der Beobachtung und Erforschung durch die klassischen Methoden der Astrophysik entziehen. Die große Frage ist daher, ob die Gravitationswellenastronomie hier zu neuen und bahnbrechenden Erkenntnissen führen wird.

Gerade die Fähigkeit, auch das Dunkle zu sehen, oder in einem gewissen Sinne zu hören, zeichnet die Gravitationswellenempfänger aus. Sie bieten völlig neue »Visionen« für die Forschung. Die Interferometer erlauben es, bisher unsichtbare Objekte im Universum zu erfassen. Insbesondere darin liegt der Wert des direkten Nachweises. In diesem Sinne ist das Ereignis vom September 2015 durchaus vergleichbar mit der Entdeckung der elektromagnetischen Wellen durch Heinrich Hertz vor etwa 150 Jahren. Genau wie im elektromagnetischen Fall sind auch Gravitationswellen charakteristisch für ihre Quellen. Deshalb konnten die Wissenschaftler detailliert nachweisen, dass das Signal von zwei zusammenstürzenden Schwarzen Löchern stammte.

Allerdings handelt es sich bei Gravitationswellen um extrem schwache Signale, und es sind äußerst komplexe Instrumente erforderlich, um sie zu empfangen. Nach dem gegenwärtigen Stand der Forschung existieren große Mengen Dunkler Materie, die Gravitationswellen aussenden müssten, falls sie beschleunigt werden. Neben zusammenstürzenden Schwarzen Löchern sollte also auch fusionierende Dunkle Materie detektierbar sein. Problematisch ist jedoch, dass die gegenwärtigen Modelle von einer recht homogenen Verteilung der Dunklen Materie im All ausgehen. Hier sind keine großen Massenkollisionen, die mit gewaltigen Gravitationswellenausbrüchen einhergingen, zu erwarten. Wenn man Gravitationswellen wieder mit akustischen Signalen vergleicht, dann entspricht das beobachtete Verschmelzen zweier extrem massiver Schwarzer Löcher dem donnerartigen Hall einer gewaltigen Pauke. Dunkle Materie dagegen könnte eher das Rauschen des Windes in einem Baum oder gar nur das »Geräusch« des Flügelschlags eines Schmetterlings verursachen.

Andererseits kann man nicht ausschließen, dass die Dunkle Materie Einfluss auf die Ausbreitung von Gravitationswellen hat. Diese könnten, ähnlich wie Lichtwellen, an großen Massenansammlungen gebeugt oder gebrochen werden. Allerdings sind diese Effekte nach gegenwärtigem Verständnis sehr gering, falls sie überhaupt existieren. Wie bereits mehrfach angedeutet wurde, laufen Gravitationswellen nahezu unbeeinflusst durch das Universum. Die Betonung liegt hier auf »nahezu«. Vielleicht ergeben sich doch minimale Wechselwirkungen. Dann ließen sich, genau wie bei seismischen Messungen, Rückschlüsse auf die Dunkle Materie ziehen.

Kosmische Großereignisse wären dann wie Testdetonationen, aus denen Geophysiker auf die Beschaffenheit des Untergrundes schließen können. Die genaue Analyse von Gravitationswellensignalen lieferte dann, ähnlich wie geologische Messungen, Informationen über die geheimnisvolle dunkle Seite des Alls. Natürlich sind viele Argumente in diesem Bereich noch reine Spekulation. Wie sollte man auch über eine noch vollkommen unbekannte Materieart detaillierte und seriöse Aussagen machen können?

Gravitationswellenobservatorien stellen die einzige Möglichkeit dar, direkte Messwerte zu dieser Art von Materie zu sammeln, da diese per Definition optischen Teleskopen oder radioastronomischen Empfängern nicht zugänglich ist. Aus diesem und anderen Gründen bietet der Nachweis von Gravitationswellen im Hinblick auf die Dunkle Materie und Dunkle Energie nur die Möglichkeit, ein Fenster zu öffnen. Ob man durch dieses jetzt offene Fenster wirklich etwas sieht bzw. hört, steht im wörtlichen Sinne noch in den Sternen. Existieren aber große Anhäufungen Dunkler Materie, dann könnten sie gelegentlich beschleunigt werden und ähnlich wie zusammenstürzende Schwarze Löcher Gravitationswellen aussenden.

Diese und ähnliche Messergebnisse liefern dann vielleicht Hinweise auf ein Gebiet der Physik, das seit einiger Zeit intensiver untersucht wird. Phänomene und Ereignisse, die sowohl eine quantenmechanische als auch eine allgemeinrelativistische Beschreibung erfordern, können bislang nur sehr unzureichend theoretisch abgedeckt werden. Hier zeigt sich die Unverträglichkeit der beiden großen Theorien der Physik, also der Quantenmechanik und der Allgemeinen Relativitätstheorie.

Die folgenden Abschnitte geben einen Ausblick darauf, wie die Vereinigung der beiden so unterschiedlichen Teilgebiete der Physik aussehen könnte. Vielleicht fällt der Gravitationswellenastronomie dabei sogar eine herausragende Rolle zu.

Vereinheitlichte Feldtheorien und Superstrings

Gravitationswellen könnten irgendwann den Weg zu einer großen vereinheitlichten Theorie der Physik weisen. Bereits Albert Einstein versuchte während seiner Zeit in Princeton, diese universelle Theorie zu finden. Allerdings waren sein Bemühungen trotz einiger wertvoller Fortschritte bis zu seinem Tod am 18. April 1955 nicht erfolgreich.

Verschiedene physikalische Modelle sagen voraus, dass zu einem bestimmten Zeitpunkt in der Geschichte des Universums die vier Grundkräfte aus einer einzigen Urkraft hervorgingen. Erst, als das Universum expandierte und sich dabei abkühlte, spaltete sich diese Urkraft in die heute bekannten vier Kräfte oder »Wechselwirkungen« auf. Ein wichtiges Ziel der modernen Forschung ist nun, diese vier Wechselwirkungen im Rahmen einer einzigen vereinheitlichten Theorie zu beschreiben. Gravitationswellenobservatorien, die das gesamte Wellenlängenspektrum experimentell untersuchen könnten, wären eventuell in der Lage, hierzu neue Informationen zu liefern. Die lange und wechselvolle Geschichte der Wissenschaft hat schließlich gezeigt, dass jedes Mal, wenn ein neues Fenster zum Universum geöffnet wurde, auch vollkommen Neues und Unerwartetes entdeckt wurde. Es wäre also doch sehr überraschend, wenn die Überraschungen diesmal ausbleiben würden.

Eine erste erfolgreiche Einheitliche Feldtheorie wurde von James Clerk Maxwell entwickelt. Hans Christian Ørsted entdeckte 1820, dass elektrische Ströme Kräfte auf Magneten ausüben, während Michael Faraday im Jahr 1831 die Beobachtung machte, dass zeitlich veränderliche Magnetfelder elektrische Ströme induzieren können.

Bis 1864 wurden Elektrizität und Magnetismus als voneinander unabhängige Phänomene betrachtet. Dann veröffentlichte Maxwell seine berühmte dynamische Theorie des elektromagnetischen Feldes. Die darin enthaltenen vier Maxwellschen Gleichungen konnten die magnetischen Felder von Ørsted und die Induktionsphänomene von Faraday in einer einheitlichen Form erklären. So stellten sie erstmals die enge Verknüpfung von Elektrizität und Magnetismus dar. Die in den Gleichungen enthaltenen Symmetrien führten später sogar zur Lorentz-Transformation und spielten somit in der Folge eine wichtige Rolle bei der Entwicklung der Speziellen Relativitätstheorie durch Albert Einstein. Die Maxwell-Gleichungen sind das erste Beispiel für eine Theorie, die in der Lage ist, bisher getrennte Feldtheorien zusammenzufassen und eine einheitliche Beschreibung des Elektromagnetismus zu liefern.

Ab 1905 hatte Albert Einstein die Konstanz der Lichtgeschwindigkeit in der Maxwellschen Theorie genutzt, um die Vorstellungen von Raum und Zeit zu einer Einheit, die heute unter der Bezeichnung Raumzeit bekannt ist, zu integrieren. Im Jahre 1915 erweiterte er die Spezielle Relativitätstheorie zur Allgemeinen Relativitätstheorie, die eine Beschreibung der Schwerkraft als Krümmung der vierdimensionalen Raumzeit erlaubt.

In den Jahren nach der Veröffentlichung der Allgemeinen Relativitätstheorie versuchte eine große Anzahl von Physikern und Mathematikern, die damals bekannten fundamentalen Wechselwirkungen in einer gemeinsamen Theorie zu vereinen. Im Hinblick auf spätere Entwicklungen in diesem Bereich sind die Theorien von Hermann Weyl besonders hervorzuheben. Weyl führte das Konzept eines elektromagnetischen Eichfelds in einer klassischen Feldtheorie ein. Etwas später erweiterte Theodor Kaluza die Allgemeine Relativitätstheorie auf fünf Dimensionen, vier räumliche und eine zeitliche, und konnte so einheitliche Gleichungen angeben, die einerseits die Allgemeinen Feldgleichungen aus Einsteins Theorie, andererseits aber auch die Maxwellgleichungen enthielten.

Einstein selbst war sehr beeindruckt von diesen Ergebnissen. Oscar Klein setzte die Arbeiten dahingehend fort, dass die von Kaluza postulierte vierte räumliche Dimension in kleinen, bislang unbeobachtbaren Kreisen zusammengerollt sein sollte. In dieser Kaluza-Klein-Theorie verhält sich die Gravitationskrümmung der zusätzlichen Raumdimension wie eine neue Kraft, die ähnliche Eigenschaften wie die elektromagnetischen Phänomene hat. Die Kaluza-Klein-Theorie gilt seitdem als Vorläufer der heute populären Stringtheorie.

Diese und andere Modelle zur Vereinheitlichung von Elektromagnetismus und Gravitation wurden von Einstein in seinen Arbeiten zu einer Einheitlichen Feldtheorie durchaus weiterverfolgt. Bis 1930 hatte er bereits das Einstein-Maxwell-Dirac-System mitentwickelt. Dieses System ist ein erster Vorläufer der modernen Quantenelektrodynamik. Man kann den Ansatz sogar auf die Schwachen und Starken Kernkräfte erweitern und erhält so das Einstein-Yang-Mills-Dirac-System.

Mit der Entdeckung der Quantenmechanik und zweier weiterer Wechselwirkungen, der Starken und der Schwachen Kernkraft, in den 1930er-Jahren rückte das Ziel einer vereinheitlichten Theorie jedoch in weite Ferne. Die Verbindung von Spezieller Relativitäts-theorie und Quantenmechanik führte immerhin zu einer ersten Quantenfeldtheorie. Ab etwa 1950 versuchte Werner Heisenberg, ausgehend von der Dirac-Gleichung, eine neue umfassende Feld-theorie abzuleiten. Damit sollte die große Anzahl der inzwischen ent-deckten Elementarteilchen erklärt und geordnet werden. In dieser Zeit taucht auch erstmals der Begriff »Weltformel« für eine einzige allumfassende Theorie der Physik auf. Heisenbergs Vorgehenswei-se entpuppte sich jedoch als Sackgasse. Erst der US-amerikanische Physiker Murray Gell-Mann brachte mit der Einführung der Quarks schließlich etwas Ordnung in die neu entdeckte Welt der Elemen-tarteilchen.

Im Jahr 1963 erkannten die Physiker, dass Schwache Kern-kraft, Elektrizität und Magnetismus zu einer einheitlichen elektro-schwachen Theorie zusammengefasst werden könnten. Ende der 1960er-Jahre wurden die ersten Ansätze erweitert und ergänzt. Neue Ideen wurden integriert, unter anderem der Einfluss des so-genannten Higgs-Felds. Es entstand eine einheitliche Theorie, die die elektroschwache Wechselwirkung als eine Kraft beschreibt, die durch vier Teilchen vermittelt wird: das Photon für den elektromag-netischen Teil, einem neutralen Z-Teilchen und zwei W-Teilchen für die schwache Wechselwirkung. Die Theorie feierte experimentelle Erfolge, als im Jahr 1973 die Z- und W-Bosonen erstmals am CERN nachgewiesen wurden.

Nachdem die Theorie der elektroschwachen Wechselwirkung ma-thematisch konsistent vollendet war, diente sie als Vorlage für weitere vereinheitlichte physikalische Theorien. Ab Mitte der 1970er-Jahre wurde auch die starke Kernkraft mit der elektroschwachen Wechsel-wirkung zu einem gemeinsamen Modell vereint. Diese erste Große Vereinheitlichte Theorie (GUT, für engl. Grand Unified Theorie) er-möglicht es immerhin, die meisten Effekte bis weit über alle bislang experimentell erreichbaren Energien hinaus zu beschreiben.

Seitdem gab es für Große Vereinheitlichte Theorien immer wieder verschiedene Vorschläge. Ein zentrales Problem für experimentelle Tests dazu ist die Energieskala, in der nachprüfbare Resultate erwartet werden. Diese reicht weit über die Möglichkeiten heutiger Teilchenbeschleuniger hinaus. Selbst die größten Anlagen am europäischen Kernforschungszentrum CERN sind nicht in der Lage, derartige Teilchenenergien zu erreichen. Die Theorien machen Vorhersagen darüber, wie sich starke, schwache und elektromagnetische Kräfte zueinander verhalten. Im Jahr 1991 wurde zumindest nachgewiesen, dass damit die richtigen relativen Größenordnungen von verschiedenen Kopplungskonstanten vorhergesagt werden können.

Allein die Schwerkraft entzieht sich bislang erfolgreich allen Versuchen einer Integration in die bestehenden Theoriegebäude. Alle Ansätze, die Gravitation mit der starken und elektroschwachen Wechselwirkung zu kombinieren, führen zu grundlegenden Schwierigkeiten. Bis heute ist es den Physikern nicht gelungen, eine weithin anerkannte, konsistente Theorie zu formulieren, die die Allgemeine Relativitätstheorie und die Quantenmechanik kombiniert. Die Unvereinbarkeit der beiden Theorien bleibt daher ein grundlegendes Problem auf dem Gebiet der theoretischen Physik. Einige Wissenschaftler glauben derzeit, dass eine Vereinigung der Quantentheorie mit der Allgemeinen Relativitätstheorie völlig neue Rahmenbedingungen erfordert. Aktuelle Ansätze zu vereinheitlichten Theorien wie die Stringtheorie oder die Schleifen-Quantengravitation basieren daher auf grundsätzlich anderen Fundamenten.

Ein neuer Ansatz für eine Einheitliche Feldtheorie entstand im Rahmen der Superstringtheorie. Die als sogenannte M-Theorie bekannt gewordene Vereinheitlichung verschiedener Stringtheorievarianten erregte gegen Ende des letzten Jahrtausends großes Aufsehen in der Welt der Physik. Innerhalb kurzer Zeit konnten hier relativ große Fortschritte erzielt werden. Mit diesen Ideen scheint es erstmals möglich, alle vier grundlegenden Wechselwirkungen der Natur tatsächlich in eine einheitliche Struktur zu bringen. Trotz 20 Jahre intensiver Forschung befindet sich die Theorie noch in einem umfassenden Entwicklungsstadium. Als alternative Formulierung einer Quantentheorie der Gravitation ist die sogenannte Schleifen-Quantengravitation im Gespräch. Eine der wenigen Gemeinsamkeiten der beiden unterschiedlichen Ansätze ist jedoch, dass sie bislang keine experimentell nachweisbaren Vorhersagen liefern konnten.

Neben den beiden wichtigsten Kandidaten für ein einheitliches physikalisches Gedankengebäude gibt es noch einige andere, meist sehr umstrittene bis eher merkwürdige Ansätze. Beispielsweise wurde bereits vor einigen Jahren ein Artikel mit dem Titel »An Exceptionally Simple Theory of Everything« (»Eine außerordentlich einfache Theorie von allem«) in arXiv, einer Internetplattform für wissenschaftliche Publikationen, eingestellt. Allen diesen alternativen Ansätzen ist gemeinsam, dass sie von der internationalen Fachwelt, wenn überhaupt, dann nur sehr skeptisch wahrgenommen werden.

Könnte die Raumzeit »Kosmische Strings« enthalten?

Viele Wissenschaftler hoffen, dass die Stringtheorie durch neue Entdeckungen gestützt wird. Einen besonders interessanten Beitrag zur Suche nach neuen experimentellen Ergebnissen könnten Gravitationswellenempfänger liefern, wenn sie sogenannte Kosmische Strings detektieren würden. Allerdings ist die Verbindung zwischen den Strings der Superstringtheorie und ihren kosmischen Gegenstücken nicht unbedingt zwingend.

Die bislang hypothetischen kosmischen Verwerfungen der Raumzeit sollten theoretischen Betrachtungen zufolge höchst interessante Eigenschaften aufweisen. Zum einen wären sie nahezu unendlich dünn. Der Durchmesser eines Strings könnte einigen

Modellen zufolge geringer sein als ein Billionstel des Durchmessers eines Atomkerns. Seine Länge dagegen nähme kosmologische Dimensionen an und könnte sich über gigantische Entfernungen hinweg erstrecken. Andererseits würde ein String von nur wenigen Kilometern Länge bereits eine Masse beinhalten, die etwa der gesamten Erdmasse entspricht. Aus einigen Theorievarianten kann man schließen, dass Kosmische Strings in gewissen Zeitabständen zusammenklappen, einknicken oder Verwerfungen ausbilden. Das würde unweigerlich gewaltige Gravitationswellenausbrüche zur Folge haben. Die Empfänger von LIGO oder VIRGO sollten durchaus in der Lage sein, diese detonationsartigen Einzelereignisse aufzuspüren. Allein damit wäre die Stringtheorie allerdings noch nicht bestätigt, da auch alternative Hypothesen die Existenz Kosmischer Strings nicht ausschließen.

Im Prinzip sind Kosmische Strings Objekte mit gigantischen Ausmaßen, die sich im frühen Universum gebildet haben könnten. Schlüssige Beweise für ihre Existenz existieren aber nicht. Sie wurden in den späten 1970er-Jahren als mögliches Ergebnis einiger Feldtheorien eingeführt, darunter die berühmte Higgs-Theorie. Kosmische Strings erlebten ihre Blütezeit in den 1980er-Jahren, da sie die Bildung von großen Strukturen im Kosmos, etwa Galaxien oder Galaxienanhäufungen, bis zu einem gewissen Maß erklären können. Allerdings müssten die Strings, gemäß gängiger Theorien, im frühen Universum eine Signatur im kosmischen Mikrowellenhintergrund hinterlassen haben. Jedoch konnte mit weltraumgestützten Satelliten-Experimenten wie COBE (**Co**smic **B**ackground **E**xplorer) oder WMAP keine entsprechenden Hinweise entdeckt werden.

Ab dem Jahr 2000 kam es zu einer Wiederbelebung der Kosmischen Strings, da man nun einen Zusammenhang mit der Stringtheorie vermutete. In der Stringtheorie werden Elementarteilchen durch winzige eindimensionale Objekte in einem mehrdimensionalen Raum beschrieben. In einigen Theorievarianten könnten die submikroskopischen Strings zu gigantischen Größen anwachsen und sich wie die bereits postulierten Kosmischen Strings verhalten. Diese werden nun als Kosmische Superstrings bezeichnet und könnten eventuell wertvolle Beobachtungshinweise für die Stringtheorie im Allgemeinen liefern.

Unter der Annahme, dass sie tatsächlich existieren, wäre das Netz der Kosmischen Superstrings kurz nach dem Urknall gebildet worden. Mit der Entwicklung und Expansion des Universums hätten sich auch die Strings verändert. Sie würden sich dehnen, mit Materie in Wechselwirkung treten, oszillieren, sich vernetzen oder auch zerfallen. Computersimulationen sind in der Lage, diese Entwicklung von der Bildung der Strings bis heute zu beschreiben. Diese Berechnungen sind wiederum eine extreme Herausforderung, da eine Vielzahl von physikalischen Effekten berücksichtigt werden muss. Viele Annahmen und Vereinfachungen sind notwendig, um die Simulation in einem vernünftigen Umfang zu halten, sodass sie von Supercomputern in akzeptablen Zeiträumen ausgeführt werden können. Derzeit existieren keinerlei Beobachtungen, die die Existenz der Kosmischen Strings unterstützen würden. Einige Messungen zeigen sogar, dass sie keine überragenden Auswirkungen auf verschiedene Vorgänge im Kosmos haben können.

Gravitationswellen wären eine der vielversprechendsten Möglichkeiten, um diese schwer fassbaren Objekte nachzuweisen. Die Emission von Gravitationswellen ist sogar der wichtigste Mechanismus, über den Kosmische Strings Energie abstrahlen könnten. Wenn sich ein Kosmischer String selbst kreuzt, kann sich aus ihm eine Schleife abtrennen. Einmal gebildet, ist eine solche Schleife jedoch zum Untergang verurteilt. Sie schwingt, strahlt Gravitationswellen ab, schrumpft und »verdampft« schließlich. Starke Gravitationswellenemissionen sollten insbesondere an den Abschnürpunkten der Schleifen auftreten. Diese bilden höckerartige Verdichtungen, die sich mit nahezu Lichtgeschwindigkeit bewegen können. Da in den

Abschnürpunkten auch erhebliche Massen vereinigt sind, erwartet man leistungsstarke Ausbrüche von schockartigen Gravitationswellen. Die Amplitude dieser Signale hängt von der Spannung in den Strings und von der Größe der Schleife ab. Die Signalamplituden sollten aber in jedem Fall ausreichen, um sie mit erdgebundenen Laserinterferometern zu detektieren.

Aktuelle Abschätzungen ordnen die Chancen für die Erfassung derartiger Signale als sehr gut ein. Die Datenanalyse aus den Messläufen der LIGO- und VIRGO-Detektoren zeigen, dass Gravitationswellenspikes von Kosmischen Strings deutlich aus dem Hintergrundrauschen der Detektoren herausragen müssten. Deshalb wurden spezifische Analyseverfahren, wie spezielle Filter oder Spitzenwertdetektoren, entwickelt, um diese Höcker-Signale im Hintergrundrauschen der Gravitationswellenempfänger finden zu können. Diese Methoden arbeiten ähnlich wie die Suchfunktionen für die Signaturen verschmelzender Schwarzer Löcher. Allerdings sind sie deutlich ineffizienter, da die Signale unspezifischer und zudem weniger genau bekannt sind. Während man bei der Suche nach zusammenstürzenden Schwarzen Löchern wusste, wie die Signale auszusehen hätten, tappt man hier praktisch im Dunkeln. Trotz aller Bemühungen konnten bislang keine Hinweise auf ein Kosmisches Stringsignal in den LIGO-Daten gefunden werden. Wie so oft in der Experimentalphysik, bedeutet dieses Null-Ergebnis jedoch nicht, dass der Aufwand vergebens war. Da die Empfindlichkeit der Detektoren genau bekannt ist, kann man nun obere Grenzen für die Häufigkeit und Intensität von Gravitationswellen aus Superstrings angeben. Daraus ergeben sich wiederum Hinweise auf die maximale Häufigkeit und die Verteilung dieser Objekte im Kosmos. Theorien, die eine größere Verbreitung vorhersagen, müssen damit verworfen werden.

Nun ruht die Hoffnung der Stringtheoretiker auf neuen Messläufen von aLIGO. Da inzwischen klar ist, dass die Interferometer prinzipiell in der Lage sind, Gravitationswellen zu empfangen, sind die Erwartungen hoch, dass man auch neue Erkenntnisse bezüglich der Superstrings erhält. Die verbesserten Empfindlichkeiten der Empfänger bieten jedenfalls auch für die Suche nach Kosmischen Strings neue, große Chancen. Vielleicht liefern Advanced LIGO und Advanced VIRGO doch noch entscheidende Beiträge zur Klärung der Frage, ob Kosmische Strings existieren oder nicht.

Steht Albert Einsteins Allgemeine Relativitätstheorie kurz vor ihrem Ende?

Die Physiker stehen seit geraumer Zeit vor einem gewaltigen Dilemma. Einerseits sind Relativitätstheorie und Quantenmechanik in perfektem Einklang mit allen experimentellen Resultaten. Andererseits ist seit längerem klar, dass die beiden Theorien nicht nahtlos miteinander verwoben werden können. In den letzten Jahren deutet sich zunehmend an, dass die größeren Veränderungen nicht im Bereich der Quantenphysik erwartet werden. Demnach kann Einsteins bislang so bewährte Theorie nicht universell gültig sein. Dennoch wird in nahezu jeder modernen Veröffentlichung stolz proklamiert, dass alle Ergebnisse im Einklang mit der Allgemeinen Relativitätstheorie stünden; so auch im Artikel zum ersten direkten Gravitationswellennachweis.

Wollte ein Wissenschaftler oder ein Forscherteam ernsthaft behaupten, man hätte einen unumstößlichen Widerspruch zu Einsteins großer Theorie gefunden, wäre mit erheblichen Problemen zu rechnen. Seit 100 Jahren beschreibt die Allgemeine Relativitätstheorie alle bekannten Phänomene im Kosmos mit höchster Präzision: die Expansion des Universums, die Eigenschaften Schwarzer Löcher oder das Verhalten von Neutronensternen. Obwohl die Theorie also bisher alle Tests mit Auszeichnung bestanden hat, ist seit einiger Zeit klar, dass die Allgemeinen Feldgleichungen dennoch nicht das letzte Kapitel der Physik sein können.

Als Albert Einstein die Allgemeinen Feldgleichungen erarbeitete, lebten die Astronomen noch in einem vergleichsweise einfachen Kosmos. Für die damaligen Wissenschaftler bestand das Weltall im Wesentlichen aus der Heimatgalaxis des Sonnensystems, der sogenannten Milchstraße. Bis auf einige unerklärliche und vermutlich vollkommen nebensächliche »Nebelflecken« am nächtlichen Firmament galten alle Himmelserscheinungen als bestens verstanden. Es gab keinerlei Hinweise darauf, dass sich im Kosmos in der Vergangenheit etwas wesentlich verändert hätte, oder dass umwälzende Umbrüche unmittelbar bevorstünden. Entsprechend betrachtete auch Einstein selbst das Universum als statisch und ewig unveränderlich.

Erst die Beobachtungen von Edwin Hubble veränderten dieses einfache Weltbild. Ein expandierendes Universum war zur Zeit, als Einstein seine Feldgleichungen entwickelte, vollkommen undenkbar. Dennoch sagten die Formeln genau ein solches Verhalten voraus. Selbst Einstein wollte zunächst nicht daran glauben und suchte nach einem Ausweg. Er fand ihn in der Kosmologischen Konstante, die ein statisches Universum ermöglichte, ohne dass die Allgemeinen Feldgleichungen ihre Gültigkeit verloren. Durch Hubbles Ergebnisse wurde die Konstante jedoch bald wieder überflüssig und Einstein konnte sie aus seiner Theorie streichen. Jetzt scheint diese »Eselei« in Hinblick auf die Dunkle Energie eine Renaissance zu erleben.

Nur wenige Jahre nach der Allgemeinen Relativitätstheorie entstand das zweite große Theoriegebäude der Physik. Anders als bei Einsteins überragendem Geniestreich war daran jedoch eine Vielzahl der talentiertesten Physiker ihrer Zeit beteiligt. Die Quantentheorie erschien nicht wie ein Paukenschlag in Form einer einzigen Veröffentlichung, sondern wurde über Jahre hinweg von vielen hervorragenden Physikern entwickelt und ausformuliert.

Während Einsteins Arbeiten astrophysikalische Phänomene in den Weiten des Universums erfasst, beschreibt die Quantenmechanik den Mikrokosmos, also die Welt der Moleküle, Atome und Elementarteilchen. Die beiden großen Gedankengebäude stehen also auf völlig unterschiedlichen Fundamenten. Dies ist auch der Grund dafür, dass sie so lange Zeit problemlos nebeneinander existieren konnten. Beide Theorien wurden in ihren jeweiligen Geltungsbereichen durch die Experimentalphysik mit teilweise geradezu unglaublicher Präzision bestätigt.

Probleme treten erst dann auf, wenn Phänomene betrachtet werden, bei denen beide Theorien gemeinsam zur Anwendung kommen. Hier ist es bislang nicht gelungen, die Teilbereiche der Physik miteinander harmonisch zu vereinigen. Es zeigt sich sogar immer deutlicher, dass nicht beide in allen Details korrekt sein können. In extremen Situationen, wie etwa bei der detaillierten Beschreibung von Schwarzen Löchern oder bei der Betrachtung von Vorgängen in der Frühphase des Universums, treten unlösbare Widersprüche auf. Einstein selbst stand der Quantentheorie eher skeptisch gegenüber. Sein berühmter Ausspruch »Gott würfelt nicht!« bringt diese Überzeugung prägnant zum Ausdruck. Er konnte nicht akzeptieren, dass die Quantentheorie keine beliebig genauen Vorhersagen erlaubt. Die stochastische Natur der Quantenmechanik war ihm stets ein Dorn im Auge.

Ursprünglich erschien es auch gar nicht notwendig, die beiden fundamentalen Theorien der Physik in eine einheitliche Form zu gießen. Beide hatten ihren eigenen Bereich, beide hatten in ihren jeweiligen Anwendungsgebieten ausgezeichnete Erfolge zu verzeichnen. In den einführenden Kapiteln dieses Buches wurde bereits dargelegt, dass die Allgemeine Relativitätstheorie so gut wie keine praktischen Auswirkungen hat. Selbst das in diesem Zusammenhang häufig zitierte Globale Positionierungssystem (GPS) wäre auch ohne die Kenntnis der Allgemeinen Feldgleichungen funktionsfähig.

Ganz anders jedoch die Quantentheorie. Ihre Ergebnisse bilden das Grundgerüst jeder modernen Technologie. Sie wurde deshalb zur am besten bestätigten Theorie der Naturwissenschaften überhaupt. Man kann sich nun fragen, weshalb die Physik nicht mit zwei getrennten Theorien leben kann. Hierzu gibt es zwei grundsätzliche Überlegungen. Die Physiker waren immer bestrebt, ein einheitliches, zusammenhängendes Gedankengebäude zu errichten. Die Zusammenführung von scheinbar getrennten Bereichen zählte stets zu den großen Triumphen der Naturwissenschaften. Das klassische Beispiel ist der in den letzten Abschnitten erwähnte Elektromagnetismus, der auf den ersten Blick die so unterschiedlichen Kräfte der Elektrizität und des Magnetismus in sich vereint. Aber auch unzählige andere Beispiele zeigen, dass die Zusammenführung scheinbar getrennter Bereiche stets zu neuen überragenden Erkenntnissen führte.

Darüber hinaus offenbart sich immer mehr, dass sich die beiden Theorien widersprechen. Der Urknall und die Frühphase des Universums sind nur ein Beispiel. Die moderne Physik stößt zunehmend auf Situationen, in denen diese Gegensätze immer deutlicher zu Tage treten. Der friedlichen Koexistenz der beiden Theorien sind also Grenzen gesetzt. Wenn man die Widersprüche lösen will, dann muss man verstehen, wie man Quantenmechanik und Relativitätstheorie unter einen Hut bringen kann.

Die Stringtheorie als Weltformel?

Einen Versuch, Quantenmechanik und Relativitätstheorie zu vereinen, stellt die sogenannte Stringtheorie dar. Ihre Anfänge liegen bereits über 40 Jahre zurück. Jedoch sind ihre grundlegenden Ideen so komplex, dass bis heute noch nicht klar ist, ob sie tatsächlich jemals in der Lage sein wird, eine vernünftige Beschreibung der Naturgesetze zu liefern.

Die Stringtheorie geht von einer grundlegend neuen Annahme aus. Anders als in der klassischen Elementarteilchenphysik bestehen die kleinsten Bausteine der Natur hier nicht aus punktförmigen Teilchen, sondern aus vibrierenden Saiten oder »Strings«. Die verschiedenen Elementarteilchen werden als Schwingungsanregungen dieser Saiten aufgefasst. Ähnlich wie die Saiten einer Gitarre oder Geige können die Strings mit unterschiedlichen Frequenzen schwingen. Die einzelnen Frequenzen entsprechen dabei, wie in der konventionellen Quantenmechanik, verschiedenen Anregungszuständen. Diese diskreten Niveaus können wiederum mit bestimmten Eigenschaften der Elementarteilchen in Verbindung gebracht werden. So ergeben sich viele Merkmale der bekannten Elementarteilchen direkt aus den Grundannahmen der Stringtheorie. Eine mit den Grundlagen der Quantenmechanik vereinbare Stringtheorie enthält sogar automatisch eine Art Gravitationswirkung. Die Stringtheorie wird damit zu einer Theorie der Quantengravitation. Sie ist also eine der wenigen Kandidaten für eine umfassende Beschreibung aller bekannten Naturkräfte. In diesem Sinne könnte sie der Idee einer „Weltformel« durchaus gerecht werden.

Das gesamte Gedankengebäude ist allerdings nur dann mathematisch konsistent, wenn das Universum der Stringtheorie über zehn oder mehr Raumzeit-Dimensionen verfügt. Da bislang aber nur eine Zeit- und drei Raumdimensionen beobachtet wurden, ergibt sich daraus ein fundamentales Problem. Einen Ausweg bietet die Vorstellung, dass die überflüssigen Extra-Dimensionen »aufgerollt« sein könnten, sodass sie nicht als tatsächlich existierende Raumrichtungen wahrnehmbar sind. In dieser Form erregte die Stringtheorie in der Welt der Wissenschaft erhebliches Aufsehen, da sie die Unvereinbarkeit von Quantenphysik und Allgemeiner Relativitätstheorie lösen könnte.

Eine der größten Schwierigkeiten der Stringtheorie ist ihre mangelnde experimentelle Bestätigung. Die Ausdehnung eines Strings soll in etwa einer Planck-Länge entsprechen, also in der Größenordnung von 10^{-35} m liegen. Diese Längenskala entzieht sich bislang allen Möglichkeiten der Experimentalphysik. In näherer Zukunft wird es vermutlich keine Verfahren geben, auf direktem Weg in diese Welt jenseits der aktuellen Messmöglichkeiten vorzustoßen. Man ist daher auf indirekte Hinweise zur Überprüfung der Stringtheorie angewiesen. Diese könnten sich in experimentellen Widersprüchen zu den anerkannten physikalischen Theorien finden. Entsprechende Entdeckungen im Bereich der Quantenphysik werden gegenwärtig als recht unwahrscheinlich angesehen, somit bleibt nur die Allgemeine Relativitätstheorie als Ansatzpunkt. Eine Beobachtung, die klar den Vorhersagen der Relativitätstheorie widerspricht, wäre ein wichtiger Hinweis für eine neue, vielleicht noch grundlegendere Theorie. Dann wären die Theoretischen Physiker gezwungen, neue Hypothesen, Methoden und Verfahren zu entwickeln, die die ausgetretenen Pfade der Forschung verlassen. Die Stringtheorie wäre sicher ein gangbarer Weg, der in diese Richtung führen könnte.

Eventuell liegt ein experimentelles Ergebnis schon seit fast einem Jahrhundert vor, denn die Beobachtungen von Fritz Zwicky sind bis heute nicht erklärbar. Bei unvoreingenommener Betrachtung kann man nicht ausschließen, dass die »Entdeckung« der Dunklen Materie und der Dunklen Energie der Anfang vom Ende der Allgemeinen Relativitätstheorie sein könnte. Insofern kann man diese beiden Beobachtungstatsachen auch als einen Hinweis auf eine wie auch immer geartete neue Theorie verstehen. Ob es sich dabei allerdings um die Stringtheorie handeln muss, bleibt zunächst natürlich offen.

Bemerkenswerterweise lässt sich aus der Stringtheorie eine verallgemeinerte Feldtheorie ableiten, die die Gravitationsgleichungen Albert Einsteins mit umfasst. Allerdings ergeben sich nicht genau die Formeln der Allgemeinen Feldgleichungen, sondern eine erweiterte Form, die einen zusätzlichen freien Parameter enthält. Erst wenn dieser Parameter unendlich groß gewählt wird, entstehen wieder die

Einsteinschen Gleichungen. Die Stringtheorie liefert gewissermaßen eine erweiterte Alternative zur Allgemeinen Relativitätstheorie. Wer sich jedoch eingehend mit solchen Varianten befasst, wird schnell in die Schublade der wissenschaftlichen Außenseiter gesteckt. Alternativen zu den Allgemeinen Feldgleichungen werden meist mit extremer Skepsis betrachtet, sofern sie bei etablierten Wissenschaftlern überhaupt Beachtung finden. Arbeiten zu diesem Thema werden von renommierten Fachzeitschriften häufig erst gar nicht zur Publikation angenommen.

Genau betrachtet ist aber auch die Dunkle Materie nicht weniger mysteriös als eventuelle Alternativen zur Relativitätstheorie. Immerhin wird eine ganz neue Form der Materie postuliert. Der größte Teil der Materie im Kosmos soll demnach keineswegs aus den bekannten Atomen und Molekülen oder Elementarteilchen bestehen. Auch dunkle Planeten, Staub- und Gaswolken, ausgebrannte und erloschene Sterne oder Schwarze Löcher können die geheimnisvollen Massen nicht vollständig erklären. Viele Wissenschaftler gehen davon aus, dass nur bislang unbekannte Partikel, etwa WIMPs, Licht in die dunkle Seite des Kosmos bringen könnten. Seit geraumer Zeit und mit teilweise gigantischem Aufwand wird versucht, irgendeine Spur der Dunklen Materie in den Detektoren der Experimentalphysik zu finden. Bislang waren alle derartigen Anstrengungen vergeblich. Auch hier kristallisiert sich also immer mehr eine einzige Alternative heraus:

Einsteins Theorie kann nicht
in allen Details korrekt sein!

Einstein selbst vertrat im Übrigen nicht die Meinung, dass mit der Allgemeinen Relativitätstheorie die Physik der Gravitation vollständig abgeschlossen sein müsse. Vielmehr hielt er Ergänzungen zu seiner Allgemeinen Relativitätstheorie durchaus für möglich oder sogar notwendig. In Princeton arbeitete er bis zu seinem Lebensende an Erweiterungen und Modifikationen der Allgemeinen Feldgleichungen. Dafür gab es mehrere Gründe, die bis heute Gegenstand intensivster Forschungstätigkeit sind:

> Die Allgemeine Relativitätstheorie kann nicht in überzeugender Weise mit dem Elektromagnetismus verbunden werden. Das gilt auch für die anderen beiden Elementarkräfte, also die Starke und die Schwache Kernkraft.
> Die Relativitätstheorie basiert auf den Grundlagen der Klassischen Physik. Die elementarsten Prinzipien der Quantentheorie, etwa die Unschärferelation, werden in keinster Weise berücksichtigt. Es erscheint heute völlig undenkbar, dass eine umfassende physikalische Theorie sämtliche Quanteneigenschaften ignorieren kann. Eine moderne Quantengravitation sollte daher sowohl die Relativitätstheorie als Grenzfall enthalten als auch Quantenphänomene korrekt beschreiben.

Die Stringtheorie kann im Prinzip diese Probleme lösen. Sie liefert ein konsistentes Gedankengebäude, aus dem sich alle vier bekannten Naturkräfte auf rein mathematischer Basis ableiten lassen. Darüber hinaus ist sie keine rein klassische Theorie, da sie die Grundlagen der Quantenmechanik bereits in ihren Fundamenten integriert hat. Auch neuere theoretische Ergebnisse, die auf weitere Probleme der Allgemeinen Relativitätstheorie hinweisen, sind im Rahmen einer umfassenden Theorie der Stringanregungen erklärbar. Hierzu zählt auch die Hawking-Strahlung, die mit einer rein klassischen Theorie nicht vereinbar ist, wohl aber mit den Vorhersagen der Stringtheorie.

Letztendlich beinhaltet die Relativitätstheorie bereits gewisse Hinweise auf die Grenzen ihrer Gültigkeit. Die Allgemeinen Feldgleichungen führen unter bestimmten Bedingungen auf Singularitäten. In diesen Fällen liefern die Gleichungen Werte, die Raum und

Zeit gegen Null konvergieren lassen. Die Ergebnisse für die Raumkrümmung, Masse- bzw. Energiedichte oder Temperatur dagegen streben gegen unendlich. Schon die Annahme, dass im Zentrum eines Schwarzen Lochs Materie punktförmig komprimiert sein soll, widerspricht einem fundamentalen Prinzip der Quantenmechanik: Nach der Unschärferelation kann Masse nicht beliebig genau in einem bestimmten Punkt konzentriert sein. Vielmehr kann nur ein gewisser Raumbereich angegeben werden, in dem sich die betreffende Masse mit einer bestimmten Wahrscheinlichkeit befindet. Da in der Stringtheorie punktförmige Teilchen und Strukturen ebenfalls unbekannt sind, ergäbe sich hier ein eleganter Ausweg aus der »Singularitätsfalle«. Auch Einstein schien dies bereits zu ahnen. Er war der Meinung, dass Singularitäten in einer fortgeschrittenen einheitlichen physikalischen Theorie nicht mehr auftreten sollten.

Die allumfassende Theorie ist bis heute das ehrgeizige Ziel der modernen Physik. Wünschenswert wäre ein überschaubares Formelwerk, das sowohl eine lückenlose Erklärung für die Quantenphänomene als auch für Schwarze Löcher, den Urknall und die Expansion des Universums liefert. Idealerweise sollte diese neue Theorie die Quantenmechanik und die Relativitätstheorie als Grenzfälle beinhalten. Dies wäre auch im Sinne Albert Einsteins. Denn das große Genie war der Meinung, dass es »für eine physikalische Theorie kein schöneres Schicksal geben kann, als dass sie einer umfassenderen Theorie selbst den Weg weist«, in der sie als Grenzfall weiter existieren kann. Bislang kann nur die Stringtheorie als aussichtsreicher Kandidat für eine solch umfassende Universaltheorie gelten. Allerdings sind die Strings, neben ihrer mangelnden experimentellen Nachweisbarkeit, noch mit einem weiteren Problem behaftet. Ähnlich wie die Inflation wird sie die Geister, die sie rief, nicht mehr los. Die Stringtheorie weist eine enorme Flexibilität auf. Ihre Schwierigkeiten bestehen nicht darin, gewisse Phänomene nicht erklären zu können. Der größte Vorwurf vieler Forscher lautet vielmehr, dass sie eine zu große Vielfalt an Varianten erlaubt. Eine Eigenschaft, die sie mit der Inflationshypothese teilt.

Eine besondere Herausforderung für jedes neue umfassende physikalische Modell bleibt aber die Kosmologie und die Erklärung ihrer bislang unerforschten Phänomene, der Dunklen Materie und der Dunklen Energie. Zu beiden könnte eine moderne Gravitationswellenastronomie wertvolle Hinweise und Informationen liefern. Dunkle Materie könnte sich durch ihre direkte Ausstrahlung von Gravitationswellen verraten. Wie bereits dargelegt wurde, könnte das Gravitationswellensignal GW150914 durch Dunkle Materie erzeugt worden sein. Die Dunkle Energie könnte sich durch Streuung von Gravitationswellen bemerkbar machen, das ist aber eine sehr hypothetische Möglichkeit. Der mögliche Nachweis von Kosmischen Strings oder anderen, von verschiedenen Theorien vorhergesagten Phänomenen, muss zurzeit eher skeptisch betrachtet werden. Aktuell wird die in früheren Jahren als so vielversprechend angesehene Verbindung zwischen Kosmischen Strings und den Elementen der Stringtheorie wieder stark angezweifelt.

Aus der Gravitationswellenforschung könnten sich in näherer Zukunft Hinweise sowohl auf die Stringtheorie als auch auf die Inflationstheorie ergeben. Der Nachweis primordialer Gravitationswellen wäre hier von höchstem Interesse. Aufgrund ihrer niedrigen Frequenz werden diese Wellentypen aber nur mit weltraumbasierten Interferometern oder aber mit Pulsar-Timing-Arrays erfasst werden können. Wie das Beispiel der BICEP2-Fehlmessung zeigte, sollte man hier mit voreiligen Interpretationen sehr vorsichtig sein.

Zwar existieren Vorschläge, wie die Dunkle Energie und die Dunkle Materie in die Allgemeine Relativitätstheorie integriert werden könnten, jedoch ist es genauso gut möglich, dass diese Phänomene bereits Hinweise auf die Grenzen von Einsteins großem Werk enthalten und so mehr oder weniger direkt auf eine umfassendere Theorie hinweisen. Es bleibt also abzuwarten, inwieweit sich Inflation und Strings durchsetzen können. Beiden Ideen ist gemeinsam, dass sie Lösungen für einige der größten Rätsel der modernen Physik anbieten können. Allerdings leiden beide sowohl unter ihrer mangelnden experimentellen Nachweisbarkeit als auch unter ihrer hohen Flexibilität, die dazu führt, dass diese Theorien nahezu alles erklären können. Erst neue und belastbare experimentelle Daten werden hier Klarheit schaffen.

Inflation, MOND und andere Alternativen

Tatsächlich gibt es über die ganze Welt verstreut einige Wissenschaftler, die sich mit alternativen Theorien der Gravitation befassen. Eine Variante ist die seit Mitte der 1980er-Jahre bekannte MOND-Hypothese einer **mo**difizierten **N**ewtonschen **D**ynamik. Nach ihr wäre das Gravitationsgesetz in der bekannten Newtonschen Form bei kleinen Feldstärken nicht korrekt bzw. nicht vollständig. Mit diesen Modifikationen ist die MOND-Theorie in der Lage, die Rotationskurven vieler Galaxien bis zu einem gewissen Maße korrekt zu beschreiben.

Es sind nur wenige seriöse Forscher, die sich mit der MOND-Theorie befassen. Wer sich mit Alternativen zur Einsteinschen Gravitationstheorie auseinandersetzt, gilt schnell als Außenseiter oder gar als Exzentriker. Häufig wird angehenden Physikern sogar empfohlen, sich lieber ernsthafteren Themen zu widmen – eine verständliche Empfehlung, denn es ist keineswegs sicher, dass hinter der Theorie mehr steckt als der Versuch, einige wenige Beobachtungsergebnisse in Formeln zu kleiden.

Nach neueren Erkenntnissen ist die MOND-Hypothese nicht in der Lage, umfassende experimentelle Resultate zu erklären. Alternative Theorien sind in den Naturwissenschaften natürlich wichtig, nur so kann es überhaupt zu Fortschritten in der Forschung kommen. Wenn aber neue Theorien nur für ganz spezielle Bereiche entwickel werden, zum Beispiel für die Erklärung der Rotationskurven von Galaxien, haben sie kaum einen umfassenden Wert und können keine universelle Bedeutung erlangen. Wenn ein Arzt nur die äußeren Symptome einer Krankheit, etwa Hautausschlag oder Fieber, mit Umschlägen und Salben kurieren will, nicht aber die tieferen Ursachen, also beispielsweise eine mit Antibiotika zu behandelnde bakterielle Infektion, erkennt, wird seine Therapie keinen durchgreifenden Erfolg haben.

Eine physikalische Theorie muss immer für einen möglichst breiten Anwendungsbereich gelten. Das beste Beispiel für eine umfassende Theorie ist die Newtonsche Mechanik selbst. Sie kann, ausgehend von wenigen, einfachen Grundgesetzen sowohl die Fallbewegung von Körpern im irdischen Labor als auch die Bewegung des Mondes um die Erde und die der Planeten um die Sonne mit höchster Präzision beschreiben.

Ähnlich problematisch ist die Situation bei der Dunklen Energie. Hier wird zum wiederholten Male die bereits von Einstein selbst wieder verworfene Kosmologische Konstante reaktiviert. Der physikalische Hintergrund dieser Größe ist weiterhin völlig unklar. Der Versuch, die quantenmechanische Vakuumenergie als Erklärung heranzuziehen, führte nur zur bisher größten Unstimmigkeit in der Theoretischen Physik. Sogar Stringtheoretiker können eine Diskrepanz von 100 Größenordnungen in ihren Rechenergebnissen nicht so einfach wegdiskutieren.

Auch die Inflationstheorie ist letztlich nur ein weiteres Beispiel für einen Ad-hoc-Ansatz zur Erklärung einiger Phänomene. Sie kann durchaus einige Beobachtungen deuten. Vor einer inflationären Expansion hätten der Theorie zufolge alle Bereiche des sichtbaren Universums miteinander in Verbindung gestanden. Damit kann die Homogenität des heute beobachtbaren Universums begründet werden. Im Rahmen einer Standard-Expansion des Kosmos ist diese großräumige Gleichartigkeit des Weltraums nicht verständlich.

Nach aktuellen Messergebnissen weist das heute beobachtbare Universum keine nennenswerte Raumkrümmung auf. Im Rahmen einer Standard-Expansion wäre dazu unmittelbar nach dem Urknall eine extrem exakte Abstimmung von Materiedichte und Energie erforderlich gewesen. Dafür existiert keine natürliche Erklärung. Eine inflationäre Expansion dagegen führt recht zwanglos auf einen ungekrümmten Raum, da alle Verwerfungen durch die extreme Ausdehnung »glatt gezogen« werden. Mit entsprechendem Aufwand kann man mit der kosmischen Inflation sogar Relativitätstheorie und Dunkle Energie in Einklang bringen. Allerdings zahlt man dafür einen hohen Preis. Bei genauer Betrachtung sagt die Inflationstheorie nicht nur ein Universum voraus. Nimmt man die Aussagen der Theorie ernst, dann sollte nicht nur ein einziger Kosmos existieren, sondern viele weitere Universen, im Extremfall sogar unendlich viele!

Jedes dieser Universen könnte Teil eines sogenannten Multiversums sein. In jedem einzelnen Universum würden individuell unterschiedliche Arten der Dunklen Energie existieren. Intelligente Wesen jedoch, die über die Dunkle Energie nachdenken können, entstehen nur dann, wenn diese hinreichend schwach ausgeprägt ist. Wäre sie deutlich stärker, müsste der Kosmos viel schneller expandieren. Weder Sterne noch Galaxien hätten sich bilden können. Die Existenz von Planeten wäre unmöglich. Damit gäbe es auch keine Wissenschaftler, die über die so wunderbar schwache Dunkle Energie staunen könnten. So gesehen ist es nicht überraschend, dass das Universum genauso aussieht, wie wir es sehen, und die Dunkle Energie exakt die richtige Stärke besitzt ...

Ein weiterer grundlegender Einwand gegen die Inflationstheorie ist ihre geradezu fabelhaft anmutende Flexibilität. Sie gestattet es offenbar, alle möglichen Beobachtungen zu erklären. Hier fühlt man sich an die Vorgehensweise von Prof. Josef Weber erinnert. Immer dann, wenn Ungereimtheiten oder Widersprüche auftreten, finden sich Möglichkeiten, diese »im Rahmen der Theorie« zu beseitigen.

Die Inflation ist extrem empfindlich gegenüber ihren eignen Randbedingungen. Gemäß der Chaostheorie kann der Flügelschlag eines Schmetterlings ganze Orkane verursachen. In ähnlicher Weise ergeben sich bei geringfügigen Änderungen an den Randbedingungen der Inflationstheorie nicht nur Wirbelstürme und Taifune, sondern völlig neue und komplett andere Universen! Bislang existieren so gut wie keine experimentellen Möglichkeiten, um die Vorhersagen der Inflationshypothese zu bestätigen oder zu widerlegen. Damit entzieht sich die Inflation der Falsifizierbarkeit. Diese ist aber seit den Arbeiten des Wissenschaftstheoretikers Karl Popper ein allgemein anerkanntes Kriterium, das eine wissenschaftliche Aussage erfüllen muss. Eine wissenschaftliche, insbesondere eine physikalische Theorie muss durch Experimente bestätigt oder widerlegt werden können. Ist dies nicht der Fall, so handelt es sich nicht um Wissenschaft, sondern um Religion, bestenfalls noch um Philosophie.

Vom 3. Jahrhundert vor bis zum 17. Jahrhundert nach Christus, also rund 2000 Jahre lang, wurde der Lauf der Planeten durch die Epizykeltheorie beschrieben. Diese besagt, dass sich die »Wandersterne« auf kleinen Kreisbahnen bewegen, eben den Epizykeln, die ihrerseits auf einer großen Kreisbahn um die Erde laufen. Der Epizykel ist also ein »Kreis auf einem Kreis«. Diese Erklärung war aber schließlich nicht mehr ausreichend, um die immer genauer werdenden Beobachtungen der Planetenbewegungen vollständig zu beschreiben. So wurde es notwendig, immer weitere Stufen von Epizykeln hinzuzufügen, bis die Beobachtungsdaten wieder mit den Berechnungen übereinstimmten.

In gewissem Sinne erinnert die Inflation an dieses Vorgehen. Sie sagt alles voraus und damit letztendlich gar nichts. Die »Theorie« war auch einer der Gründe für die Schnellschüsse bei der »Entdeckung« von Gravitationswellensignaturen in den BICEP2-Signalen. Die Erfinder der Inflationstheorie sahen darin bereits eine Bestätigung ihrer Ideen. Wie die Geschichte ausging, wurde ja bereits ausführlich dargelegt.

Die Inflationshypothese weist also durchaus ernstzunehmende physikalische und erkenntnistheoretische Unzulänglichkeiten auf. Aber auch die Alternativen zur Inflation sind keinesfalls unumstritten. So könnte eine variable Lichtgeschwindigkeit die Homogenität des heutigen Kosmos erklären. Eine ausreichend hohe Geschwindigkeit elektromagnetischer Strahlung im frühen Universum hätte es ermöglicht, dass sich die physikalischen Bedingungen dort ohne Inflation ausgeglichen haben. Allerdings steht die Vorstellung einer variablen Lichtgeschwindigkeit in so eklatantem Widerspruch zur Speziellen Relativitätstheorie, dass sie bislang nur wenig Verbreitung gefunden hat.

Manche Ansätze aus der Schleifen-Quantengravitation gehen sogar bis in die Zeit vor dem Urknall zurück. Dieser erscheint hier als Kollaps eines früheren Universums. Bereiche des Kosmos, die einige Zeit vor dem Urknall in Kontakt waren, könnten es auch danach wieder gewesen sein. Auch so ließen sich die gleichförmigen Strukturen im All erklären.

Noch einen Schritt weiter geht das ekpyrotische Universum. Diese Version des »Weltenbrandes« (altgriechisch »Ekpyrosis«) entstammt einer speziellen Variante der Stringtheorie. Das Modell kommt zu ähnlichen Aussagen wie die Inflation, dazu werden aber die grundlegenden Ideen der Stringtheorie verwendet. Demgemäß kollidierte während des Entstehungsprozesses des Universums eine dreidimensionale Stringstruktur mit einer ebensolchen in einem Paralleluniversum. Diese Vorgänge laufen innerhalb eines höherdimensionalen Raumes ab. Die beiden Strukturen setzen dabei genügend Energie frei, um die Entstehung von Materie und Strahlung während des Urknalls zu erklären. Dem ekpyrotischen Universum liegt ein zyklischer Verlauf zugrunde, der sich immer dann wiederholt, wenn höherdimensionale Kollisionen auftreten.

Abbildung 36: Der Galaxienhaufen »Bullet-Cluster«

Diese Vorstellungen mögen zunächst sehr utopisch klingen. Sie haben aber, vom erkenntnistheoretischen Standpunkt aus gesehen, den großen Vorteil, dass sie durch den zukünftigen Nachweis primordialer Gravitationswellen untermauert oder eben auch widerlegt werden könnten. Von einer dieser obengenannten Strukturen in einem Universum zu der im Paralleluniversum gibt es, außer über die Gravitation, keinen Kontakt. Die Gravitationswechselwirkung sollte jedoch gemäß der Theorie zu signifikanten Gravitationswellenmustern führen. Darüber wäre das ekpyrotische Universum also falsifizierbar. Genauso gut könnten die Muster aber auch eine Bestätigung dieser zunächst seltsam anmutenden Gedankengebäude liefern.

Vielleicht bringen Beobachtungen von weltraumbasierten Gravitationswellenobservatorien in nicht allzu ferner Zukunft hier die entscheidenden experimentellen Ergebnisse. Bis dahin bleibt nur die Möglichkeit, weiter nach überprüfbaren Hinweisen auf Dunkle Materie und Dunkle Energie zu suchen. Bislang sind nur sehr wenige Objekte im Kosmos bekannt, die es gestatten, direkte Messungen zu diesen beiden geheimnisvollen Substanzen im Universum durchzuführen. Hierzu zählen der Bullet-Cluster und das System Abell 520.

Kosmologen benötigen nicht einmal einen Papierkorb

Der sogenannte Bullet-Cluster ist ein Galaxienhaufen, der über drei Milliarden Lichtjahre von der Erde entfernt ist. Beobachtungen des Clusters im Bereich der Röntgenstrahlung zeigen, dass dieses Objekt aus zwei mehr oder weniger getrennten Einzelhaufen besteht. Wahrscheinlich wurde der massereichere der beiden vom kleineren durchquert. Das Besondere an diesem Objekt ist die Möglichkeit, dass seine Massenverteilung aufgrund von Aufnahmen des Hubble-Weltraumteleskopes recht genau bestimmt werden kann. Hierzu wurde der bereits aus den einleitenden Abschnitten bekannte Gravitationslineneffekt genutzt. Obwohl der Effekt hier relativ gering ist, kann aus der Verformung der Hintergrundgalaxien die Verteilung der Massen im Bullet-Cluster gut abgeschätzt werden.

Im Röntgenlicht sieht der kleinere Haufen wie ein Geschoss (engl.: bullet) aus. Daher stammt der Name des gesamten Objekts. Anhand des Bullet-Clusters konnten mehrere wichtige physikalische Größen genauer untersucht werden:

› Durch Beobachtungen im sichtbaren Licht wurde bestimmt, wie die Galaxien verteilt sind;
› Messungen mit Röntgensatelliten zeigten die Verteilung des heißen intergalaktischen Gases oder Plasmas;
› Gravitationspotenziale und Massenverteilungen konnten durch den Gravitationslineneffekt abgeschätzt werden.

Die Hauptmasse des Clusters, d. h. die vermutete Dunkle Materie, folgt der Verteilung der Galaxien. Das intergalaktische Gas dagegen weicht von dieser Anordnung ab – es scheint dem Bullet-Cluster hinterher zu laufen. Die Dunkle Materie und das interstellare Gas haben sich also bei dieser Kollision getrennt.

Die Galaxien der beiden Haufen selbst kollidieren praktisch nicht miteinander. Der Abstand der Sterne ist so groß, dass direkte Zusammenstöße so gut wie ausgeschlossen sind. Das heiße Gas oder Plasma wurde hingegen durch intensive Wechselwirkungsprozesse abgebremst. Dadurch kommt es zur Ausbildung von Schockwellen. Diese Wechselwirkung der Gasteilchen beruht auf direkten Teilchenstößen oder elektromagnetischen Kräften. Die Gravitation spielt hierbei keine nennenswerte Rolle. Durch diese Wechselwirkung verlieren die Gasatome und Moleküle an Geschwindigkeit und laufen deshalb den Galaxien hinterher. Die Dunkle Materie wiederum wurde nicht durch diese Kräfte verlangsamt, da sie nur durch ihre Schwerkraft mit gewöhnlicher Materie wechselwirken kann.

Aus diesen Beobachtungen lässt sich auf die Existenz von Dunkler Materie schließen, sonst könnte der nachgewiesene Gravitationslinseneffekt nicht auftreten. Zudem muss sich Dunkle Materie ähnlich verhalten wie die Galaxien in den Haufen, indem sie praktisch stoßfrei den jeweils anderen Haufen durchläuft. Schließlich liegt das Zentrum der Lichtablenkung nicht beim interstellaren Gas. Dies müsste aber der Fall sein, wenn es keine Dunkle Materie gäbe und man die MOND-Hypothese als Erklärung für die Beobachtungen heranziehen wollte.

Es gibt auch kritische Stimmen, die den Gravitationslinseneffekt im Bullet-Cluster auf die Lichtbrechung an heißem interstellarem Gas zurückführen. Hierbei würde es sich prinzipiell um einen »Thermal-Lensing«-Effekt handeln, ähnlich wie er auch auf den Spiegeln des LIGO-Interferometers auftritt, nur dass in diesem Fall die Linse durch heißes interstellares Gas gebildet wird.

Der Galaxienhaufen Abell 520 erlaubt ähnliche Beobachtungen wie im Bullet-Cluster. Allerdings ist dieses System wesentlich komplexer und daher schwieriger zu interpretieren. Dafür bietet Abell 520 neue Perspektiven, um Geheimnisse der Dunklen Materie zu lüften. Der Bullet-Cluster und Abell 520 sind also von besonderem Interesse für die Prüfung der Theorien zur Dunklen Materie. Ob die Effekte auch bei Abell 520 durch eine thermische Gaslinse erklärbar wären, muss sich erst noch zeigen.

Da bei Galaxienkollisionen auch Gravitationswellen freigesetzt werden, besteht die Hoffnung auf weitere wichtige Erkenntnisse. Wenn nicht einzelne Galaxien zusammenstoßen, sondern ganze Cluster, könnten wertvolle Informationen in den dabei entstehenden Gravitationswellen vorhanden sein.

»Kosmologen irren oft, doch nie quält sie auch nur der geringste Zweifel« lautet ein Zitat das russischen Physikers Lev Landau. Dunkle Materie und Dunkle Energie werden die Kosmologen sicherlich noch länger beschäftigen. Wie die Kosmologische Konstante lehrt, werden dabei auch längst totgesagte Konzepte wiederauferstehen; Kosmologen gehören einer vorbildlich sparsamen Zunft an. Einst beschwerte sich der Dekan einer Universität, warum die Experimentalphysik so teuer sei. Andauernd würden neue kostspielige Geräte benötigt. Theoretische Physiker dagegen kämen mit Papier, Bleistift und einem Papierkorb aus.

Darauf fügte der Finanzverwalter der Universität hinzu, dass die wahren Meister der Sparsamkeit die Kosmologen seien. Diese benötigten noch nicht einmal einen Papierkorb.

Welche Bedeutung könnten Gravitationswellen in der Zukunft haben?

»Keine, vermute ich«

Antwort von Heinrich Hertz auf die Frage, welche
Anwendungen die neu entdeckten elektromagnetischen
Wellen in der Zukunft haben könnten

In Vorträgen und Seminaren hört man häufig die Frage, ob denn »diese Gravitationswellen« auch praktischen Nutzen haben könnten:

› Wird es in Zukunft ein Gravitationswellenkraftwerk geben?

› Wird der aus Fernsehserien und Science-Fiction-Filmen bekannte »Warp-Antrieb« künftig tatsächlich Reisen mit Überlichtgeschwindigkeit ermöglichen?

› Werden in Zukunft Raumschiffe auf einer Gravitationswelle durch den Kosmos surfen?
› Kann man damit einen Schwerkraftkompensator bauen?

Auch wenn Gravitationswellen tatsächlich Verwerfungen in der Raumzeit darstellen, sind all diese wunderbaren Ideen durch den direkten Nachweis von Gravitationswellen leider nicht realistischer geworden. Gravitationswellenforschung wird nicht betrieben, um Science-Fiction-Vorstellungen in die Realität umzusetzen oder auch nur, um den technischen Fortschritt weiter voranzutreiben. Es geht darum, den Aufbau des Kosmos besser zu verstehen.

Allerdings lässt der bekannte Ausspruch von Heinrich Hertz, dass die damals gerade neu entdeckten elektromagnetischen Wellen »vermutlich keine« technischen Anwendungen finden werden, auch erkennen, dass viele bahnbrechenden Technologien zunächst völlig unvorhersehbar waren. Vielleicht träumen schon in naher Zukunft neue Guglielmo Marconis davon, wie man mit Gravitationswellen bislang unvorstellbare Kommunikationssysteme realisieren könnte ...

Ein anderes Beispiel für einen unerwarteten technologischen Durchbruch ist der Laser, der beim Gravitationswellennachweis eine so zentrale Rolle spielt. Nachdem im Jahr 1960 Theodore Maiman den ersten funktionsfähigen Rubin-Laser gebaut hatte, ging man davon aus, dass diese Technik keinerlei praktische Verwendung finden würde. Man betrachtete sie als »eine Lösung, die ein Problem sucht«. Heute hat der Laser umfassende Anwendungsbereiche im täglichen Leben erobert, etwa als Scannerkasse oder in Form von Laserpointern. Aber auch in wichtigeren Bereichen wie der Telekommunikation, der industriellen Fertigung oder sogar der Medizin ist der Laser heute unentbehrlich.

Da die Existenz von Gravitationswellen tatsächlich nachgewiesen wurde, lohnt es sich zu erörtern, wozu man den ganzen Aufwand eigentlich betreibt. Die Gesamtkosten für das LIGO-Projekt belaufen sich auf über eine Milliarde Dollar. Dann muss die Frage legitim sein, wozu man Gravitationswellen brauchen könnte.

Aller Voraussicht nach werden Gravitationswellen in näherer Zukunft in der Tat keine technischen Anwendungen finden. Der technologische Nutzen liegt vielmehr in den Spin-off-Resultaten der Gravitationswellenforschung. Der Bau der extrem empfindlichen Detektoren verschob die Grenzen von Vakuumsystemen, optischer Präzisionstechnik, der Herstellung höchstreflektierender Beschichtungen oder der Lasertechnik in ungeahnte Bereiche. In verschiedenen Gebieten der Informatik, der Signalerkennung oder des Distributed Computings wurden völlig neue Wege und Methoden entwickelt. Wie die Forschungen um KAGRA in Japan zeigen, sind dort auch neue und bahnbrechende Ergebnisse in verschiedenen Technologiebereichen, von der Laseroptik bis hin zur Kryotechnik, zu erwarten.

Realistischer betrachtet liegt der Nutzen des direkten Gravitationswellennachweises vielmehr in seiner wissenschaftlichen Bedeutung. Gravitationswellen ermöglichen nicht weniger, als einen neuen Blick auf das Universum zu werfen. Wie Galileis erstes astronomisches Teleskop eröffnen Gravitationswelleninterferometer völlig neue Sichtweisen auf das Universum. In der Astrophysik wird das gesamte elektromagnetische Spektrum untersucht. Satellitengestützte Instrumente sind in der Lage, Radio- und Mikrowellenstrahlung zu empfangen, Weltraumteleskope können Gamma- und Röntgenstrahlung aus den Tiefen des Kosmos genau vermessen. Vom Infrarotlicht bis hin zur UV-Strahlung wird jede verfügbare Information erfasst und ausgewertet. In einer näheren oder ferneren Zukunft werden all diese so verschiedenen Beobachtungen, Messergebnisse und Daten ein noch umfassenderes Bild des Universums liefern.

Elektromagnetische Strahlung wird jedoch von kosmischem Staub absorbiert und gestreut. Gravitationswellen dagegen breiten sich nahezu ungehindert im gesamten Universum aus und liefern so Informationen über die Objekte und Ereignisse, durch die sie erzeugt wurden.

Das beste Beispiel sind Schwarze Löcher. Diese Himmelskörper können mit konventionellen optischen Mitteln nicht direkt beobachtet werden. Über ihr Innenleben und ihre Eigenschaften ist immer noch sehr wenig bekannt. Aber sie sind hervorragende Quellen für Gravitationswellen. Es gilt als weitgehend unstrittig, dass sich in den Zentren der meisten Galaxien gigantische Schwarze Löcher befinden. Wenn Galaxien kollidieren, wird es zur Verschmelzung galaktischer Schwarzer Löcher kommen. Die dabei entstehenden Gravitationswellen sollten mit künftigen Weltrauminterferometern wie LISA oder den Pulsar Timing Arrays nachweisbar sein. Die Staubwolken, die einen direkten optischen Einblick in die Zentren vieler Galaxien verhindern, spielen dabei keine Rolle.

Stellare oder galaktische Schwarze Löcher sind aber nur eines von vielen Phänomenen, die mit Gravitationswellenobservatorien genau analysiert werden können. Ein weiteres Beispiel sind Neutronensterne. Der innere Aufbau dieser Objekte birgt noch viele Geheimnisse. Es ist weitgehend unklar, wie sich Materie unter den extremen Bedingungen in einem Neutronenstern verhält.

Auch Supernovae könnten im Licht der Gravitationswellen weitere Informationen preisgeben. Diese kosmischen Großereignisse sollten auf jeden Fall sehr markante Gravitationswellensignale erzeugen, die wertvolle Informationen über die genaue Natur der Vorgänge im Inneren der Supernovae in das Universum tragen.

All diese Vorgänge und Phänomene können der klassischen Astrophysik zugerechnet werden. Denkt man in noch größeren Dimensionen, gelangt man zur Kosmologie. Viele Wissenschaftler gehen davon aus, dass beim Urknall und in der Frühphase des Universums Gravitationswellen entstanden sind. Die Kosmische Inflation wäre eine der gewaltigsten Quellen für Gravitationswellen überhaupt.

Die Entdeckung dieses Widerhalls der Geburt des Kosmos wäre von überragender wissenschaftlicher Bedeutung. Auch neue Ergebnisse im Hinblick auf die Existenz Kosmischer Strings sind nicht ausgeschlossen. Außerdem könnte die umfassende Beobachtung von Gravitationswellen zu bislang völlig unerwarteten Entdeckungen führen. Es ist durchaus nicht auszuschließen, dass unbekannte Phänomene im Universum existieren, die bislang sprichwörtlich im Dunkeln liegen.

Die ersten Schritte vom direkten Nachweis einer Gravitationswelle hin zu einer umfassenden Gravitationswellenastronomie sind bereits getan. Auch zwischen den modernen internationalen Observatorien mit ihren gewaltigen Teleskopen und Galileos erstem bescheidenen Fernrohr liegt ein langer Weg.

Die Beobachtung von Gravitationswellen stellt nur den Anfang einer neuen Herausforderung dar. Vielleicht gelingt es den Experimentalphysikern damit aber wieder einmal, den Theoretikern ihrer Zunft die Richtung zu neuen grundlegenden Durchbrüchen zu weisen.

Glossar

Bandbreite

Die Bandbreite ist ein Maß dafür, wie viel Information über einen bestimmten Übertragungsweg in einer vorgegebenen Zeit übermittelt werden kann.

BICEP2

BICEP (engl., Background Imaging of Cosmic Extragalactic Polarization) ist ein Experiment zur Messung der Polarisation der kosmischen Hintergrundstrahlung in der Antarktis. Die verschiedenen Stufen (1–3) des Experiments bestehen jeweils aus Mikrowellenantennen und polarisationsempfindlichen Empfangsanlagen.

Chandrasekhar-Grenze

Die Chandrasekhar-Grenze ist das theoretische obere Limit für die Masse eines Weißen Zwergsterns. Sie wurde vom indisch-amerikanischen Astrophysiker Subrahmanyan Chandrasekhar im Jahr 1903 aufgrund theoretischer Überlegungen abgeleitet.

E=mc²

Albert Einsteins berühmte Formel, die einen Zusammenhang zwischen der Energie E und der Masse m herstellt. Das Quadrat der Lichtgeschwindigkeit c ist dabei die Proportionalitätskonstante.

GW150914

Bezeichnung für das erste, jemals direkt nachgewiesene Gravitationswellensignal vom 14. September 2015.

GW151226

steht für ein zweites, deutlich schwächeres Gravitationswellensignal, das am 26. Dezember 2015 auf die LIGO-Detektoren traf.

Hertz

Nach dem Physiker Heinrich Hertz benanntes Maß für die Anzahl von Schwingungen pro Sekunde.

Hubble-Zeit

Die Hubble-Zeit ist die seit dem Urknall vergangene Zeit. Im Standardmodell der Kosmologie stellt sie eine obere Schranke für das Alter des Universums, also das Weltalter, dar.

Lichtjahr

Ein Lichtjahr ist die Strecke, die das Licht in einem Jahr zurücklegt. Diese Distanz entspricht 9,46 Billionen Kilometer.

LIGO

steht für »Laser Interferometer Gravitational-Wave Observatory«. Ursprünglich 1992 von Kip Thorne, Ronald Drever und Rainer Weiss gegründet, beschäftigt das Projekt inzwischen hunderte Wissenschaftler in über 40 Instituten weltweit. LIGO besteht hauptsächlich aus zwei Observatorien, die sich in Hanford (Washington) und in Livingston (Louisiana) befinden.

Magnetar

Ein Magnetar ist ein Neutronenstern, dessen Magnetfeld das Tausendfache des bei Neutronensternen üblichen Wertes erreicht. Man schätzt, dass etwa 10 % aller Neutronensterne zu dieser Objektklasse zählen. Ein Magnetar entsteht, wenn ein schnell rotierender Stern mit einem starken Magnetfeld nach dem Ausbleiben der Kernfusion zu einem Neutronenstern kollabiert.

MOND

Die Modifizierte Newtonsche Dynamik ist eine Hypothese, die das Rotationsverhalten von Galaxien durch Modifikationen der Newtonschen Gravitationsgesetze erklären soll. Sie stellt eine Alternative zur Dunklen Materie dar.

Neutronenstern

Ein Neutronenstern ist ein extrem kompaktes Objekt, das fast vollständig aus Neutronen besteht. Sein Durchmesser beträgt etwa 10 bis 20 km, seine Masse liegt zwischen 1,2 und 2,0 Sonnenmassen. Ein Kubikzentimeter Neutronensternmaterie würde auf der Erde mehrere hunderttausend Tonnen wiegen!

Parsec

Parsec ist die Abkürzung für Parallaxensekunde (engl.: parallax second) und bezeichnet die Entfernung, aus der der Erdbahnradius unter einem Winkel von einer Bogensekunde erscheint. Einem Parsec entsprechen 3,26 Lichtjahre oder 3×10^{16} m.

Planck-Länge

Die Planck-Werte bilden ein System natürlicher Einheiten für physikalische Größen. Sie werden direkt als Produkte und Quotienten der fundamentalen Naturkonstanten berechnet. Die fundamentale Längeneinheit in diesem System ist die Planck-Länge; sie beträgt $1{,}616 \times 10^{-35}$ m.

Primordial

Lateinisch für ursprünglich, uranfänglich oder urweltlich. In der Astrophysik wird damit meist die Zeit zwischen dem Urknall und der Entstehung der ersten Sterne und Galaxien bezeichnet.

Pulsar

Pulsare (engl. pulsating radio source) sind schnell rotierende Neutronensterne. Ihre starken Magnetfelder erzeugen intensive, gebündelte Strahlung, die durch die Rotation des Pulsars auf der Erde in Form von kurzen Pulsen ankommt. Die Pulsfrequenz kann zwischen 0,01 und acht Sekunden liegen.

Quasar

Quasare sind aktive Kerne von Galaxien. Sie erscheinen im sichtbaren Licht nahezu punktförmig, senden aber intensive Strahlung im Bereich von Radiowellenlängen aus. Der Name leitet sich von quasi-stellar radio source, also »sternartige Radioquelle« ab.

Schrotrauschen

Ströme kleinster Teilchen (Elektronen, Photonen) zeigen stets statistische Schwankungseffekte. Bei abnehmender Teilchenzahl gewinnen diese immer mehr an Bedeutung. Extrem geringe Signale weisen daher zunehmend Fluktuationen auf. Wenn Regentropfen auf ein Wellblechdach fallen, erzeugen sie in guter Näherung Schrotrauschen.

Schwarzes Loch

Extrem kompakte Massenanhäufung, in die Materie nur hineinfallen, aber nicht wieder hinausgelangen kann (»Loch«). Dies gilt auch für Lichtquanten, deshalb erscheint das Loch absolut schwarz.

Schwarzschildradius

Schrumpft ein Objekt auf seinen Schwarzschildradius zusammen, so wird es zum Schwarzen Loch. Der Schwarzschildradius charakterisiert also gewissermaßen die Größe eines Schwarzen Lochs. Der Schwarzschildradius der Sonne beträgt etwa 3 km.

Singularität

In der Astrophysik werden Raumpunkte, an denen physikalische Größen wie die Raumkrümmung oder die Materiedichte nicht mehr durch endliche Werte beschrieben werden können, als Singularitäten bezeichnet.

Sonnenmasse

Die Masse der Sonne beträgt 2×10^{30} kg. Dies entspricht zwei Quadrilliarden Tonnen oder etwa 330.000 Erdmassen. Die Sonnenmasse wird in der Astrophysik häufig als anschauliche Masseneinheit verwendet.

Unschärferelation

Die Unschärferelation besagt, dass zwei komplementäre Eigenschaften, zum Beispiel Aufenthaltsort und Impuls eines quantenmechanischen Teilchens, nicht gleichzeitig beliebig genau bestimmbar sind.

WMAP

für »Wilkinson Microwave Anisotropy Probe« ist eine US-amerikanische Raumsonde, die bis 2010 in Betrieb war und zur Erforschung der kosmischen Hintergrundstrahlung diente.

Zehnerpotenzen

Vorsatz	Abk.	Bezeichnung	Wert
Atto	a	Trillionstel	10^{-18}
Femto	f	Billiardstel	10^{-15}
Pico	p	Billionstel	10^{-12}
Nano	n	Milliardstel	10^{-9}
Mikro	µ	Millionstel	10^{-6}
Milli	m	Tausendstel	10^{-3}
Kilo	k	Tausend	10^{3}
Mega	M	Million	10^{6}
Giga	G	Milliarde (USA: Billion)	10^{9}
Tera	T	Billion	10^{12}
Peta	P	Billiarde	10^{15}
Exa	E	Trillion	10^{18}
Zetta	Z	Trilliarde	10^{21}
Yotta	Y	Quadrillion	10^{24}

Literatur

A. Einstein: *Die Grundlage der allgemeinen Relativitätstheorie.* Annalen der Physik 49, 1916, S. 769 – 822.

A. Einstein: *Näherungsweise Integration der Feldgleichungen der Gravitation.* Sitzungsberichte der Königlich Preußischen Akademie der Wissenschaften vom 22. 6. 1916, S. 688 ff.

A. Einstein: *Über Gravitationswellen.* Sitzungsberichte der Königlich Preußischen Akademie der Wissenschaften vom 31. 1. 1918, S. 154 ff.

A. Einstein und N. Rosen: *On Gravitational Waves.* Journal of the Franklin Institute, 223, S. 43 ff (1937).

J. Weber: *Detection and Generation of Gravitational Waves.* Physical Review, 117, S. 306 ff (1960).

R. A. Hulse und J. H. Taylor: *Discovery of a Pulsar in a Binary System.* The Astrophysical Journal, 195:L51-53, (1975)

B. Bertotti, L. Iess, P. Tortora: *A test of general relativity using radio links with the Cassini spacecraft.* Nature, 425, S. 374 ff (2003).

F. Pretorius: *Evolution of Binary Black Hole Spacetimes.* arXiv:gr-qc/0507014 (4. 8. 2005).

G. Hobbs: *Pulsars as gravitational wave detectors.* arXiv:1006.3969v1 [astro-ph.SR] (20. 6. 2010).

B. P. Abbott et al.: *Observation of Gravitational Waves from a Binary Black Hole Merger.* Physical Review Letters, 116, 061102 (12. 2. 2016)

B. P. Abbott et al.: *Astrophysical Implications Of The Binary Black Hole Merger GW150914.* The Astrophysical Journal Letters, 818:L22 - 15pp (20. 2. 2016).

S. Bird et al.: *Did LIGO detect dark matter?* arXiv:1603.00464v1 [astro-ph.CO] (1. 3. 2016).

Dank

an die Großen ihres Faches, die ich persönlich kennen lernen durfte:

Hans Meindl
Harald Fritzsch
Rudolf Mößbauer (Nobelpreis 1961)
Theodor Hänsch (Nobelpreis 2005)
Rolf-Peter Kudritzki

Mein besonderer Dank gilt

Karsten Danzmann,

der mich nicht nur bei meinen ersten Schritten in Richtung der Wissenschaft unterstützt hat, sondern auch bei der Erstellung des vorliegenden Werkes mit Rat und Tat zur Seite stand.

Register

Kursive Seitenzahlen beziehen sich auf Abbildungen.

1987**A**, Supernova 61f, 78ff., 139
Abell 520 262
Absorption 28, 215
ACIGA-Kollaboration 90
Advanced LIGO 90, 100f., *112*, 140, 185, 245
Akkretionsscheibe 36, 59
Aktor 105
Alpha Centauri 72
Amplitude 109
Andromeda-Galaxie 163, 207
Apertur-Synthese 186
Aphel 24
Äquivalenzprinzip 228
Arecibo, Radioteleskop 56, 209
Argon-Ionen-Laser 84
Armlänge 86
Astronomie 187
Astronomie
– Gravitationswellen- 48, 62, 86, 175, 178, 182, 186, 205f., 211f., 227, 234f., 269
– Radio- 205
Astrophysik 187
Astrosat 187
Asymptotischer Grenzfall 216
Atlas-Cluster, Supercomputer 118
Atomphysik 74
Ausbreitungsgeschwindigkeit 43, *45*
Ausbreitungsrichtung 50f.
Axiom 143

Bandbreite 76, 97
BICEP2 83ff., 140, 147, 255
Big Bang 64
Big Bang Observer 191
Billing, Heinz 78, 84
Binärsystem 34, 135, 141
Blindsignal 135
Born, Max 51
Bosonenstern 41
Brahe, Tycho 60
Brauner Zwerg 215
Brennpunkt 23
Bullet-Cluster *261*, 262

CalTech 87, 139
Carpenter, John 145
Cascina, Italien 88
Casimir-Effekt 225
Cassini, Raumsonde 30
CERN 65, 100, 136, 240f.
Chandrasekhar, Subrahmanyan 217
Chandrasekhar-Grenze 216
Chaostheorie 259
Chirp 58, 131f., 164, 206
COBE, Satellit 243
Coma-Galaxienhaufen 213

Danzmann, Karsten 70, 95, 115
de Saint-Exupéry, Antoine 175
DECIGO 191
Destruktive Interferenz 84
DIA 53
Dipolstrahlung 46
Dirac-Gleichung 240
Dispersion 166
Doppelneutronenstern 59
Doppelpulsar 34, 56, 59, 117

Doppelstern 54ff., 63, 117
Dopplerverschiebung 28
Drag-Free-Control-System 200
Drehimpuls 40, 130
Drehimpulserhaltungssatz 123
Drever, Ronald 139
Dunkle Energie 37f., 61ff., 180, 212f.,
222, 223ff., 235, 251
Dunkle Materie 38, 65, 180, 213, 222,
223, 229, 235, 251
Dürrenmatt, Friedrich 210

EADS Astrium 197
Eddington, Sir Arthur Stanley 24,
51
Effelsberg, Radioteleskop 209
Eichfeld 239
Eigendrehimpuls 153, 159, 166
Eigenschwingung 104
Einstein, Albert 12, 15, 37, 51f., 74,
107, 117, 138, 219, 237, 251
Einsteinkreuz 26f.
Einstein-Maxwell-Dirac-System 239
Einsteinring 20, 26f.
Einstein-Teleskop 189
Einstein-Yang-Mills-Dirac-System 239
Ekliptik 193
Ekpyrosis 260
Elastizitätsmodul 73
Elektrodynamik 14
Elektromagnetismus 238
Elektron 46
Elektroschwache Wechselwirkung 240
Elementarteilchenphysik 177
Elektrizität 238

Ellipse 23
Emission 28
Energiedichte 216, 220
Energieerhaltungssatz 96
Entartungsdruck 217
Entweichgeschwindigkeit 121
Epizykeltheorie 259
Erdbeben 98, 134
Erdrotation 77
Ereignishorizont 40, 122, 166
Ergosphäre 41
ESA 192, 223
Euclid, Weltraumteleskop 223
Euklid von Alexandria 223
Euklidsche Geometrie 21
evolved LISA 192
Excision, Ausschlussverfahren 127
Expansion 36, 61, 65, 215, 218, 224,
225, 244ff.
Expansionsbeschleunigung 37, 220
Expansionsmodell 212, 221

Falsifizierbarkeit 259
Faraday, Michael 238
Fehlalarmrate 146
Feldgleichungen 21, 37f., 43, 49ff.,
57, 119, 126, 219, 225
Fermi, Weltraumteleskop 173
Fermionenstern 41
Filter 64, 102, 133, 153, 245
Fluktuation 84
Frame-Dragging 41
Frequenz 47ff.
Frequenzschwankung 205
Friedmann, Alexander 36, 219
Friedmann-Lemaître-Metrik 220
Fusionsphase 131

Galaxienhaufen 119
Galilei, Galileo 211
Gammablitz 62f., 172, 179
Gaseruption 59
Geigerzähler 134
Gell-Mann, Murray 240
GEO 139
GEO600 87, 90, 101, 115, 140, 174, 182
Gertsenshtein, Michail 83
GPS 30f., 228, 248
Gravitationsgesetz, Newtonsches 214
Gravitationslinseneffekt 20, 229, 262
Gravitationsphysik 187
Gravitationswellenamplitude 56, 94
Gravitationswellenantenne 74f.
Gravitationswellenblitz 77
Gravitationswellendetektor 54, 62, 86, 88, 89, 90, 101, 105, 114, 203
Gravitationswellenempfänger 77ff., 115, 133f., 175
Gravitationswellenerzeugung 55
Gravitationswellenforschung 117, 148, 203
Gravitationswellenfrequenz 156
Gravitationswellengenerator 53
Gravitationswellenhintergrund 64ff.
Gravitationswelleninterferometer 71, 84, 91, 102, 177
Gravitationswellenquellen 68, 88
Gravitationswellensender 81
Graviton 165
Gravity Probe A, Satellit 29
Gravity Probe B, Satellit 32
Gullstrand, Allvar 107
GUT, Grand Unified Theory 240

GW150914 94, 101, 106, 116, 128, 132, 141ff., 152f., 154, 156ff., 167, 169, 171, 179ff., 207, 230, 234
GW151226 164, 174, 234

Halbleiterelektronik 74
Halo 214
Hanford, Washington 88, 95, 100, 133, 141, 149
Harmonische Schwingung 161
Hawking, Stephen 123
Hawking-Strahlung 39, 124, 253
Heisenberg, Werner 240
Heisenbergsche Unschärferelation 108, 112, 123, 225, 253
Helium 170, 180
Heraklit von Ephesos 11
Hertz, Einheit 47, 56, 66
Hertz, Heinrich 235, 265
Higgs-Boson 83, 136, 152, 226
Higgs-Feld 226, 240
Higgs-Theorie 243
Hintergrund, seismischer 99
Hochvakuum 99
Hubble, Edwin 37, 216, 220, 247
Hubble, Weltraumteleskop 20, 27, 224, 262
Hubble-Zeit 154
Hulse, Russell Alan 34, 56f., 139, 144, 203
Hulse-Taylor-Pulsar, Diagramm 57
Humason, Milton 216

IndIGO 93, 182ff., 207, 228
Inertialsystem 14
Inflation 81
Inflation, kosmische 258, 268

Inflationshypothese 65, 228, 255, 259
Inflationstheorie 82, 191, 257f.
Inflaton 37
Innerer Horizont 122
Interferenzminimum 96
Interstellarer Staub 36
Isolation, akustische 99
Isolation, seismische 94, 98f., 103f.,
   183, 194

Jungfrau, Sternbild 183

KAGRA 92, 182ff., 207
Kaluza, Theodor 239
Kaluza-Klein-Theorie 239
Kamioka-Mine 185, 188
Kamiokande 188
Kausalitätsprinzip 226
Keine-Haare-Theorem 130
Kepler, Johannes 61
Kerr-Newman-Metrik 39, 122ff.
Klein, Oscar 239
Kosmische Strings 180, 242, 269
Kosmische Superstrings 244
Kosmische Zensur 41, 122
Kosmisches Hufeisen 20
Kosmologie 187
Kosmologische Konstante 36ff., 220,
   225f., 247, 257, 264
Kosmologisches Standardmo-
   dell 163
Kourou, Weltraumbahnhof 197
Krafteinfluss 16ff.
Kugelsymmetrie 58

Ladung, elektrische 46ff., 130, 159
Lagrangepunkt L1 197, 202

Landau, Lev 264
Langwellenrundfunk 54
Laserinterferometer 83, 85f., 186
Lasertechnik 187
Laufzeitdifferenz 134, 165
Lazarus-Projekt 124, 128
Le Verrier, Urbain 23
Leistung
 – Laser- 84
 – Licht- 84, 95f.
Lemaître, Georges 36, 216, 219
Lense-Thirring-Effekt 31, 166, 178
Leuchtkraft 163
Licht
 – klassisches 109, 113
 – nicht-klassisches 108, 112, 113
Lichtablenkung 19, 23f.
Lichtbrechung 99, 107, 188, 263
Lichtgeschwindigkeit 14, 28, 42ff.,
   107, 135
Lichtlaufzeit 135
Lichtstreuung 100, 215
LIGO 11, 71, 87f., 90, 92, 94, 112, 132,
   139, 174, 182, 204ff., 243
Linse, thermische 103f.
Lippershey, Hans 211
LISA 111, 190
LISA Pathfinder 190, 197, 199
Livingston, Louisiana 88, 95, 100,
   133, 141, 149
Lock 98
Lorentz-Transformation 238
Lösung
 – analytische 117, 125
 – numerische 117, 125, 161
Luminositätsabstand 165, 227
Lunar-Ranging-Experiment 200

M 87, Galaxie 193
MACHO 215
Magellansche Wolke
- Große 11, 61, 79, 165
- Kleine 11
Magnetar 41, 176
Magnetismus 238
Maiman, Theodore 266
Marconi, Guglielmo 266
Mariner, Raumsonde 29
Masse 49ff., 159
Massefenster 229
Massendifferenz 168
Massenverlust 153
Massenverteilung 49
Materiedichte 40, 121, 216, 220
Materiering 50
Maximum-Likelihood-Abschät-
zung 151
Maxwell, James Clerk 238
Maxwellsche Gleichungen 14, 238
Mechanik
- klassische 42, 160
- Newtonsche 23ff., 43, 216, 257
- Quanten- 74, 108, 144, 177f., 225,
237, 241ff.
Mehrfachreflexion 183
Merkur 19ff.
Metallizität 170, 180
Michelson-Interferometer 94, 97,
108, 195
Mikrobeben 98, 104
Mikronewton-Triebwerk 200
Mikroseismik 102
Mikrowellenhintergrund 82, 189,
243
Milchstraße 75, 163, 180, 191, 247

Minkowski, Herrmann 16
MIT 82
MOND 202, 256
Monolithische Spiegelaufhän-
gung 102
Mößbauer-Effekt 28
Mößbauer, Rudolf 28f.
Mößbauerspektroskopie 29
M-Theorie 241
Multipolmoment 49
Multiversum 258

NASA 192
Nd:YAG-Laser 199
Neutrino 172, 187, 210
Neutrinodetektor 172, 188
Neutronenstern 33f., 41ff., 54f., 61ff.,
66f., 74, 130, 157, 161, 168, 176, 217,
268
Newton, Isaac 15
NSF 87, 148
Nullpunktfluktuation 113
Nullrate 134
Nullsignal 146

Ockhams Rasiermesser 234
Oktave 195
Optik, nichtlineare 113
Originalsignal 150, 151
Ørsted, Hans Christian 238
Ortsauflösung 108, 186
over-fitting, Überanpassung 169

Parsec 163
Perihel 23ff.
Periheldrehung 19, 23, 34
Periodendauer 66

Phase 109
Phasendifferenz 94
Phasenschwankung 114
photoelektrischer Effekt 107
Photon 28, 46, 103, 107f., 113
Photonenanhäufung 113
Photonenzahl 113
Pisa, Italien 183
Planck, Max 107
Planck-Länge 178, 251
Plasma 36, 65, 170
Polarisation 50, 82, 94, 181
Popper, Karl 259
Pound, Robert 28
Pound-Rebka-Experiment 28
Power-Recycling-Spiegel 96
Präzession 160
primordial 64, 67, 177, 228, 232ff.,
    255, 261
Proton 46
PSR 1913+16 34, 56ff., 166, 203
PSR J0737-3039 34f., 57f., 203
Pulsar 33, 55, 67, 176, 189, 202, 208
Pulsar Timing Array 67, 111, 193,
    202ff., 255
Punctures, Einstich-Verfahren 127f.
Punktmasse 121
Pustovoit, Vladislav 83

QJ287 58, 60
Quadrupolcharakter 46, 49
Quadrupolformel 43, 117
Quadrupolmoment 58
Quadrupolstrahlung 49
Quantenelektrodynamik 239
Quantenfeldtheorie 124, 165, 225,
    240

Quantengravitation 124, 177, 226
Quarks 240
Quarzglas 99, 104
Quasar 27, 74, 158, 163

Radioaktivität 134
Radioblitz 172
Radiosignal 33
Radiowellen 46
Raumkrümmung 26
Raumzeit 12, 16, 32, 39ff., 53, 119,
    159
Raum-Zeit-Geometrie 44
Raumzeitkrümmung 18
Raumzeitverzerrung 41, 55, 65f., 73
Rauschen 109
– Detektor- 151
– Gaußsches 133
– Hintergrund- 64, 108, 116, 133,
    138, 146f., 149ff., 174, 245
– nicht-gaußförmiges 135
– Phasen- 114
– Quanten- 105, 108
– Schrot- 108
– seismisches 98
– stochastisches 136
– thermisches 104, 188
– Untergrund- 145
Rayet, Georges 171
Rayleigh-Streuung 100
Rebka, Glen 28
Recycling-Spiegel 95ff.
Reflexion 103
Reflexionsvermögen 96, 103
Reichweiten LIGO/aLIGO 112
Reitze, David 142, 137

Relativitätstheorie
- Allgemeine 12, 21f., 29f., 41, 55ff.,
  73, 117, 203, 237
- Spezielle 14, 30, 42, 238, 260
Resonanzlinien 28
Resonanzschwingung 75
Ringdown, Abklingphase 131f., 168
Robertson, Howard 52
Robertson-Walker-Metrik 52
Rohdaten 153, *154*
Rosen, Nathan 51f.
Rotationsdauer 153
Rotationsfrequenz 53
Rotationsgeschwindigkeit 223
Rotverschiebung 28, 36, 163, 218,
  221

Schallwelle 44, 84, 99
Schleifen-Quantengravitation 241f.,
  260
Schwarzes Loch 40, 54, 62, 74, 117,
  120, 130, 135, 217
- nicht-rotierendes 39f., 58
- primordiales 233f.
- rotierendes 39, 58, 159
- supermassives 66, 190
Schwarzschild, Karl 39, 121
Schwarzschild-Loch 121, 126
Schwarzschild-Metrik 39, 121, 125
Schwarzschildradius 40, 121f., 131,
  156, 159, 166, 170, 193
Schwarzschildraumzeit 123
Shapiro, Irwin 29
Shapiro-Effekt 29
Signalamplitude *111*, 149, 162
Signallaufzeit 141, 149, 203
Signalrekonstruktion 151

Simulation 117, *118*, 119, 128, *129*,
  130ff., 149, 153, 167, 206, 244
Singularität 39f., 121f., 253
- Punkt- 123, 125
- Ring- 122, 125
SKA, Square Kilometre Array 209
Sommerfeld, Arnold 107
Sonnenfinsternis 24
Spektrum
- elektromagentisches 46, 173, 210
- Frequenz- 64
- Gravitationswellen- 65, *68*
- Polarisations- 49
Spin 166
squeezed light 108, 112
Standardabweichung 136
Standardkerze 217f., *219*, 221
Statistische Signifikanz 136, 146
Sternwind 171, 179, 196
Störquelle 93f., 146
Störungstheorie 133, 160
Strahlteiler 83ff., 945, 100
Strahlung
- elektromagnetische 65, 108, 172,
  267
- Gamma- 174
- Hintergrund- 81f., 155
- Mikrowellen- 82
- Radio- 174
- Röntgen- 46, 174
Strahlungsdruck 103
Stringfeld 225
Strings 250
Stringtheorie 177, 239, 241f., 249
Supercomputer 117, 119f., 128, 133,
  161, 167, 244
Super-Kamiokande 188

Supernova-Explosion 48, 54, 60, 66, 75, 129f., 157f., 176, 213
Superstrings 237
Superstringtheorie 242
Symmetriebedingung 126

Taylor, Joseph 34, 56f., 139, 144, 203
Teilchen-Antiteilchen-Paar 124
Teilchenbeschleuniger 65, 152
Teleskop
– optisches 62
– Radio- 56, 62, 74, 148, 190
Tensoranalysis 73
Teraflop 119
Testmassenaufhängung 110
Thermal-Lensing-Effekt 263
Thorne, Kip 87, 139
Tolman-Oppenheimer-
  Volkoff-Grenze 217
Transversalwelle 46, 50
Twitter 142, 147
Typ-Ia-Supernova 61, 216

Überlichtgeschwindigkeit 265
UKW-Radio 54
Umlauffrequenz 167
Umlaufgeschwindigkeit 58, 156
Umlaufperiode 55f.
Urknall 64f., 81, 177f., 216, 220, 225, 260

Vakuumenergie 38, 257
Vakuumfluktuation 124, 225
Vega-Rakete 197
Verschmelzung 131
Viking, Raumsonde 30
VIRGO 87f., 139, 192, 206, 243

Virgo-Galaxienhaufen 183

Wahrscheinlichkeit 134f.
Wandelstern 259
Warp-Antrieb 265
Wasserstoff 180
Wasserstoff-Helium-Plasma 170
Wasserstoff-Maser-Uhr 29
Weber, Prof. Joseph 73, 76, 83, 94, 139, 258
Weiss, Rainer 139
Weißer Zwerg 41, 216
Welle
– elektromagnetische 46, 49, 107
– Schall- 48
Weltformel 240, 249f.
Weyl, Hermann 239
Wheeler, John Archibald 116
WIMP 232
WMAP, Satellit 224, 243
Wolf, Charles 171
Wolf-Rayet-Stern 171
W-Teilchen 240

Zeitdilatation 14, 30, 36
Zeit-Frequenz-Darstellung 151
Zeitverzögerung 43
Z-Teilchen 240
Zwicky, Fritz 213, 251

Bildnachweis

Abb. 1: ETH-Bibliothek Zürich, Bildarchiv; Fotograf: Unbekannt; Portr_07389; Public Domain Mark

Abb. 2 bis 6: Gerhard Weiland/KOSMOS nach Vorlage des Autors

Abb. 7: ESA/Hubble & NASA

Abb. 8: LIGO/T. Pyle

Abb. 9 bis 13: Gerhard Weiland/KOSMOS nach Vorlage des Autors

Abb. 14: Special Collections and University Archives, University of Maryland Libraries

Abb. 15 und 16: Gerhard Weiland/KOSMOS nach Vorlage des Autors

Abb. 17: Gerhard Weiland/KOSMOS nach Vorlage LIGO-Report

Abb. 18: Gerhard Weiland/KOSMOS nach Vorlage des Autors

Abb. 19: Caltech/MIT/LIGO Lab

Abb. 20 und 21: Gerhard Weiland/KOSMOS nach Vorlage des Autors

Abb. 22 und 23: Gerhard Weiland/KOSMOS nach Vorlage LIGO-Report

Abb. 24: Gerhard Weiland/KOSMOS nach Vorlage des Autors

Abb. 25: S. Ossokine, A. Buonanno (Max-Planck-Institut für Gravitationsphysik), Simulating eXtreme Spacetime Projekt, D. Steinhauser (Airborne Hydro Mapping GmbH)

Abb. 26: Gerhard Weiland/KOSMOS nach Vorlage des Autors

Abb. 27: Gerhard Weiland/KOSMOS nach B. P. Abbott et al.: Observation of Gravitational Waves from a Binary Black Hole Merger, Physical Review Letters, 116, 061102 (12.2.2016)

Abb. 28 und 29: Gerhard Weiland/KOSMOS nach Vorlage des Autors

Abb. 30: ESA/C. Carreau

Abb. 31: Gerhard Weiland/KOSMOS nach Vorlage des Autors

Abb. 32: Gerhard Weiland/KOSMOS nach Vorlage NASA/WMAP Science Team

Abb. 33 bis 35: Gerhard Weiland/KOSMOS nach Vorlage des Autors

Abb. 36: Röntgenbild: NASA/CXC/M. Markevitch et al.; optisches Bild: NASA/STScI, Magellan/U. Arizona/D. Clowe et al.; Karte der dunklen Materie: NASA/STScI; ESO WFI, Magellan/U. Arizona/D. Clowe et al.

Einsteins Formel
—— endlich verstehen

256 Seiten, ca. €(D) 19,99

E = mc² ist die berühmteste Formel der Welt. Mit ihr brachte Einstein es auf den Punkt: Energie und Masse sind zwei Seiten derselben Medaille und die Lichtgeschwindigkeit c ist ihr Wechselkurs. Doch warum besteht dieses so einfache Verhältnis? Wie ist Albert Einstein zu diesem Schluss gekommen? Und welche Folgen für das Verständnis des Universums ergeben sich daraus? Brian Cox, Professor für Physik und in England durch seine Sendungen auf BBC sehr bekannt, hat sich zusammen mit seinem Kollegen Jeff Forshaw, Professor für theoretische Physik, die scheinbar einfache Einstein-Gleichung vorgenommen, um sie mit viel Energie ausführlich und verständlich zu erklären.

Das verbogene —— Universum

RÜDIGER VAAS

Jenseits von Einsteins Universum

KOSMOS

Von der Relativitätstheorie zur Quantengravitation

MIT KOSMOS MEHR ENTDECKEN
NEU:
Alles über die Entdeckung der Gravitationswellen!
SEIT 1822

NEU:
Die Entdeckung der Gravitationswellen

Auch als E-Book

512 Seiten, ca. €(D) 24,99

Einsteins Allgemeine Relativitätstheorie revolutionierte 1915 unsere Vorstellungen von Raum, Zeit, Schwerkraft und dem Universum als Ganzes. Mit der Entdeckung der Gravitationswellen im Februar 2016 wurde sie erneut glänzend bestätigt. Rüdiger Vaas erzählt die ganze Geschichte dieses Jahrhundertwerks, das den Weg für ein völlig neues Verständnis unseres Universums ebnete, und lotet die Folgen und Grenzen aus. Eine herausragende Würdigung von Einsteins Leistung und ein faszinierender Blick in die Zukunft.